北京近代历史地理研究系列
唐晓峰　主编

时代变革下的空间嬗变
——清末民初北京历史地理专题

赵寰熹　编著

学苑出版社

前　言

近代北京城，无论从研究性还是从故事性上，都吸引着人们的目光。而从城市地理空间变迁的角度，我们该如何观察和理解呢？

近代北京，之所以受到关注，与时代的特殊性密切相关。作为王朝时代的末端、新时代的开端，无论从何种角度上看，都蕴含着丰富信息，等待着我们去挖掘。这是个转变的时期，转变意味着活力与发展，但同时也意味着失衡和无序。

首先是此时北京城定位的问题。1840年到1912年的北京城，定位仍为清朝首都，人们对她的称呼还是"京城""首善""京师"。从城市建设角度来看，此时期的建设和城市区域发展，仍笼罩在"帝都"这一框架之内。1912年到1928年的民国初期北京，则处在时代交替的关口，太多的对过往的反思与对未来的憧憬，使北京的定位变得模糊。而到了1928年，国民政府迁都南京，北京的定位陡然转变，"北平""故都"，这样的称谓表达了人们对这座城市的新感觉。

董玥曾提到，1912年到1928年，北京仅在名义上是民国的首都。北京当时处在帝都和现代城市之间，形成"新旧纠缠"。她引用史谦德的看法，认为当时北京处在"不完全转型"中，拥有"众多可能的未来"；又举出铁庵（瞿宣颖）的形容，北京"硬把一件新衣服穿在一具旧骨架上"（董玥《民国北京城》）。对于这时期的北京，唐晓峰先生也提到类似的问题，"由于政局、社会的不稳定，近代民国城市可以视

为一类未完成的东西。那么，研究一个未完成的城市，应该怎么做？"（唐晓峰《近代北京城如何脱离传统》）

一般的历史研究主要关注制度、事件与社会生活，而历史地理学的空间研究视角，关注的是历史时期人与地、人与环境的关系，以及社会空间的结构与属性。在思考城市变迁的时候，所关注的问题大到城市形态的演变，小到一个胡同、路口、建筑的变化，核心问题仍是人地关系与空间特征。在1840—1928，尤其是1912—1928年间，这样一个变革的时期，北京城市的地理空间发生了怎样的改变？这些变革当中是否酝酿着人们对这个时代的认知以及时代背景下的自我认知？而这些认知又是如何与地理空间结合在一起，影响着城市的面貌，影响着人们的生活？这些是本书想要探讨的问题。

这个时期北京的地理区位问题，与人们对这个城市的定位一样，处在一个变化的路口。对北京历史地理环境问题的研究，一直受到学界的重视。起源时期的北京城，发展于"北京湾"的独特地形之中，自然地理环境对文明的起源和发展影响很大。进入到王朝时期，北京的位置邻近农耕定居民族和游牧民族交界的特殊地带，这一地理要素是城市发展进程中的核心影响要素之一。而来到王朝时代的晚期，从陪都到割据王朝首都，再到一统王朝的都城，历经元明清三朝，北京迎来了有史以来地位发展的顶峰时代。此时的城市发展史与地理空间的关系，以及蕴含在其中的人地关系，一直是历史地理学界研究的重中之重；而其间表现出的问题，不仅包括自然环境要素，也包括重要的城市人文环境要素，形成了城市独特的历史人文空间。

到了近代，纵观整个中国，近代化进程首先影响位于南方和沿海地带的城市。而随着历史的推进，在革命语境下，学者对城市近代化进程的研究也更侧重于南方和沿海诸城。而北京，到了这个时期，对她的描述，从传统语境转变为时代碰撞语境，人们对她的感受是宏观的，犹如大时代背景下巨型齿轮的转向。也就是说，人们关注的多是转向前的旧时代与转向后的新纪元之关系的庞大主题，而转动过程中的齿轮细节，仿佛仅仅是细节而已。

但是，时代的变革在城市空间中的体现，往往蕴含在一些不经意的细节当中。看似波澜不惊的小变化，可以是一条路、一座桥、一段城墙、一所学校、一个街区……都蕴藏着时代的变革，或者成为时代变革的前奏曲和见证者。各个细节，串联在一起，会奏响变革下的城市空间的主旋律。将这些细部问题放在一起，我们才能看到，在时代转向的大背景下，城市具象空间的性质也的确在发生着翻天覆地的变化。

关于北京城历史地理的研究，成果十分丰富，目前对于近代北京城地理空间的讨论，学者们较多地集中在城市建筑、管理机构、近代设施等方面（史明正《走向近代化的北京城城市建设与社会变革》，董玥《民国北京城》，王亚男《1900—1949年北京的城市规划与建设研究》，孙冬虎、王均《民国北京（北平）城市形态与功能演变》，等等）。但相对来说，聚焦于近代时期北京城市的成果仍显不足。本书尝试主要从地理空间视角出发，讨论城市细部的空间格局变化，以求自下而上，逐步将这些考察连汇在一起，组成近代北京地理空间格局变化的整体研究。

在梳理近代北京城政区沿革的基础上，本书按照分区和专题的形式，展现了不同街区、街道以及具体机构的时代变迁。在分区研究部分，《新华街与和平门——民国北京城改造个案述评》（唐晓峰）聚焦于新华街、和平门这个城市细部，探讨在这个时期新华街与和平门的开辟所体现的北京城市改造问题。《清末北京使馆区形成过程中的地理空间研究》（赵寰熹）关注清代末期北京城内具有重大变革意义的区域——东交民巷使馆区，探讨该区形成初期空间格局的细部变化。《清末民初宣武门内外大街商业空间格局初探》（赵寰熹）则利用统计资料，分析区位优势明显的宣武门一带商业空间格局上所表现出的时代特征。专题研究部分包括：《近代北京城内学区的设置与应用》《教会中学空间问题研究》（鲍宁）以城内新式学校和学区的发展为研究视角，《论民国前期北京城的市政建设与近代转型之困局——以京都市政公所与北平市工务局主导的皇墙损毁为例》（贾长宝）以皇城损毁问题为研究视角，《历史建筑空间的改造与再利用——以钟楼电影院为例》（张纾菁）聚焦新式休闲娱乐活动对旧空间的利用，《从公共空间视角看北京城茶馆及其近代转变》（鲍宁、贾长宝）从公共空间角度讨论近代北京的茶馆布局，《民国北京有轨电车筹建与城市基础设施改造研究》（毛怡）关注近代北京有轨电车的发展与城市空间的关系。这些研究从不同侧面讨论了这个时期城市发展过程中不同的地理空间变化的细节。

进行城市细部历史地理的研究，资料搜集与分析是非常重要的。本书的研究重视对地图资料和统计档案资料的分析。对地图资料的使用注重细节的考订与空间分析。利用地图进行研究，是历史地理学的基本研究方法，而在现代城市研究领域，地图分析更是基本配置。只是，在利用历史时期地图的时候，由于传统画法的局限性，使空间分析遇到困难。而清末民国时期，具有近现代意义的测绘地图大量涌现，这就为地图资料的利用提供了较好的基础。另外，这些地图的出版年份间隔较短，断代清晰，这为细致地进行时段演化研究提供了理想的资料。因此，本书最后一章的内容聚焦地图分析，主要选取1908、1913、1928年出版的三张北京地图，从城市具体空间的角度，解读地图资料。另外，《比丘林的遗产——清末中文北京城市地图考略》（郑诚）一文则深入分析比丘林北京城市地图。

此外，在现代城市的研究中，数据统计分析是一个常用的方法。清末民国时期，有大量文献资料得以保存，近现代意义统计数字也已经出现，这使近代城市研究拥有了过去时段研究没有过的资料优势，因此，本书收录的部分文章也尝试采用了统计的研究方法。第三章最后一节，就一些研究方法进行探讨，见《地理信息系统在城市历史地理研究中的应用初探——以近代北京城市分区为例》（鲍宁、赵寰熹）一文。

另外，由于反映近代北京城市生活的资料相当丰富，一些古代研究难以考察到的内容却可以在近代研究中获取，例如民间舆情、个人感受、社会反响等。这些内容，将城市中生活着的人与城市环境的发展紧密结合，揭示出一种具体鲜活的人地关系。这大大增强了历史的真实感，有助于对城市生活与市民文化的理解。而在有些历史事件中，舆情、民意也是其重要的组成部分，这就更值得考察与揭示。例如，和平门的开辟，看似一个简单的工程，但实际上是一个含量丰富的社会过程，如果不结合对各类社会反响的考察，仅仅做一时间点的考证，那就大大简化了问题；和平门的开辟并不是孤立的事件，它与香厂地区和新华街的建设有着密切的关联性（唐晓峰《新华街与和平门——民国北京城改造个案述评》）。景观研究是城市地理研究的重要议题。东交民巷使馆区的出现，是北京城市空间中的重大事件，一般在地图中都有表现。不过，仅仅以地图的形式做平面叙事是远远不够的，使馆区中几条重要街道的不同建筑风格，呈现出实际空间景观的另一种叙事，这些均属于地理学研究的基本叙事角度，都应给予全面关注（赵寰熹《清末北京使馆区形成过程中地理空间研究》）。

近代北京，总体时间可能不长，但其有着鲜明的阶段性，包含纷繁复杂的演变过程。本书所选编的论文，其研究内容主要聚焦在1840—1928年之间这个阶段，旨在集中讨论这个特色时期的历史地理问题。本书中的文章，有一些曾发表在相关期刊上，为了较完整地呈现课题组对近代北京历史地理的研究，此次也选择收录。需要说明的是，有些问题的研究，由于资料的连续性缺失，尚未能做到完整呈现。另一方面，对有些问题的讨论，根据需要也会涉及1928年之后的发展。

此书的编辑，是基于唐晓峰老师倡导的一个研究课题，集合了一些学生和学者多年工作的成果。他们根据个人的兴趣选择议题，并经过个人思考和研究，有些也开展过交流和讨论，这是课题组第一阶段的工作成果。当然，对这一阶段的研究，仍要继续深入开展。对于近代北京的历史地理研究而言，这是一次初步的努力，也为我们进一步的研究打下基础。作为《北京近代历史地理研究系列》之一，本书的出版，对于北京城历史地理研究，是提交的一份汇报，希望得到学界同人们的指正。

赵寰熹

2021年4月28日

目　录

第一章　近代北京城内政区沿革
　　近代北京城内政区设置概述　　　　　　　　　　　　　　鲍　宁 002

第二章　分区研究
　　第一节　新华街与和平门——民国北京城改造个案述评　　唐晓峰 014
　　第二节　清末北京使馆区形成过程中的地理空间研究　　　赵寰熹 036
　　第三节　清末民初宣武门内外大街商业空间格局初探　　　赵寰熹 055

第三章　其他专题研究
　　第一节　近代北京城内学区的设置与应用　　　　　　　　鲍　宁 066
　　第二节　论民国前期北京城的市政建设与近代转型之困局——以京都
　　　　　　市政公所与北平市工务局主导的皇墙损毁为例　　贾长宝 099
　　第三节　民国北京有轨电车筹建与城市基础设施改造研究　毛　怡 145
　　第四节　教会中学空间问题研究　　　　　　　　　　　　鲍　宁 170
　　第五节　历史建筑空间的改造与再利用——以钟楼电影院为例

　　　　　　　　　　　　　　　　　　　　　　　　　　　　张纾莳 225

第六节　从公共空间视角看北京城茶馆及其近代转变

鲍　宁　贾长宝　258

第七节　地理信息系统在城市历史地理研究中的应用初探——以近代北京城市分区为例　鲍　宁　赵寰熹　272

第四章　地图研究

第一节　清末民初北京城地图整体介绍　赵寰熹　290

第二节　1908年《最新北京精细全图》解读　赵寰熹　301

第三节　1913年《实测北京内外城地图》初解　李学通　312

第四节　1928年《京师内外城详细地图》解读　张纻苈　320

第五节　比丘林的遗产——清末中文北京城市地图考略　郑　诚　334

第一章

近代北京城内政区沿革

近代北京城内政区设置概述

鲍 宁

在北京城近代化过程中，伴随警察制度的建立，城市分区的概念和形式也引入了城市当中，成为城市近代化的重要标志之一。城市分区制度的建立同时成为各方面市政建设的基础。近代北京城市分区经历了多次变化与调整，曾有一些学者如王亚男、公一兵等在论著中对北京城市分区的形态，及其与警察制度的联系等问题进行复原和一定程度的研究。[1]本文作为本书讨论的基础，首先对近代北京城市分区及其演变过程做一梳理，结合地图使其得以清晰展现，并就其功能和意义等问题做简要讨论。

一、北京城分区沿革

（一）传统分区

近代分区制度在城市中确立以前，古老的北京城内已存在过一些传统的分区形式。如在中国古代城市中占据重要地位的里坊制、明代五城制度、清代满汉分城以及内城的八旗驻防分区、外城的五城制度等。据《北京历史地图集》中记载明北京城：

---

[1] 王亚男：《1900—1949年北京的城市规划与建设研究》，南京：东南大学出版社，2008年；公一兵：《北京近代警察制度之区划研究》，《北京社会科学》2004年第4期。

全城共分36坊，内城28坊，外城8坊，分属东、西、南（外城）、北、中五城管辖。[1]

清代施行满汉分城制度，内城废除里坊制按照旗人的管理方式，依据八旗编制进行分区驻防与管理；外城仍然设坊管理，仅将前明八坊合并为东、西、南、北、中五城。[2]据学者研究：西城，自宣武门外大街西至外城西城垣，北至内城南城垣，南至外城南城垣。北城，自宣武门外大街东至石头胡同，北至内城南城垣，南至外城南城垣。其西与西城接界。中城，自正阳门外南至永定门，东至三里河，西至石头胡同（今北京大栅栏西街西口），其西与北城接界。南城，自崇文门外大街西至三里河街，北至内城南城垣，南至天坛。其西与中城接界。东城，东至外城东城垣，北至内城南城垣，南至外城南城垣，西至崇文门外大街。其西与南城接界。[3]参照《北京历史地图集》中的描绘，清代内城八旗驻防及外城五城分区可综合如图1.1所示。

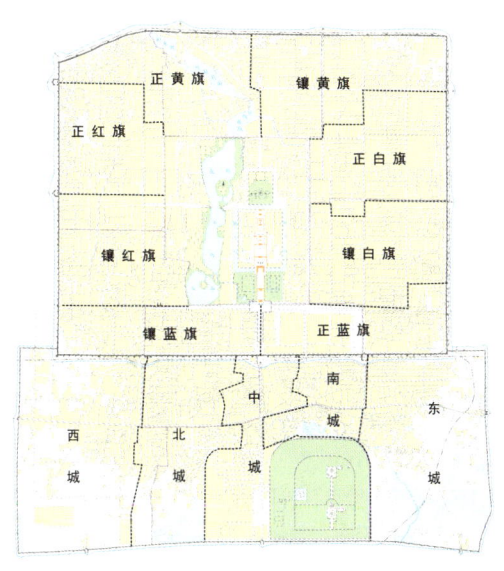

图1.1 清代北京内城八旗驻防及外城分区

（资料来源 改绘自侯仁之：《北京历史地图集》，北京：北京出版集团文津出版社，2013年，第78-79页。）

---

[1] 侯仁之主编：《北京历史地图集政区城市卷》，北京：北京出版集团文津出版社，2013年，第61页。

[2] 同[1]，第81页。

[3] 参考刘凤云：《明清城市的坊巷与社区——兼论传统文化在城市空间的折射》，《中国人民大学学报》2001年第2期，第112-113页；刘凤云：《清代北京的城市社区及其变容》，法国汉学丛书编辑委员会：《法国汉学》第9辑，2004年，第65页。

（二）近代分区

近代城市分区制度的确立伴随着城市近代化的过程，特别与警察制度的发展密切相关。史明正、王亚男、公一兵等多位学者曾对近代北京城市警察制度的引入和发展，其历史背景、原因、作用及影响等各方面问题进行过详细的讨论，此处不再赘述，仅以表1.1对近代北京城市警察制度的沿革与发展做一简单的梳理和概括：

表1.1 近代北京城市警察制度沿革[1]

机构名称	设置时间	裁撤时间	行政隶属	行政架构
善后协巡总局	1901	1902	下设分局，分驻内城和皇城。内城每旗各设一局，皇城内分左右翼各设一局，居中设一总局，外城仍归五城管理	总局-分局
内城工巡局	1902	1905	隶属巡警部，1905年合并为内外城巡警总厅	总局-局-分局-区-段
外城工巡局	1905	1905		总局-分局
内城巡警总厅 外城巡警总厅	1905	1913	隶属巡警部，1906年改隶民政部	总厅-分厅-区-基层
巡警派出所	1909	1913	隶属民政部，于内外城分段设立	总厅-区署-基层
京师警察厅	1913	1928	隶属内政部	总厅-区署-基层
公共安全局	1928		隶属北平市政府	局-分局-区署

---

[1] 主要参考：史明正著，王业龙、周卫红译：《走向近代化的北京城——城市建设与社会变革》，北京：北京大学出版社，1995年，第28-29，31页。王亚男：《1900—1949年北京的城市规划与建设研究》，南京：东南大学出版社，2008年，第37-39页。公一兵：《北京近代警察制度之区划研究》，《北京社会科学》2004年第4期，第106-107页。

伴随警察制度的建立和调整，北京内外城中也随之出现了警察分厅、分局和警政分区等不同级别的行政架构和行政单元。早期警察制度具有过渡的性质，其行政设置中保留有一些传统的旧制度的痕迹，设置和分区均比较繁杂。以早期的内外城工巡局为例，据史明正总结："内城工巡局有东、南、西、北、中五个分厅，每个分厅下辖许多警区。中部分厅下辖6个警区，其他4个分厅各辖5个警区，这样内城共有26个警区。外城工巡局有东、西、南、北四个分厅，其中东、西分厅各有6个警区，南、北分厅各有4个警区，这样外城共有20个警区。"[1]公一兵则补充了在分厅和警区之间分局的存在，实为"总局-局-分局-区-段"的五级行政架构模式："新制度在内城工巡局下设立东局、中局和西局。东局下辖东城南段分局和东城北段分局。中局下辖东安门内巡捕分局、西安门内巡捕分局。西局下辖有西城南段分局和西城北段分局。""外城工巡局，下属有外城巡捕东分局和外城巡捕西分局。"[2]关于这一时期各分局管辖地面及区段的具体划分方式，由于数目庞大，史料记载颇为零乱，暂无法勾画其完整划分状况。其后，伴随警政制度的发展，北京城市分区也经历了调整和逐步简化的过程，现将其变化情况做一简单叙述。

1905年9月，裁撤内外城工巡局，改为内外城巡警厅。改为"总厅-分厅-区-基层"四级管理架构："分厅以下应按照地图划分区域，每区域拟设区长。""内城分厅酌设分区：中分厅六区，东分厅五区，南分厅五区，西分厅五区，北分厅五区。外城分厅各酌设分区：东分厅六区，南分厅四区，西分厅六区，北分厅四区。"[3]整体上延续了此前

---

[1] 史明正著，王业龙、周卫红译：《走向近代化的北京城——城市建设与社会变革》，北京：北京大学出版社，1995年，第67页。

[2] 公一兵：《北京近代警察制度之区划研究》，《北京社会科学》2004年第4期，第106页。

[3] 《呈酌拟变动工巡局旧章改设官制章程清单》，光绪三十一年十二月十五日，中国第一历史档案馆藏，档号03-5451-123。

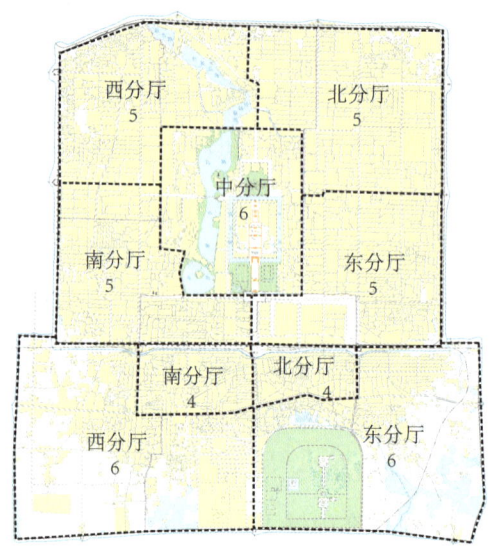

图1.2 1905年内外城巡警总厅九分厅示意图

9个分厅、46个分区的划分方式。这一时期区署的划分方式虽暂不明确,但9个分厅及其所辖区署数目可以图1.2简单示意。

此外,《京话日报》于1906年初登载的一则外城巡警总厅东分厅公告中,也记载了此次行政体系的调整,及个别分厅的区署划分情况:

外城巡警东分厅示

为出示晓谕事,照得本分厅地面,从先分五段,现在改分为六区。所有本分厅跟各区坐落的地方,以及四至八道的界限,亟应写出来,告诉你们,省得你们有了事不知道归那儿管,弄得满处乱跑。现在一一的开列在后边,你们要看清楚了,记清楚了,切切特示:

坐落处所:(本厅手帕胡同)(第一区铁辘轳把,现在第二区还没挪移,暂住花市大街原第一段办事)(第二区东河漕,现在此处房屋还没有修齐,暂在铁辘轳把)(第三区清化寺街)(第四区马蜂嘴,暂在东珠市口从前第五段办事)(第五区法华寺)(第六区夕照寺)四至界限:一本区以东至广渠门城墙止,西至崇文门东夹道路东各户后墙,暨珠市口迤南前门大街路西各户后墙止,南至永定门东城墙止,北至蒜市口珠市口路南各户后墙止。由天桥起永定门脸其路东门临大街之户归西分厅管理,不在本厅界内。(第一区)东至铁路止,西至东夹道路东各户后墙止,南至花市大街路南各户后墙止,北至崇文门城河止。(第二区)东至铁道止,西至东夹道及瓜市大街路东各户后墙止,南至榄杆市路北各户后墙止,北至花市大街路南后墙止。(第三区)东至米市口止,西至西水道路东各户后墙止,南至红桥止,北至榄杆市路北各户后墙止。(第四区)东至西水道路东各户后墙止,西至前门大街路西各户后墙止,南至天桥及永定门东城墙止,北到珠市口路南各户后墙止。(第五区)东到铁道止,西到天坛止,南到右安门铁道止,北到法华寺后墙止。(第六区)东到广渠门止,西到铁道止,南到左安门大街东止,北到东便门。[1]

根据此处记载,可将外城东分厅划分情况表示如图1.3:

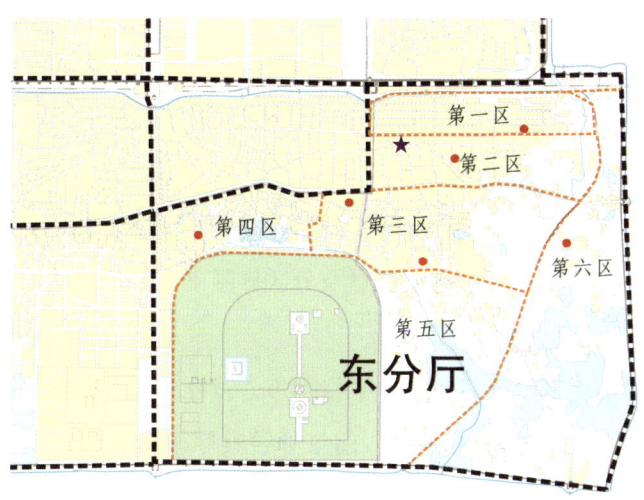

图1.3　1906年初外城巡警总厅东分厅区署划分

---

[1]　《京话日报》,1906年7月8日第671号,第5版。

由前述公示和图1.3东分厅示例可见，工巡局时期，分厅之下的区署划分较为细碎。分厅等行政机构多以庙宇等公共空间改办，设置时一些房屋尚未改造完毕，百姓办事有时存在着"不知道归哪儿管""满处乱跑"等混乱情况，体现了行政改革初期的过渡性特点。

　　此后，进一步对北京城的行政管理结构进行简化。1906年12月，清政府谕定将内外城9个巡警分厅合并为5个，分区不变。5个分厅分别为内城中分厅，左、右两分厅，外城左、右两分厅。

　　1908年，民政部饬令："将内城原设之二十六区并为十三区，外城原设之二十区并为十区，藉省经费。"此时改为5分厅、23区署的划分方式。

　　1909年，伴随巡警派出所的设立，同时裁撤了所有分厅，仅保留23个区署。行政架构改为"总厅-区署-基层"三级，各分区由内外城巡警总厅分别管理，隶属民政部。

　　1910年，将原来内城13个区合并为10个区，直接隶属内城巡警总厅；外城仍然保留过去的10个分区，直接隶属外城巡警总厅。20个区署的划分方式如图1.4所示。

　　1913年，袁世凯下令将京师内外城巡警总厅合并为"京师警察厅"，北京内外城区署仅变更名称，数量及分区界限不变，仍延续清末20区署的划分方式。

　　国民政府时期，北京改为北平特别市，设社会局、公共安全局、财政局、公用局和卫生局五个局。前京师警察厅改组为公共安全局，负责治安和维持秩序。同时，对分区再次进行缩减。1928年10月，将内城10个区合并为6个，将外城10个区合并为5个，内外城共计11个区署，其划分方式及名称如下图1.5所示。

　　抗日战争胜利后，北平市内城由6个分区改为7个分区，外城仍为5个区。内外城共计12个区署，其名称及划分方式如下图1.6所示。

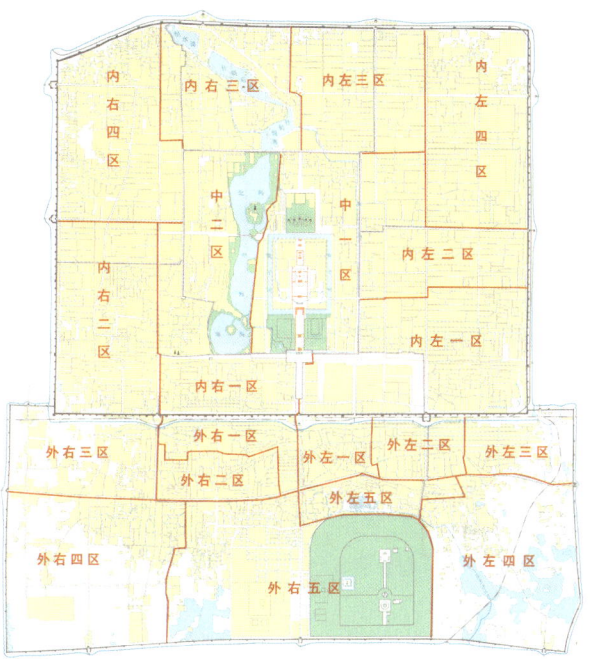

图1.4　1910年内外城20区署划分示意

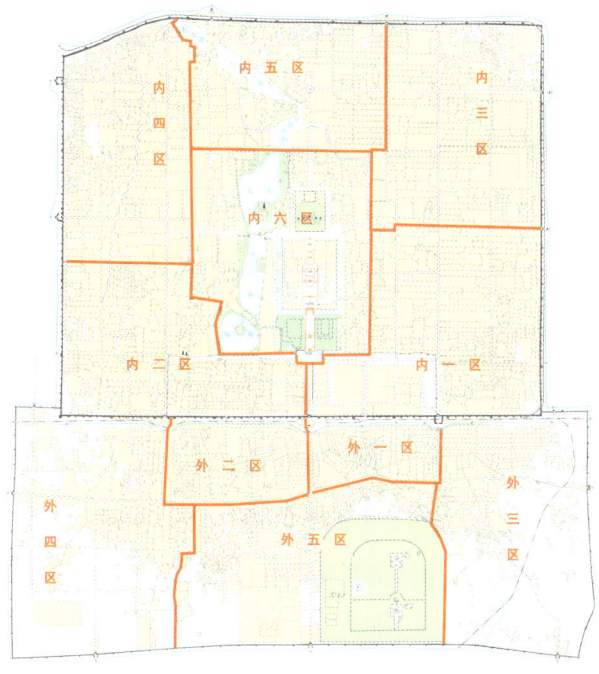

图1.5　国民政府时期北平市区署划分

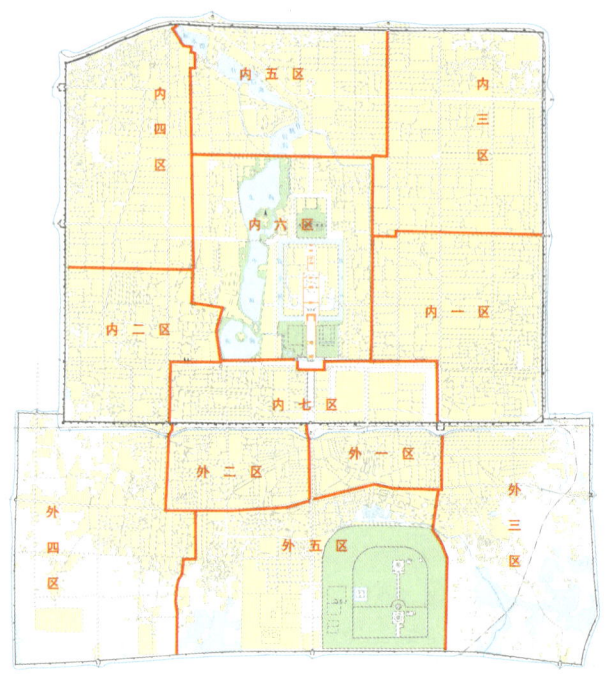

图1.6 抗战胜利后北平市区署划分

中华人民共和国成立后,行政分区的划分方式又经历了多次调整。但这一问题已不在本书讨论范围之内,且已有公一兵等学者进行了总结,此处不再赘述。

二、近代分区的意义与功能

行政分区作为与警察制度相伴出现的市政基础制度,在城市近代化过程中的行政管理与公共建设方面均发挥了一定的作用。行政区署以空间分区为基本形态,每个分区设置相应的机构和行政人员负责管理,在形态上与传统城市分区似乎并无明显差异。但若深入分析其功能可发现,传统的里坊制及各种分区在功能和设置目的上以空间控制为核心,与户口制度密切相关,是为维护王朝的空间秩序而服务的。而近代的城市分区则在行政管理、城市规划和市政建设等方面具备了更加丰富和积极的意义，如史明正所言，分区规划成为市政工作的"内在一部分"，构成了"合理城市规划的必要步骤"[1]。如前文提到，报纸中登载的有关区署划分和警政机构分布的公示，可发挥便利百姓查访办事之功效。另如自清末以来，由警政机构主持，曾开展多次人口调查，均以行政区署为调查单元，有些调查还涉及学龄人口、失学人口等专题的调查，为近代开展公共事业奠定了基础。另如国民政府时期，随着政权的更替，新的学区还未确定，行政区署在20世纪30年代初期又兼顾了学区的功能，作为学校建设规划的分配单元，有关事例将在后文专题研究中详细论述。

此外，在近代城市建设过程中，由于经验不足、经费有限等因素的限制，一些公共建设无法在整个城市范围内全面展开，但会选择某一分区作为示范区或试验区，进行小范围的尝试。这也体现了伴随近代区署的出现，行政分区在城市建设方面所发挥的多重功能，以及城市建设中各种新的尝试。

（鲍宁　中国科学院自然科学史研究所编辑）

---

[1] 史明正著，王业龙、周卫红译：《走向近代化的北京城——城市建设与社会变革》，北京：北京大学出版社，1995年，第94页。

第二章

分区研究

第一节　新华街与和平门——民国北京城改造个案述评

唐晓峰

在众多关于清末民国时期的北京城市历史研究中，[1]没有不提到南、北新华街与和平门的，但大多只是将其认作众多街道改造中的一项而已，未做专门考察。应该注意到，新华街与和平门的开辟，并不是孤立的一条马路的改造，它的规划与贯通，牵连出了一个新的街区体系。这个新的街区体系体现了新生民国的京师管理群体对于北京城的新的追求目标。由于多种原因，这一街区并没有持续繁荣发展下去，以至消失在今天的城市记忆中。但其实践在北京城市史中仍具有重要意义，故本节拟对这一民国北京城改造的个案进行一次初步的考察与阐述。

一、新华街的开辟

清朝末年，朝廷执政力全面衰微，京城管理弛懈，城市环境脏乱破败。庚子年（1900）八国联军入侵北京城，城市遭到进一步破坏。"庚子之乱"过后，朝廷推行"新政"，整顿北京城市环境是一项重要内

---

[1] 史明正著，王业龙、周卫红译：《走向近代化的北京城——城市建设与社会变革》，北京：北京大学出版社，1995年；王亚男：《1900—1949北京的城市规划与建设研究》，南京：东南大学出版社，2008年；袁熹：《北京城市发展史》（近代卷），北京：北京燕山出版社，2008年；董玥：《民国北京城：历史与怀旧》，北京：生活·读书·新知三联书店，2014年。

容。但清末对京城的整顿不可能根本改变北京城的空间属性，近代北京城的巨变，是随着清室退位与民国的建立开始的。

由于帝制退出历史，北京城的皇权主题霎时失去支撑而消解，在城市结构中，皇城紫禁城虽然居于中央，但已经黯然失色。面对这样一个突然出现"精神真空"的城市，民国北京城的管理者，急于要在古城中树立新时代的"共和"精神。

总统府自然是京城新的核心（中南海取代紫禁城）。1912年3月10日，袁世凯在铁狮子胡同的陆军总部宣誓就职中华民国大总统，随后决定将总统府设在中南海的海晏堂，更名为居仁堂，[1]并将南海南缘的宝月楼改造为门楼，对外开门，取名新华门，新华门前街道更名为府前街（长安街）。"新华"这个词犹如新生民国的宣言，表达着中国的一个新时代的开启。因为新华门是总统府的大门，所以，它不仅在名称上宣告着一个新的时代的开启，在城区位置上，也成为感知新的北京城空间结构乃至空间性的起点。在总统府的西北近邻设立国务院，[2]在总统府的西南方不远处设立议会大楼。[3]这个地带在几年内便成为民国北京城的

---

[1] 关于北洋总统府地点的设立，在其时间生活的陈宗蕃有简明的记述："民国初元，袁项城任总统，即由铁狮子胡同陆军部署迁居西苑，于是而有总统府之称。时项城办公之室，在居仁堂，而以怀仁堂为延见外宾，举行典礼之所。秘书长办公室，则在丰泽园之崇雅堂。黎黄陂卸湖北督军职入京，就副总统任，项城饰瀛台以居之，是为总统府最盛时代。民国八年，徐东海入任总统，以曾为清室重臣，不敢僭居宫禁，乃与国务院互易其地，于是以春耦斋为总理之办公室，崇雅殿各处，均为院属各局办公之所。黄陂再起，乃复迁回。十二年国民军入京，曹总统被幽于延庆楼。段合肥执政，仍于陆军部旧署治事，于是而新华门以内，气象稍衰矣。十五年，班禅来京，居于瀛台。十六年，张作霖就大元帅之职，复居西苑。十七年，国军入都，乃改为公园。"（陈宗蕃：《燕都丛考》，北京：北京古籍出版社，1991年，第110页。）

[2] 在中南海西北部，原为摄政王府。

[3] 1912年4月开始，北京临时政府即开始筹建国会建筑，选定清末作为资政院使用的法律学堂作参议院，基本上是利用旧建筑。当时，法律学堂东侧（即南沟沿路东、象房桥北的旧皇宫象房址）为度支部于宣统元年奏办、同年九月开学的财政学堂，被选定为众议院基址。后来，众议院东侧的胡同因此改名为"众议院夹道"，两院前的街道改名为"国会街"，沿用至今。（参见张复合：《北京近代建筑史》，北京：清华大学出版社，2004年，第186页。）

政治核心区，而新华门正是这个核心区的一个亮点，或者说，一个基点。

当时北京城的规划者们不会满足于仅仅把宝月楼改成新华门而已，它不应该只是一个孤立的门楼，在它的四面，应该进行延伸性规划，使这座共和时代的标志性建筑具有更大的空间统率力。新华门的北面（里面）是总统府，是新华门的背景。新华门的东、西两面已经打开了长安街，它正逐渐成为横贯京城中心区的新兴大道。问题是南面，南面原有回回营、清真寺（1915年拆毁）和一片贫穷不整的居民区，另有一条肮脏的排水沟，称为化石桥大沟。在景观中，这与总统府壮观的大门很不协调。

于是在民国初年，便提出了这样一系列计划：在新华门的南部，拆除清真寺，修建临街高墙，盖平排水沟，开辟新的城门洞，改造南城区，并以一条新辟的宽阔街道贯穿这一改造区。这条新开辟的街道就是新华街。

在民国八年（1919）三月编纂的《京都市政汇览》（以下简称《汇览》）中记录了这件事：

> 京师面积宽广，街路延长，兼之历朝建都，禁城环拱，楗柅森严，地本辽远，有此格禁，动须绕道，尤致不便也。乃值兹交通发展，户口增繁之际，又岂能不亟图便利公所。于是遴派测绘专科人员从事勘测，由西长安牌楼之南，经板桥帘子胡同后细瓦厂半壁街等处，通过化石桥城墙及护城河，再南经琉璃厂砂土园臧家桥等处，直达骡马市大街之虎坊桥，拟定辟为交通城南北之干路，并为将来电车路线。城以内一段名北新华街，城以南一段名南新华街。其化石桥城垣拟即拆通，并造铁筋混凝土天桥跨于京汉路及护城河之上。[1]

---

[1] 京都市政公所编：《京都市政汇览》第五章第三节"开辟西城南北新华街及城洞"，北京：京华印书局，1919年12月，第102-103页。

这段文字写于1918年，介绍了修建新华街的缘起、方案。但这一计划是在1914年提出的。1914年6月23日，朱启钤向袁世凯提交《修改京师前三门城垣工程呈》，提到拆除前门月城，"另于西城根化石桥附近，添辟城洞一处，加造桥梁以缩短城内外之交通"。开辟城洞，自然要接着修建街道。查1913年《实测北京内外城地图》（中华民国二年内务部职方司测绘处制），所规划的南北新华街一线，即"由西长安牌楼之南，经板桥帘子胡同后细瓦厂半壁街等处，通过化石桥城墙及护城河，再南经琉璃厂砂土园臧家桥等处，直达骡马市大街之虎坊桥"，大多为胡同居民区，开辟干道，需要拆除不少街巷。由此可见此项规划有很大的开创性，在当时来说，实在是一项重大举措。（见图2.1）

按在化石桥南北，本有一条南北向穿城墙而过的沟渠，称化石桥大沟。在这幅地图上，化石桥以北尚有沟渠，而化石桥以南，即城墙南面的琉璃厂一带，残存的沟

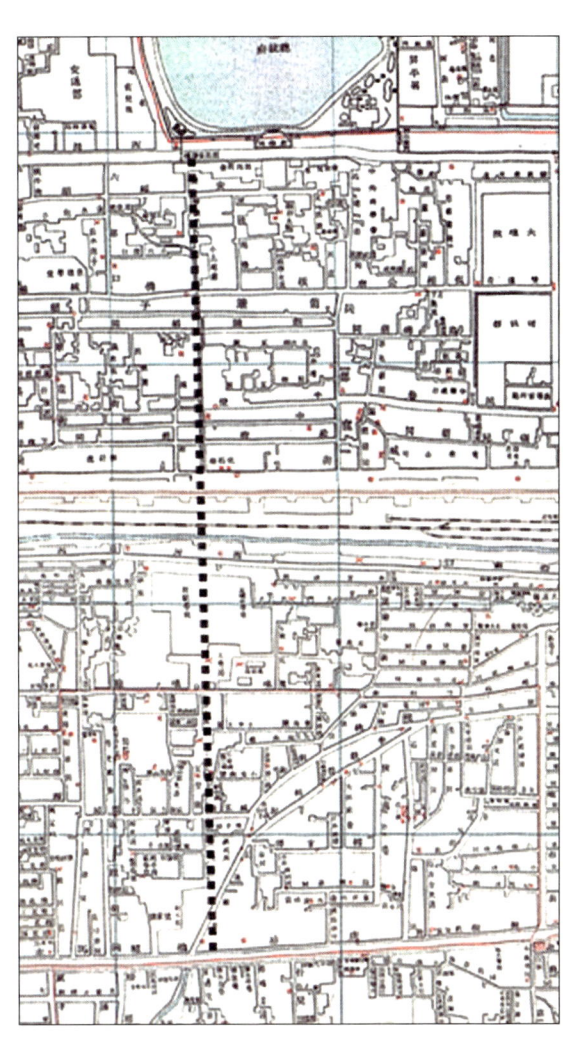

图2.1 《实测北京内外城地图》（局部），虚线为笔者所标新华街规划线路。

渠已然消失。据胡金兆在《百年琉璃厂》一书中的回忆,"琉璃厂的这条河沟的改明为暗成为路却比较早,大概清末就进行了。东、西琉璃厂之间的那座小桥也早已失存,有记载说被埋入了地下。从虎坊桥到琉璃厂再往北成为一条道路,为修这条道路并尽量取直,还削减了原来依河道而建突出到河边的一些建筑。但这条路只通到护城河边戛然而止,因为有河与城墙拦路"[1]。

大致在1918年,新华街告竣,南新华街的线路大体依照规划,而北新华街则为省工,避免过多对街巷的拆迁,是完全沿着旧有沟渠的线路,填沟而成,并未裁弯取直,所以在北端形成曲线。南、北新华街尽管竣工,但因此时城门洞并没有如期打开,南、北新华街还不能贯通。关于门洞为何没有按计划开通,陈宗蕃是这样记的:"正阳门与宣武门之间,辟一门曰和平。民国二年至三年间,当事者即献斯议于袁项城,以为苟辟此门,北则与总统府新华门相值,南则直达香厂,可以谋市廛之繁盛,宜名曰新华,项城韪之。兴工有日,而前门外诸富商,惧斯门果辟,则行人出于他途,市廛必且南徙,乃浼有力者以风水之说进,谓斯门苟辟,将不利于国家,且亦不利于总统。项城惑之,乃寝其议。于是南新华街、北新华街之名虽定,而城垣内外,相距七八里,不能相联。"[2] 在这段话中,除讲述了城门不开的原因,另有一点值得注意,即城门的名称。文中说"宜名曰新华",如果这一记载不错的话,则最初设想的城门名称乃是"新华门"。因为此门是南、北新华街的连接点,称作新华门也很自然。当然,这将与先已建成的中南海新华门重名,这可能是当时的疏忽,也是后来未能果用其名的原因。

这个城门后来命名为和平门。和平门的开辟,几经周折,最终于1926年竣工,1927年1月正式通车。鉴于一些著作中有关和平门历史的讲述不够完整,甚至有些错误,这里依据一些历史档案、报刊材料,对

---

[1] 胡金兆:《百年琉璃厂》,北京:当代中国出版社,2006年,第8页。
[2] 陈宗蕃:《燕都丛考》,北京:北京古籍出版社,1991年,第18—19页。

这个问题做一简明的梳理。

二、和平门的开辟

现在所看到的著述中，大多把和平门的开辟定在1926年。例如《1900—1949年北京的城市规划与建设研究》一书写道："1913年，基于连接琉璃厂和新华门之间的南北交通，曾有过在正阳门和宣武门之间开辟城门的动议，但直至1926年才开辟了两个门洞。"[1] 这一叙述过于简单，略掉了许多细节。另一册近年出版的《民国北京（北平）城市形态与功能演变》中说："到1926年段祺瑞做执政府总理时，在负责内外城警备的鹿钟麟主持下，不多几天就凿开了新城门，称为'和平门'。"[2] 这段话中，提到鹿钟麟主持城墙开凿的事情，不错。但是所说的时间不对，鹿钟麟开凿城墙应该在1924年底。这个1926年的说法很可能是沿袭了陈宗蕃在《燕都丛考》中讲的："民国十五年，合肥段公执政，鹿君钟麟主内外城警备政，乃毅然举工，未数日而毕。车途毕达，往来称便，乃名之曰和平。"[3]

按和平门在1958年被拆除，现在其遗址处立有一块石碑，关于和平门建成使用的时间，上面是这样写的："1926年开辟此门并建城台及券门，1927年竣工，……1927年2月正式启用。"在这个简略的叙述中，没有提到1924年城墙开凿的起点，即鹿钟麟开凿城墙的事情，另外，有些时间上的细节也需要进一步明确。

如前所述，关于开辟和平门的最初想法是1914年提出来的，后因袁世凯变卦而终止。这样导致的局面是：南北两边的新华街已经开工，但

---

[1] 王亚男：《1900—1949年北京的城市规划与建设研究》，南京：东南大学出版社，2008年，第89页。
[2] 孙冬虎、王均：《民国北京（北平）城市形态与功能演变》，广州：华南理工大学出版社，2015年，第187页。
[3] 陈宗蕃：《燕都丛考》，北京：北京古籍出版社，1991年，第19页。

城墙仍在，门洞未开，两条街道不能相连，都成了"断头街"。

这种情形一直延续到1924年，该年10月冯玉祥率军进入北京，发动政变，囚禁曹锟，将自己的部队改称国民军，自任总司令。当时一些民众代表向冯玉祥提及开辟化石桥城门一事，冯玉祥欣然同意，并责令鹿钟麟具体操办。冯玉祥依据自己所宣传的"和平"口号，将自己在北京推动的两个工程，都命名为"和平"，一个是改太庙为"和平公园"，一个就是鹿钟麟开凿的"和平门"。这应该是和平门的首次正式命名。[1]

鹿钟麟做事雷厉风行，很快带领军士，以人力开挖城墙。此事应该在1924年11月，[2] 这是和平门实施修建历史的重要起点。但是，鹿钟麟开凿城墙之后的情形怎样？尚未看到研究性的评述。这里，根据当时的一些报刊材料，对1924年之后有关和平门的事情，做一些梳理。

首先一个重要问题是，鹿钟麟凿城之后，是否达到了南北贯通的效果。鹿钟麟率人开凿城墙，速度是很快的，很可能几天之内就把大墙挖开，所以传为"乃毅然举工，未数日而毕"。[3] 然而，挖凿城墙的工程算是完毕了，而道路却没有沟通，这很可能是由于挖墙工程并不彻底，仍留有障碍，加之其他配套工程（门、桥、栅栏）全未实施。所以，鹿钟麟来得快，走得也快，撇下了一个尚不能用的大墙口子。

过了一个月，人们发现城墙口子那里没有了动静，所以马上有人感叹"功亏一篑"。例如柏生就撰文发问《"和平门"怎样了？》，这篇短文登载于1924年12月13日的《京报副刊》上，文中呼吁："冯玉祥班师回京这件事，任凭那些对于政治有兴味的人，说是于国家有如何如何的重大关系，在小百姓们，老实说也觉不着什么。如果冯玉祥的班师真会对于小百姓有实益，那么除非把功亏一篑的'和平门'赶紧开

---

[1] 1927年，张作霖进京，曾改为"兴华门"，但不久又改回和平门。
[2] 冯玉祥进京是在1924年10月下旬，11月初鹿钟麟逼请溥仪迁出故宫，随后即开凿城墙。
[3] 陈宗蕃：《燕都丛考》，北京：北京古籍出版社，1991年，第19页。

了。……我一走到化石桥,南新华街或北新华街,'和平门'总在我的脑中一闪。这样宽阔的街道、新建的房屋、道旁新栽的小树,如果没有'和平门'便什么也失却了意义。和平门啊,建造和平门的人们啊,快起来吧,我在这里祷祝你。"[1] 这段话中,感叹工程的"功亏一篑",也表达了对于工程的热切期待。

然而过了一年,仍无动静。1925年12月3日,(孙)伏园在自己主编的《京报副刊》(第347号)上发表《和平门再提议》一文,他说:"我以为和平门一日不开,国民头上便罩着一日的乌烟瘴气,国民们置之不理,那才是奇之又奇。怎么讲呢?如果化石桥开拆城墙这件事,从前没有人提议过,直到去年国民军班师才有人发动,拖延了一年未见实行;那么,这只表示国民的懒惰。"此文对和平门工程的整年停滞表达不满,并表示,国民百姓并没有忘记这件事情。

国民百姓们期待的和平门,终于在1926年工程再启,并竣工。由于和平门的开启是北京市民十分关心的事情,所以当时的《世界日报》曾做连续报道。这些报道,是关于和平门竣工启用史实的第一手材料,应为可靠证据。

《世界日报》1926年11月7日刊载《和平门限年内落成》一文:"南北新华街中间的城墙,早已开工拆墙。另立一门,以便交通。听说现在内务当局因为动工已久,特饬令市政公所,限本年内完工,以便明年一月一日行落成典礼。并定名为'和平门'。"这个拖延许久的工程,此时的当局认为不可再拖,限本年内完工。我们可以设想,若不是有社会压力,工程可能还会拖下去。

但当局预定的"明年一月一日行落成典礼"的计划没有实现。《世界日报》1927年1月12日载文《和平门》:"和平门和平桥,现在都已经修理好了,原定西历年元旦开行,但是因为京汉铁路局没钱,不能修

---

[1] 《京报副刊》第9号,民国十三年十二月十三日。

理铁路两旁的铁栅栏，所以到如今还不曾开放哩。"看来，城门本身以及桥梁的工程算是完了，但因为该处铁路两旁没有栏杆，有碍安全，所以没有举行落成典礼。

9天以后，《世界日报》1927年1月21日又刊登《和平门快开了》一文，这篇报道内容较丰富。作者首先回顾了历史："京汉路局已拨款拆墙沟通南北两大新华街的和平门，原在国民军驻京时代就动工了，不幸工程未半而北京城就换了主人，继任市政督办以中途而废未免可惜，因而继续完成之。"后讲典礼之事："原定在十六年元旦日举行落成礼，只因桥门间之京汉车轨尚未安置妥帖，据说是因为交通部没有钱的缘故。"接着讲现状："车辆既不能通行，即行人亦未能畅行无阻（只开容一人通过的小道），颇感不便。"文中随之透露一则好消息："不料京汉局近两天，竟拨一笔小款用来加工修理车道，铺地，拆木墙，装铁栅，想不久就要完全告成而通行了。"最后，作者感慨道："起先要从北新华街南口，上南新华街北头，虽说相隔仅有丈来长的城墙，但是走起来，不论是出前门或宣武门（因他在二者之间），都得用半个钟头，并且还是走得两腿酸，坐车也得花上一毛钱，而现在只要用不到一分钟的开步走就到了。呵，这不是北京交通之福音吗？"这段话报告了好消息，也抱怨了一番此前人们绕行的不易。

《世界日报》继续跟踪报道。1927年1月23日登载《和平门明天举行交通礼》一文："和平门南边京汉路闸门，现在已完工，南北各设两道门，中间有铁筋看守棚两座，南北相对，闸门前的桥，名叫'和平桥'，现只在轨道内铺垫青石板，准今天（二十三）落成，明天（二十四）举行交通礼，实行交通。想该门通行之后，正阳宣武两门，必减少拥挤了。"

周作人在1927年3月写了一篇短文《和平门》，里面有这样一段话："两三年来大家所等待的和平门终于完工了。我记不很清，大约是二月一日举行开通式的，到现在已经有四十天了，我却只走过两次，一

图2.2 和平门开通仪式

次是进,一次是出。从厂甸往府右街,不须由宣武门去绕,的确是很便利了,这是一件快事。"[1] 周作人显然为自己不必再绕道宣武门而感到高兴。不过,关于开通仪式的时间,他没有记清楚。开通仪式应该是在1月底举行的。

《世界日报》1927年1月28日报道,和平门已经开通了。城门既然开通,下一步是要建立和平市场。这篇报道说:"贯通南北新华街的和平门开通之后,市内的交通,更加便利。现市政当局,近来又在和平宣武两门的中间,择适中的地点,设一个'和平市场',大概几天之内就可成立了。"[2]

和平门是否开辟通车,是整个新华街–和平门计划的重要环节,从社会期待之热切,可以看出这项计划已经在社会上产生了重要影响。而"和平市场"的预想,是这项计划向新华街两侧延伸拓展的一个事例。

---

[1] 此文发表在《语丝》第123期,印行时间是1927年3月19日。引文见第18页。
[2] 见该报《成立和平市场》(报上误排作《立成平和市场》)一文。

三、新华街的特殊地位以及与香厂模范区的关系

从计划的最初提出,到最终全面完成,经过了十余年的时间。虽然和平门的开辟拖后了近十年,但这条新华街的先期建成,已经具有一些不同寻常之处,主要有下列几点:

(一)名称。将此新街道命名为新华街,显然是要与新华门相呼应,或者说,从名称上建立与总统府的联系性,以彰显这条新街的与众不同。它像总统府的大门一样,宣告着一个新时代的开启。"新华"这个名字,除用于新华门、新华街,还一度拟用于新开的城门洞。"新华"一名在这个区域大范围使用,显然是要渲染这一片街区的新气象。

(二)新华街除了靠近总统府,还接近在新华门对面偏东一些的京师市政公所,市政公所正是新的城市管理中心。在上引《汇览》的说明中,有"便利公所"一语。查"公所"一词在《汇览》中均指京师市政公所。新华街的开辟的确靠近市政公所,这一个便利,既有实际意义,也有象征意义,在两个层面上,都加强了新华街的地位。新华街虽然不似全城中轴线上的前门大街那样拥有深厚的传统,也不够繁华,但由于政治上的空间关系(在新华街北口一带,北面是新华门,南面是市政公所,在路口的西部不远处,还有财政部和交通部,均在长安街路北),其起点之高,不言自明。何况,新的"配套"规划也在进行。《汇览》里说,它将成为一条"干路"。北京城里有"干路"多条,且在古城中历史悠久,但新华街这一条干路却是从无到有,与新的时代一起突然出现的。

(三)"配套"规划工程之一。在新华街的南口地带,设计了全新的"香厂示范区"。关于香厂地区,《汇览》里面是这样说的:

> 旧日都市沿袭既久,阛阓骈繁,多历年所。而欲开辟市区以为全市模范,改作匪易,整理亦难。则惟有选择相当之地,以资

拓展。使马路错综，若何建筑市房，建造若何规定，以及市肆物品、公共卫生，无不力求完备。垂示模型，俾市民观感，仿是程式，渐次推行，不数年间，得使首都气象有整齐划一之观。市阛规模具振刷日新之象，亦觇国之要务，岂仅昭美观瞻已也。刻京师市面，当元、二年间，日渐衰敝，公所因之亦觉模范市区难置缓图。当查香厂地面，虽偏处西南，而自前朝之季，已为新正游观之区。一时士女骈集，较之厂甸或且过之。是可验位置之适宜，人心之趋向。遂于民国三年，悉心计划，着手进行。计南抵先农坛，北至虎坊桥大街，西达虎坊路，东尽留学路。区为十四路，经纬纵横，各建马路，络绎兴修，以利交通。其区内旧有街道尚未整理者，则分年庚继行之。路旁基地，编列号次，招商租领。凡有建筑，规定年限，限制程式，以示美观。[1]

对于将要规划建设的香厂地区，市政公所有着很高的期待，如"全市模范""力求完备""垂示模型""有整齐划一之观""具振刷日新之象"等。

香厂规划与新华街规划大体同时推出，很可能有相互呼应的主观意图。而客观上两者地理接近，待建成之后，在城市实践活动中，也会使人产生整体交联的感觉。例如陈宗蕃在十余年后回顾和平门时，便称"正阳门与宣武门之间，辟一门曰和平。民国二、三年间，当事者即献斯议于袁项城，以为苟辟此门，北则与总统府新华门相值，南则直达香厂。"[2] 陈宗蕃言中之意，打开和平门，以新华街沟通总统府新华门与香厂地区，是"当事者"脑中便有的计划。是否果然如此，尚待考核。但不管当时有没有这样的统一规划，在陈宗蕃这里，新华街已然被认作"北则与总统府新华门相值，南则直达香厂"了。此处陈宗蕃的感觉代

---

[1] 《京都市政汇览》，第104页。
[2] 《燕都丛考》，第18-19页。

表了实际生活中新华街的地位以及人们对它的认知,感受到了总统府、新华街、香厂三者的联系。本节欲论证"新华街牵连出了一个新的街区体系",这是一条重要材料。这个新的街区,不是行政街区,而是感知与行为的街区。

街道的基本功能是通道,但某些街道,或因位置关系,或因街道内机构特点,而具有一种空间引导轴心的意义。新华街当然不是全城的轴心,但无疑是当时城市西部的重要轴心,它连接着两个最重要的具有全新功能的城市区位,一个是最高行政区,一个是全市模范区。

香厂的重要性不容小觑。香厂地区是民国初年京师改造的一个重点,"悉心计划,着手进行",经过5年时间,至1918年便初步建成(值得注意的是,新华街也是在这一年告竣,两个计划是同时提出,同时告竣,在市政公所的桌案上,这两项计划不可能完全隔离)。其建设工程包括改建道路、疏浚沟渠、招租土地、振兴商业,加设现代设施如安装电话、设立交通警亭,特别是在中心区修建了东方饭店和新世界两座新式大厦,最终将一个肮脏、衰败的旧街区打造成为一个充满现代气息的新市区。

从当时报刊的报道上可以感受到香厂地区当时的繁荣热闹。

1918年4月,新世界商场开业之初,便邀请外国杂技艺人前来演出。《晨钟报》1918年4月5日刊登《新世界演新艺术》一文,报道曰:"新世界请欧洲独一无二艺术大家克浪配君与美丽夫人合演惊人绝技,如平步刀梯、巧过刀桥、长针刺身。最新之催眠术、身上发火吸烟、玻璃屑上裸体柔术、三双台上大献身手、小犬演戏、离奇幻术等技艺。诚游戏场中特别异彩,自星期二起演一星期(即由旧历三月初六日起)每日四点起五点止,夜九点起十点止,门票照常不另加。"

"新世界刻特聘外洋新到美女、著名大跳舞家来华。闻美女在欧美各大剧场献技时,每一登台彩声雷动。该场特聘起献技三天,门票照常,不另加价。(自礼拜五即阳历五月三日、阴历三月二十二日至礼拜日止，日夜准演，日六时起七时止，夜十一时起十二时止。）"这是《晨钟报》1918年5月2日的报道。

外国艺人接连来这里演出，足见这个新市区的"摩登"程度。香厂当然也有中国的艺术家到这里"添演新剧"。

在服务业方面，餐厅、茶馆众多，新式"番菜"（西餐）、咖啡厅也接连开业。东方饭店为新式大型饭店，其广告称：

> 京都番菜馆、旅馆、饭店林立，而求其可以适口，可以宴宾，可以栖息者甚少。故本饭店莫不精益求精，以免贻外人嘲本主人瑕隙于此。不惜巨资自建洋楼改良一番，陈设完备亦可宴会，亦宜小酌。现将大菜一部先行开幕矣。旅客造就再行通告。非敢谓挽回权利，不过藉补我华商之憾耳！价目：晨八点至十点，早茶菜五碟外加面包、咖啡，每客大洋七角五分。十一点半至二点钟，午餐菜大小九种，外加面包、咖啡、鲜果，每客大洋一元正。晚六点至十点钟，大餐菜大小十九种，外加面包、咖啡、鲜果，每客大洋一元五角。晚十点后，特备便菜四色，外加面包，每客大洋七角五分。宴会菜面议，酒价格外从廉。电话南局楼上二九八八，楼下二九八九，公事房二九九六。[1]

如此经营方式在古老的京城里面可谓是新天新地。追求新颖，跟随时代潮流，正是新的民国城市的改造、规划者们所期望的。

香厂之繁荣和影响力增长之快，以至被陈独秀选为向北京民众散发革命传单的地方。1919年6月11日，陈独秀登上新世界大楼，向民众抛撒《北京市民宣言》，因此被捕，被营救出狱后，由李大钊护送离开北

---

[1]《北京香厂东方饭店广告》，《晨钟报》1918年3月1日。以上《晨钟报》资料均转引自鱼跃：《北京城市近代化过程中的香厂新市区研究》，首都师范大学2009年硕士论文。

京。这件事是中共党史上的大事。[1]

香厂新区的繁华，必然调动起四方大街小巷的人流与活力。而在这些街巷中，新华街是北面最重要的干道。香厂地位的提升，无疑增强了南新华街的地位，二者的关联性也愈加明显，所以陈宗蕃说新华街"南则直达香厂"。如果孤立地看香厂，它只是一个新型商业区，但因为与新华街的衔接关系，又成为带活新华街的一个重量级的城市单元。街道与城市单元相连接，形成高一级的城市单元。对于新华街来说，"北则与总统府新华门相值，南则直达香厂"，足够显赫了。

在20世纪20年代初编纂的《北京便览》中，也表达出香厂发展与新华街的连带关系。当时和平门未辟，但南城已有新气象："惟新世界与城南游艺场，特在香厂一带，是处系新辟马路，起琉璃厂、厂甸，而达虎坊桥。南北干路为万明路，东西干路为香厂路。道路纵横，车马便捷。将来与府右街直接贯通，商市必更蒸蒸日上也。"[2] 所谓"将来与府右街直接贯通"，说的就是将来城门开辟，南、北新华街贯通，而直达府右街一带。如此与内城的大幅度贯通，香厂的商市就会"更蒸蒸日上也"。关于新华街与府右街的关系，《北京便览》也有交待："若新辟之府右街，北起皇城内西安门大街，南越西长安街，直接北新华街。将来化石桥畔新门既辟，使皇城与内外城，衔接一气，其便利当何如也。"[3] 府右街乃皇城西部新开道路，其与新华街连接，又将使原皇城区域与内外城"衔接一气"，这一前景令人充满期待。"化石桥畔新门"，指的就是和平门。

（四）"配套"规划工程之二，即在南新华街修建有轨电车线路。这一配套计划在《汇览》中已经说明，是在初期规划时就已经想好的事

---

[1] 参见周子信：《关于李大钊护送陈独秀脱险的几种说法》，《党史文汇》2006年第3期。
[2] 姚祝萱：《北京便览》上编卷二，载张研、孙燕京主编：《民国史料丛刊》（793），郑州：大象出版社，2009年，第37页。
[3] 姚祝萱：《北京便览》上编卷二，《民国史料丛刊》（793），第37页。

情，并果然于1930年实现通车。值得注意的是，传统的前三门内外大街本是沟通内外城的最重要的干道，均匀地分布在东、中、西三个方位。但在有轨电车规划时，西边的宣武门外大街却没有计划铺设电车线路，它的有轨电车"待遇"竟然被刚刚打通的新华街拿走了。由此看来，以新华街取代宣武门大街成为西部的南北干道，是规划者们早有的打算，这说明了规划者们对于新华街的定位之高。为何新华街有如此高的定位，能够想到的理由只有它对应新华门，且"便利公所"。

1917年，在南新华街东侧还修建了海王村公园，这是京城第一个街头公园，所谓"厂甸"即泛指海王村公园一带，是琉璃厂文化区的核心。若不是1928年首都南迁，在新华街上势必还会有新的东西出现。

（五）新华街在理念中的特别地位。新华街的定位很高，是以一种规划思想为基础的。把思想变为现实，是规划者们急切的愿望。这一愿望居然先一步被表达在了地图上。在京师市政公所主持的一项用科学新法绘制的准确的北京城市地图上，我们看到了对新华街的先于事实的一种"存在"。

在《汇览》后面附有《京都市内外城重要街市及水平石标地点图》[1]，在这份1918年或很可能更早绘制的地图上，可以看到，虽然"新华街与门洞计划"在事实上尚未实施（门洞是1926年才开通的），但图上居然画出了计划完成的样子：门洞已经打开，新华街已经畅通，不但畅通，南北新华街还是一条正南正北的直线。（见图2.3）如果说，新华街在这个时候已经修好，但它绝不是正南正北的。至少，把和平门画成打通的样子，是完全不符合事实的。看来，在新华街这个地方，这份地图画的不是事实，而是计划，是期待。或者说，不是客观的事实，而是

---

[1] 王亚男《1900—1949年北京的城市规划与建设研究》（2008年）中第67页附有一幅北平市工务局第二科制的《北平内外城重要街市及水平石地标图》，该图自标绘制时间为民国一十九年十二月。按从图中内容来看，该图显然是照抄《汇览》中的《京都市内外城重要街市及水平石标地点图》，仅将地名做了必要更新，如"中央公园"改"中山公园"，"禁城"改"故宫博物院"等。该图中新华街的画法与《汇览》中图一样。

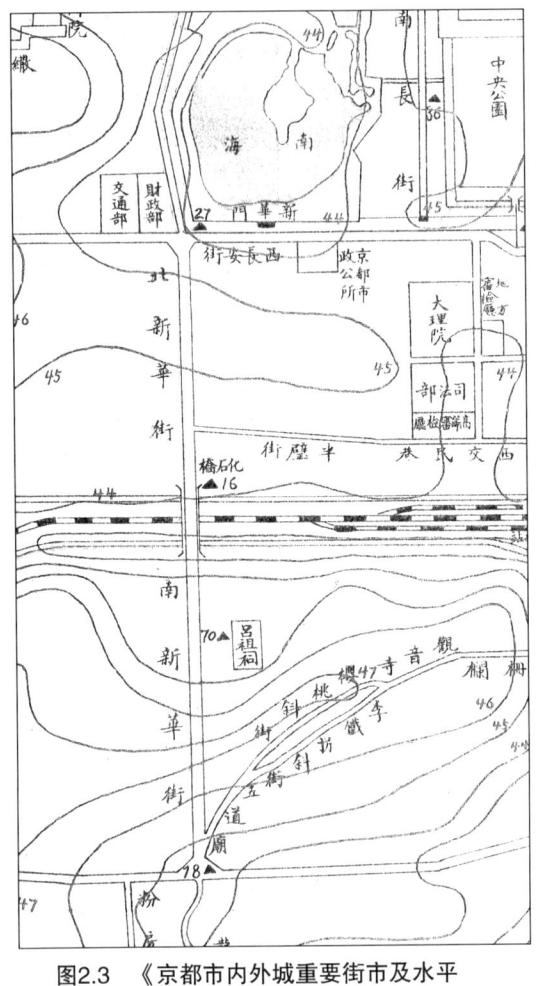

图2.3 《京都市内外城重要街市及水平石标地点图》（局部）

理念的事实。这幅地图暴露出规划者们对于新华街的强烈期待，也宣示了新华街计划的不容置疑。

图中另一个值得注意的细节是北新华街与长安街交汇的路口，以及南新华街与虎坊路交汇的路口，都被画为折角状，这是整幅图中其他十字路口所不见的，这个特别形状显示出这两个交点的特殊性，即新华街的独特性。（在香厂规划中，有在街角建设小型公园绿地的设计，图上所画的路口折角，或许与此有关。）

四、短暂繁荣后的衰落

不难看出，新华街在民国初年的城市改造中具有十分重要的地位。民国之初，"共和""市政"意识流行社会，作为首都的北京，城市建设主要从两方面展开，一方面，继承清末新政，整修城区的脏乱面貌，主要是整修街道、疏浚沟渠。另一方面，改造旧皇都格局的弊端，建设具有近代气息的建筑物、街区，开辟公共空间，工作包括打开城墙豁口、拆除瓮城、建立模范新区、开辟市民公园等。

在当时的情况下，面对庞大严谨的旧城格局，不可能有整体性的城市改造规划，新意只能在某些局部街区出现。[1] 民国初期的北京城，主要有两个突破区，即具有明显新气象的发展街区，一个是王府井与东长安街，另一个就是新华街南北，但两区的性质又有所不同。王府井与东长安街的发展，受到使馆区的直接影响、带动，外国人员、资本、商品起到关键作用，[2] 且其发展具有很强的自发性，具有较多的经验价值。而新华街南北地区的规划建设，尽管有明显的学习西方的内容，有些建筑也是洋人所设计，[3] 但几乎完全是中国人自己主持的规划，是市政府有计划、有目的的努力的结果，具有较多的探索意义。

不过，正是因为新华街南北的发展是政府努力的结果，当这种努力丧失之后，其发展便遇到了巨大的困难以致停滞，甚至衰退。1928年，国民政府迁都南京，北京失去了首都的地位，并改名北平。这个改变，

---

[1] 1914年，京都市政公所在内、外城各划定一个区域作为市区试点，作为模范区。"1.内城自宣武门起，往东循城垣折至户部街，迤东至御河桥一带保卫界止，又由宣武门大街往北至西单牌楼，复迤东沿西长安街至西长安门，迤南循皇城达正阳门止。2.外城由西珠市口起，往西至虎坊桥，往南循龙须沟，往东由铺陈市南口至北口止。"（《京都市政汇览》，第246页。）北京城内城，既有紫禁城，又有众多王府，且市廛稠密，不宜作为改造试点区，而城市南部，特别是外城，较为空旷，便于规划新的街区。可以看出，第一个试点区包括了北新华街，第二个试点区就是香厂一带。第一个区，仅为计划，实际建设不多。第二个区，即香厂区，初步建设成型。

[2] "王府井商区由于毗邻使馆区，本身又是西方和日本势力在北京的副产物，所以很多店主都是外国人，几乎所有的店面都卖洋货。1907年法国人在王府井大街南口建成北京饭店，原本规模不大，到1917年扩建成了一座七层楼高的法式建筑。1915年，洛克菲勒家族买下了位于北京饭店街北的豫王府，建成协和医院。在20世纪二三十年代迁入王府井的外国商家中，有7家英国公司、3家美国公司，还有德国、法国、俄国和日本的公司。"（董玥：《民国北京城：历史与怀旧》，第151页。）当年一位中国游客对于王府井的印象是："一下车，也许会使你吃一惊，以为刚出了东交民巷，怎么又来到租借地。不然何以这么多的洋大人？商店楼房，南北耸立，有的广告招牌上，竟全是些ABC。来往的行人自然是些大摩登、小摩登、男摩登、女摩登之类，到夏天她们都是袒胸露背，在马路上挤来挤去，实在有点那个。"〔孟起：《蹓跶》，《宇宙风》23（1936年8月16日），转引自董玥：《民国北京城：历史与怀旧》，第161页。〕

[3] 例如新世界商场便是由英商通和洋行承建，由建筑师麦凯设计的。

令北平没有了中央政府的政治支撑，城市人口成分发生变动，消费形式出现转变，新华街北面不再是总统府，南面的香厂示范区迅速衰落，新华街的重要地位随之下跌。10来年后，有轨电车在南新华街停驶，线路自虎坊桥改道菜市口，宣武门大街重新成为外城西区的首位南北干道。南城交通格局又出现以前三门大道为主干的局面。

关于香厂地区的衰落，鱼跃在专门研究香厂新市区的论文中提出这样的认识：在1928年政府南迁之后，大量的公务人员也随之离开北京。洋行和商会的办事机构也迁往南京，城市中产阶层亦随之减少，市民大众的消费能力总体减弱，影响北京商业和娱乐业的发展。尤其以西洋货品和娱乐为特色的香厂新市区逐渐萧条，以致新世界商场歇业。香厂新世界商场是新市区发展的风向标，新世界商场的歇业也反映了香厂地区商业发展的走势。[1] 董玥认为，香厂娱乐形式的社会对位，是要带动北京市民的现代绅士化，这种现代绅士化与传统文人的品茶吟诗不同，"而是要提供新鲜刺激的娱乐。甘博描述它们是'西方引进的全新娱乐……是北京的科尼岛……高度商业化的企业提供的中西合璧的典型的中等娱乐'"[2]。这样的"中等娱乐"，在低下阶层人口日增的南城，越来越失去社会基础。

至于新华街的最后结局，南、北两段新华街的情形有所不同。南新华街因为曾有电车线路，成为大马路。而北新华街因南边的城墙堵塞，一直没有机会发展，虽然1927年城门正式开辟，但一年后首都即南迁，新华门政治地位跌落，北新华街的发展随之停滞，仅遗为一条小马路。南新华街虽出现大马路的格局，但1928年首都南迁后，也无新的发展。

---

[1] 鱼跃：《北京城市近代化过程中的香厂新市区研究》，首都师范大学2009年硕士论文，第45页。

[2] 董玥：《民国北京城：历史与怀旧》，北京：生活·读书·新知三联书店，2014年，第207页。

五、几点认识

总结新华街的开辟以及香厂地区的改造，可以获得以下认识。

民国初期北京城的发展，主要受到三种力量的推动，一是新成立的民国政府，二是乘庚子余威的洋人势力，三是新兴的民间资本。本节所讨论的是第一种力量推动城市发展的计划案例。这一计划所反映的城市改造的重要目标之一是要改变内城、外城的不平衡状况。北京内、外城的不平衡，主要是清朝旗民分治的政策造成的。旗人住内城，其他人住外城，两城区的居民成分、机构设置、社会特征均有所不同，总的来说，内城建设优于外城。可以看出，民国初期欲改变外城落后的局面，令内外城平衡发展，加强城市的整体性，这些都是城市改造的重要目标。而打通贯穿内外城的新华街，发展南城示范区，正是达到这一目标的途径。[1]

京都市政公所下设附属机关若干，包括：一、工巡捐局；二、测绘专科；三、京都市仁民医院；四、京师传染病医院；五、京都市营造局；六、城南公园事务所；七、海王村公园事务所；八、京都市工商业改进会事务所；九、材料厂；十、工程队。[2] 在这十个附属机关中，除全城市政一般性工作外，值得注意的是，京都市仁民医院、城南公园事务所、海王村公园事务所这三个部门都是专署南城新建设施，这也反映出市政公所对南城发展工作的特殊重视。[3] 在民国初年，发展南城的想法已然广入人心，例如《北京便览》就是这样展望的："城之南半，旷

---

[1] 为加强内、外城之间的联系，市政公所也改造了正阳门。喜仁龙评价说：正阳门的改造"在于疏通内、外城之间的交通，由于在城楼两旁修建了两条直贯南北的平行街道，并使之从城门两侧新辟的两个通道穿过，无疑使这一目的卓有成效地实现了"。（奥斯伍尔德·喜仁龙：《北京的城墙和城门》，许永全译，北京：北京燕山出版社，1985年，第149页。）

[2] 参见王亚男：《1900—1949年北京的城市规划与建设研究》，南京：东南大学出版社，2008年，第61页。

[3] 清朝时，因内城专属旗人，地位特别，自成一区，故曾有不少所谓"内城"地图。而民国之后，城市恢复整体性，再无内城地图。

土居多……迩来市政发达，实业振兴，工厂农场，将集注南半城一带，苍莽平原，当为利源发展地矣。"[1]

不过，新华街的开辟，其意义不仅仅在于开发南城，还有在结构上改造北京城、建立新的空间秩序的设想。新华街被定为一条新的"干道"，干道具有空间结构统率功能。新华街乃是与新生政治权威相结合的设计，是新的北京城权力空间的重要延伸部分，在其延伸的南端开发香厂模范区，也是新权力树立威望的手段。总统府、新华门、府右街、新华街、和平门、香厂，在人们的感知中，连接而成为一个区域性的城市空间系统。这一空间系统在原北京城空间结构中是完全不存在的。我们说新华街的开辟具有创意，理由也在这里。

民国初年，北京城区有四个地方的商业活动已然相当活跃、繁荣，即前门外、王府井、西单、鼓楼南大街，它们的分布也算均衡。那么，市政公所为何还要开辟自长安街通向虎坊桥一带的新华街，并在虎坊桥规划建设香厂新区？新华街与香厂的规划，主要不是商业的考量，而是新时代、新市政的展现，具有政治性和社会性的意义。

如果就平衡内外城、开辟新的城市空间这两大目标来评价新华街计划的实践，却基本上是失败的。开发南城这件事沦于失败的主要原因，已略见上文。而在创立城市新空间结构这一项上，则另有一个巨大的难题。这个难题就是，北京城原有的空间结构太完美、太严谨，不是轻易可以撼动的。新华街计划挑战的直接对象是城市街道系统，而北京城原有的街道系统几乎没有留下可以再辟新线路的空间。城市结构的对称性，更是一种限定，任何试图打破这种对称性的努力都将受到一种"对称性认同"的行为习惯的排斥，即，人们习惯于将对称结构的节点理解为一个个的重心，它们在客观上也是最方便的地点，因此具有行为上的聚集力。例如北京主要的传统市场有鼓楼、东四、西四、东单、西单、

---

[1] 姚祝萱：《北京便览》上编卷二，第37—38页。

前门大街，[1] 它们无一例外都分布在对称结构的节点上。而传统政治中心，以中轴线为代表，更是居于城市空间结构的中央。

民国初年在北京建设的政治中心偏于西部，没有获取城市传统空间结构的支持，凭借的只是人为的硬性安置，这在短期内不可能扭转全体市民对于城市结构的根深蒂固的理解，更何况，新华门一带并没有足够的空间来从景观上体现最高政治空间的形象。所以1919年五四运动的集结场所还是传统的中轴线上的天安门广场。对比之下，1949年以后的北京城改造，合理地继承利用了原有的城市空间结构，在不打破对称性结构的前提下，仍以天安门广场为核心建设政治中心，同时延长原有的长安街，继续发展东西向的对称格局，这一改造是成功的。

不过，在总结1949年以后的经验中，也看到另外一个问题，由于东西向沟通与流动的强化，使北京城南北向的关系出现了失衡，长期以来南城得不到足够的发展，这又让我们回想到当年新华街与香厂的案例。要发展北京的南城，有必要加强南北城的充分交流，而怎样才能真正地推动这个交流，新华街的经验告诉我们，仅仅修建了"干道"是不够的，还要有社会职能设施的改善、居民成分的协调、服务水平的提升等等。当南北交流充分发展起来的时候，北京南城的空间潜力将进一步发挥，城市将出现更加高效与繁荣的局面。

［本节内容是在唐晓峰、张龙凤：《新华街：民国北京城改造个案评述》（《中国历史地理论丛》2016年第3期）、唐晓峰、张成龙：《北京和平门的开辟》（《北京档案》2017年第4期）两篇论文的基础上合并、修订而成。］

（唐晓峰　北京大学城市与环境学院教授）

---

[1] 高松凡：《历史上北京城市场变迁及其区位研究》，《地理学报》1989年第2期，第129-139页。

第二节　清末北京使馆区形成过程中的地理空间研究

赵寰熹

在清末北京城的近代化建设及区域演变过程中，"使馆区"的出现及其空间变化是清末北京城的区域空间演变中最为重要的环节之一。使馆区的出现，使得北京内城存在一处极为特殊的俨如"国中之国"的区域[1]。由于使馆区在北京城市近代史中极为重要的位置，近年来，对于使馆区的研究，可谓十分丰厚。

这些研究的论文当中，代表的有：张复合在《北京东交民巷使馆区和历史主义》中，从历史主义的角度解读东交民巷使馆区的历史发展过程；张宗平在《清末北京使馆区的形成及其对北京近代城市建设的影响》一文中，将使馆区形成过程按照三时期分期讨论，并主要从使馆区对于北京近代城市建设发展的角度，分析使馆区的近代建筑与区域发展；李潜虞在《略论民国时期北京使馆区的历史变迁》中讨论了民国时期北京使馆区的分区及管理情况；另外的研究成果还包括，史小妹等《东交民巷的历史沿革及其对近代北京的影响》、黎燕《旧京使馆区——东交民巷》、董良《国中之国城中之城——东交民巷使馆区内的异域建筑》，等等。

目前学界对清末民国初使馆区的研究，侧重点在使馆区形成及演变

---

[1] 陈刚、朱嘉广主编，张宗平、高巍撰文，蔡正、卢伟英文翻译：《东交民巷》中英文本，2005年，第53页。

发展的基本过程，以及它的出现对北京近代化建设的影响，研究时间段侧重于1860年后使馆区初建以及1901年封闭使馆区形成之后这两个阶段，而对于使馆区形成过程中，区域地理空间因素的探讨研究，成果则较少。目前研究成果中，涉及空间布局的讨论，内容集中在对个体建筑布局的讨论，以及1901年形成明确的使馆区四至界限以后对使馆区范围的讨论。而本节内容则变换视角，从空间布局的角度，重新梳理使馆区的形成过程，尝试讨论清末北京使馆区形成初期的空间演变问题与局部景观问题，并分析不同时段使馆区地理空间格局的不同表现。

一、使馆区形成过程中的区域空间演变

（一）使馆区形成及演变的基本过程

在具体讨论空间要素之前，本节对于使馆区所在区域的空间布局演变，先做一简要梳理，对于空间的整体布局变化，主要采用清末地图来展现。

众所周知，使馆区形成的伊始，是从1861年英国建立英国馆开始。在此之前，东交民巷一带自明代以来便集中着朝廷外交及民族问题工作的衙门：礼部与鸿胪寺设置在东交民巷西口的路北，即天安门（明：承天门）外千步廊东侧。明永乐年间，东交民巷"御河桥西"设立了四夷馆，清代改四夷馆为四译馆，后于乾隆年间将四译馆并入礼部的会同馆，称为"会同四译馆"，主要"掌管国内少数民族及外国来朝的使节，以及语言文书的翻译工作"[1]。此外，中俄尼布楚条约后，在原会同馆高丽馆的位置建立俄罗斯南馆，成为清代中俄外交事务的中心，后成为俄国使馆的前身。

---

[1] 张复合：《北京东交民巷使馆区的历史主义认识》，《华中建筑》1987年7月，第55页。

第二次鸦片战争以后，随着《天津条约》《北京条约》的陆续签订，近代史上第一个带有殖民色彩的英国馆及法国馆，于1861年在东交民巷以北建立起来。英国馆、法国馆在建立之初，英国要求租借怡亲王府和肃亲王府作为使馆用地，清政府拒绝后，要求划拨东江米巷（今东交民巷）御河西侧的梁公府（原淳亲王府）为使馆用地；法国要求同等级别府第，一开始要求肃亲王府作为使馆，清政府后划东江米巷内庆公府租给法国人建立使馆；[1]后俄国馆在原俄罗斯馆的位置建立。有学者统计过1900年前建立的使馆表，例如，王亚男引用陈越、张复合等在《北京东交民巷使馆区近代建筑群的形成与影响》一文中的统计表如下（表2.1）：

表2.1 1900年以前各国驻京使馆一览表

国家	建立时间（年）	地址
英国	1861	东交民巷北侧，御河西，原梁公府
法国	1861	台基厂南口，东交民巷路北，原纯公府
俄国	1861	东交民巷北侧，御河西，英使馆南，原俄罗斯馆
美国	1862	东交民巷路南，御河西
德国	1862	东交民巷路南，洪昌胡同西
比利时	1866	崇文内大街路东
西班牙	1868	东交民巷路北，中御河桥东
意大利	1869	东交民巷路北，台基厂南口东拐角
奥匈帝国	1871	东长安街路南，与堂子隔路相对，台基厂北口东
日本	1872	东交民巷中段路北，法国使馆西
荷兰	1873	东交民巷西段路南，巾帽胡同

资源来源：王亚男：《1900—1949年北京的城市规划与建设研究》，南京：东南大学出版社，2008年，第49页，引用陈越、张复合：《北京东交民巷使馆区近代建筑群的形成与影响》，《中国近代建筑研究与保护》（三），北京：清华大学出版社，2004年。

---

[1] 袁熹：《北京城市发展史——近代卷》，北京：北京燕山出版社，2008年，第144页。

在这个基础上,本节从地理空间的视角,通过对地图和街景的分析,进一步深入探讨使馆区发展初期的区域空间变化情况[1]。

现存的清末北京城地图,对1860年后内城使馆区一带的布局有着清晰的描绘。1865年《北京地里全图》[2]中,东交民巷一带的布局如下图2.4所示:

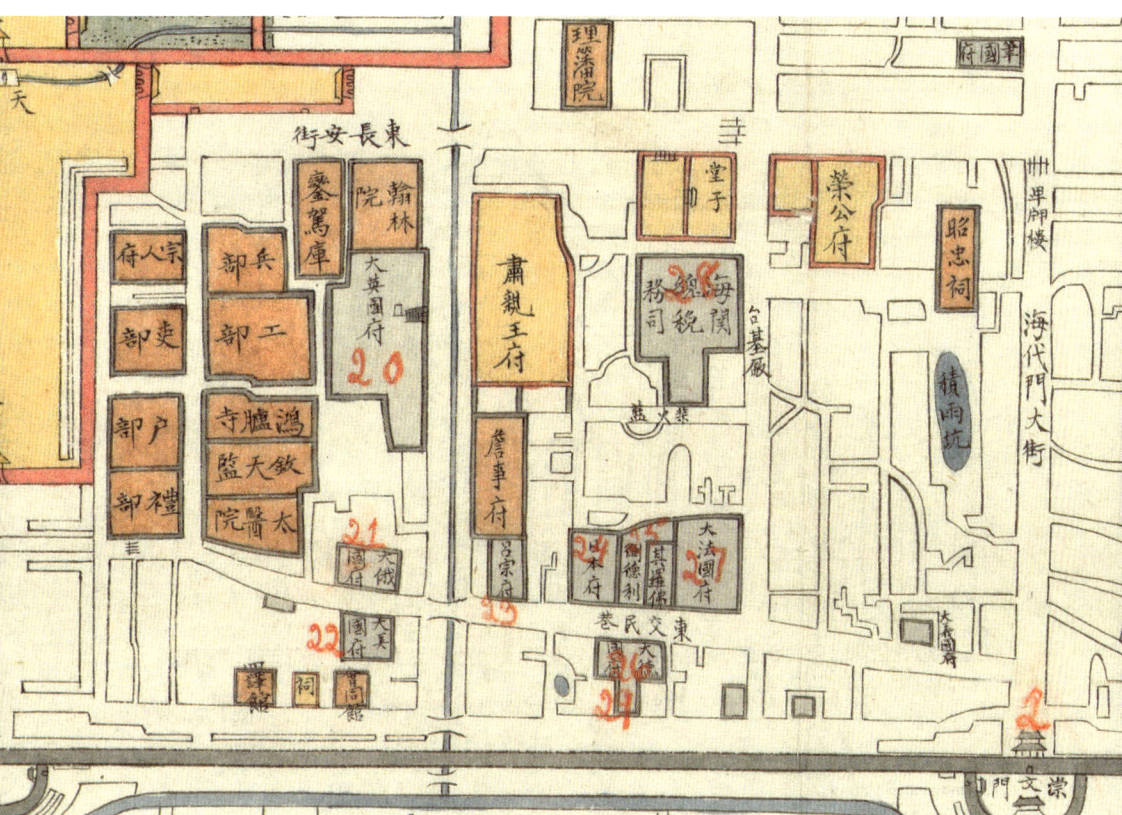

图2.4 《北京地里全图》(1865年)东交民巷部分

注:图中德国使馆的部分与《清史稿》中的记载有所出入。

---

[1] 本部分使用地图的具体资料,可参考本书第四章第一节"清末民初北京城地图整体介绍"内容。

[2] 周培春画:《北京地里全图》,美国哈佛大学图书馆,1865年。

随着各国使馆的陆续建立，使馆区的面积进一步扩大，义和团运动前后使馆区的范围有着较大的变化。现存1900年庚子事件的一些英文地图与清末《庚子使馆被围记》中的配图均绘制了当时义和团围攻使馆区的大致区域，如图2.5（黑色实线范围）和图2.6（×形线段）所示：

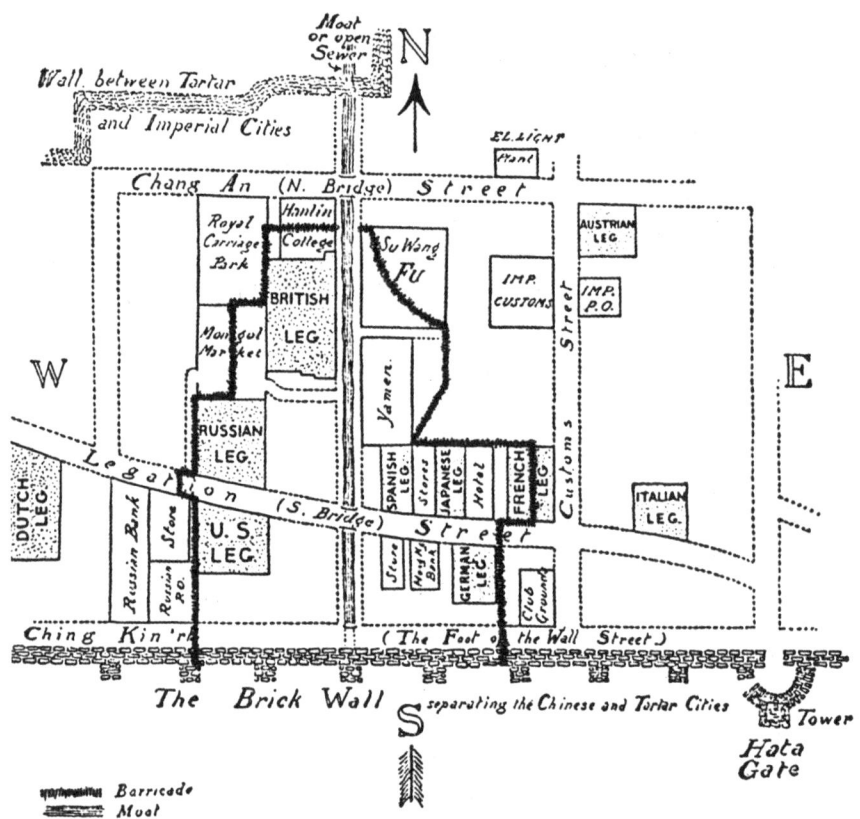

图2.5 《被围使馆区平面图》（1900年）

（资料来源　E.K.Lowry, A Mowan's Diary of the Siege of Pekin, *McClure's Magazine*, 1900年11月期，第67页。）

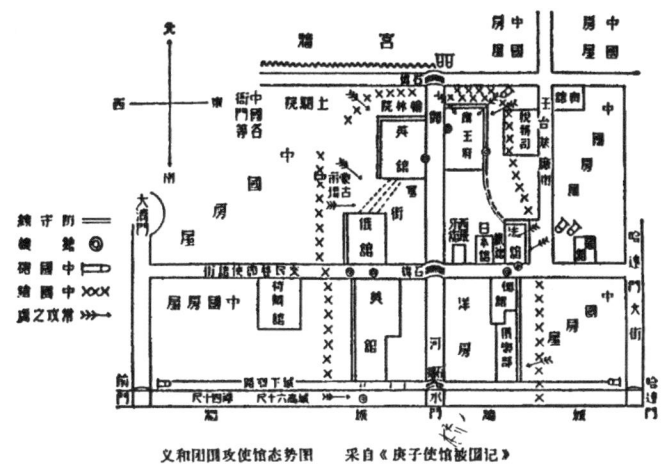

图2.6 《庚子使馆被围记》中配图
（资料来源 ［英］普特南·威尔，冷汰、陈冶先译：《庚子使馆被围记》，上海：上海书店出版社，2000年，第53页。）

1901年《辛丑条约》之后，清政府将使馆区划分给各国自行管理，清政府不能过问，之后使馆区的范围进一步扩大，形成明确四至范围及固定规模，如图2.7所示：

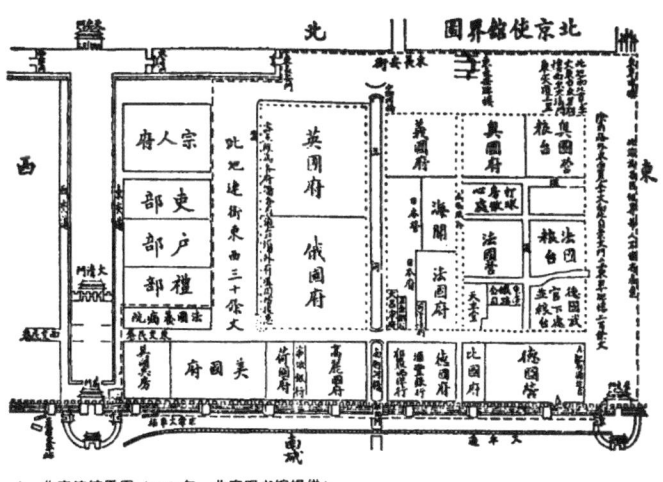

图2.7 1901年后使馆区范围
（资料来源 张复合《北京东交民巷使馆区和历史主义》中引用北京图书馆藏图，《建筑学报》1987年第3期。）

光绪二十七年（1901）的档案中，对于使馆区界线有着明确记载。中国第二历史档案馆藏《军委会北平分会函送之北平城内警备计划草案及光绪二十七年北京各国使馆界址四至专章详细专条与绘图》中的部分章节，记载了光绪二十七年《北京各国使馆界址四至专章》[1]：

北京各国使馆界址四至专章，光绪二十七年
一、东界至距崇文门十丈为止，其城门旁西首登城马道不在界内。
二、西界至兵部街为止，街西宗人府、吏部、户部、礼部四衙门均还中国，并可在衙门后建筑墙垣，不宜过高。衙门旁民房，本多毁坏，其现在尚存者，一律拆为空地，无论中国人外国人不得建造房屋。各使馆服役之中国人，原有房屋在界内者，另行拨给地段令其盖房居住。
三、南界至大城根止，其靠使馆界之城之上，许各使馆派人巡查，但不得建造房屋。
四、北界至东长安街北八十迈当为止，使馆界墙在东长安街南约十五丈，自界墙外至东长安街北界限以内之房屋，均拆为空地，惟皇城不得拆动，其空地内以后彼此均不得造屋，东长安街一带仍听车马任便行走作为公共道路，由中国设立查街巡捕建造巡捕房为该巡捕等办公之地。
以上四至界限，并议定各节系照是日面谈叙述，为此照会贵大臣，请烦转致诸国全权大臣查照备案并希见复。

另外，对于四至的记载还有详细专条，以东界为例，详细专条如下：

一、东界谓至距崇文门往西十丈为止一语，系照三月初四日

---

[1] 中国第二历史档案馆藏《军委会北平分会函送之北平城内警备计划草案及光绪二十七年北京各国使馆界址四至专章详细专条与绘图》，全宗号：787，案卷号：2375，第39—41页。

> 法奥意四国大臣所言应自崇文门马道以西一直线往北，此指使馆东面界墙而言，有交来界图红为凭，非仅城墙上界址而已，自红线推而往东十丈至大街系为公共道路界限，本与界墙之线无干。

对于形成明确四至范围之后使馆区空间布局的具体情况，也可以参考1903年绘制的《北京使馆区图》（图2.8）。

而到了1911年，使馆区首次讨论统一管理问题，1912年以后，使馆区指定了统一的管理章程，1914年开始施行[1]。民国时期，对于使馆区的管理归属问题，曾有过多次讨论，中国多次要求收回使馆区自治权，来统一管理。此内容暂不深入探讨。

（二）使馆区形成过程中的空间布局讨论

从以上变迁的过程中，我们可以看到以下几点空间变化规律：

第一，上图2.4中，可以看到1860年以前会同馆、四译馆、俄罗斯馆的大体位置。可见，在1860年以前，清代的外交相关官署，除了理藩院位于东长安街以北、御河以东，其他均位于御河以西。

第二，英国在选择使馆用地时，首先要求的是怡亲王府和肃亲王府，清末的怡亲王府位于朝阳门内，而肃亲王府紧临御河，位于御河东岸。两王府规格较高，均为"铁帽子王府"，清政府拒绝。此后，英国要求划分的是非铁帽子王府的淳亲王府作为英国使馆所在地，淳亲王府虽不属于铁帽子王府，但从位置上看，地理位置极为优越，紧邻御河，位于御河以西。可见，在英国选择使馆位置之时，王府规格和位置是其中两个最为重要的因素，而其中"御河"一线的重要性便已凸显。而法国使馆的位置选择是由清政府指派，法国使馆位于御河以东，与御河有一定距离，紧邻东交民巷。

---

[1] 李潜虞：《略论民国时期北京使馆区的历史变迁》，《近现代国际关系史研究》2015年3月期。

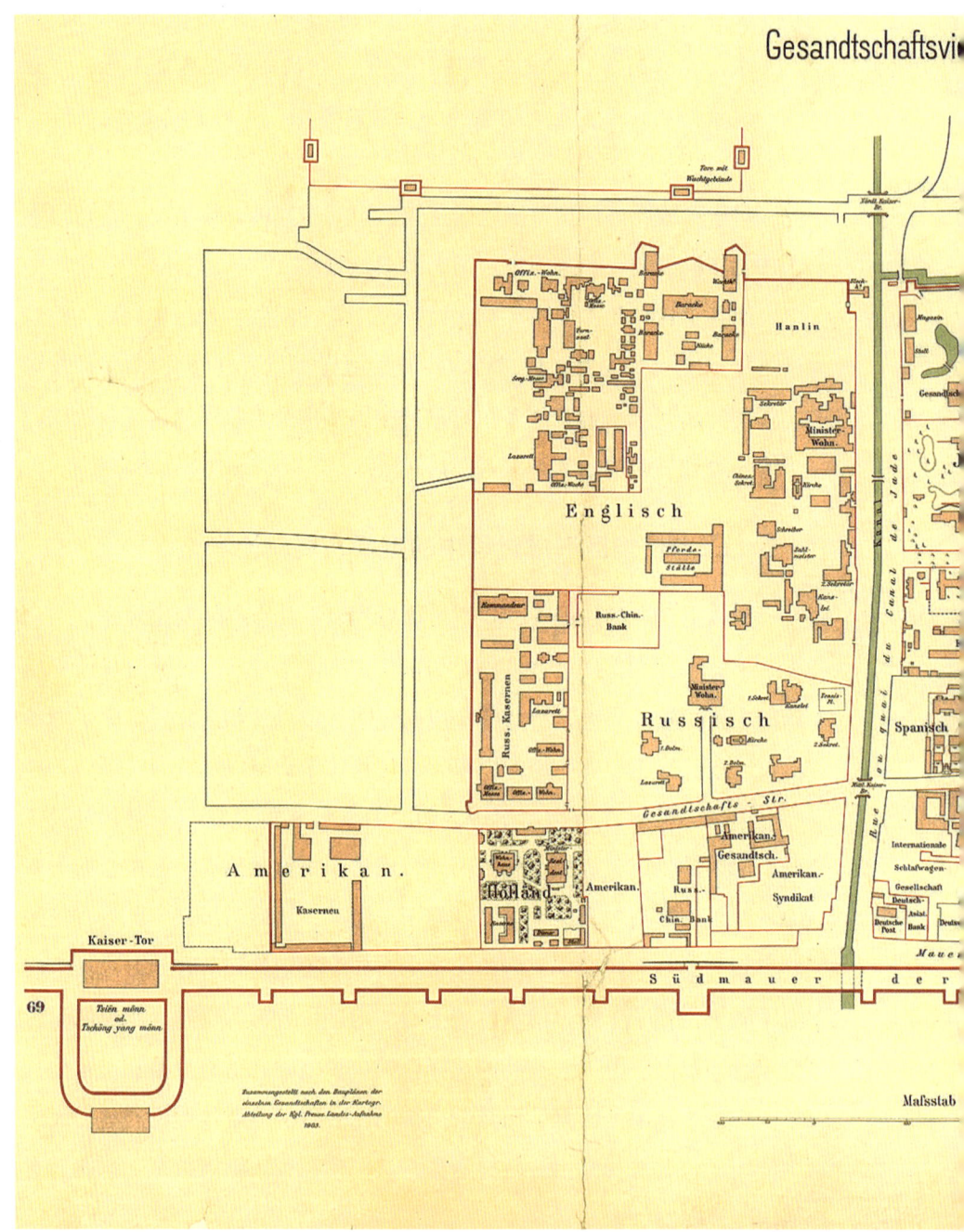

图2.8 《北京使馆区图》(1903)

(资料来源 *Gesandtschaftsviertel in Peking*,[S.l.] Kartogr.Abteilung,1903.编号:G7824.B4F55 1903. p.7,美国国会图书馆藏。)

第二章　分区研究

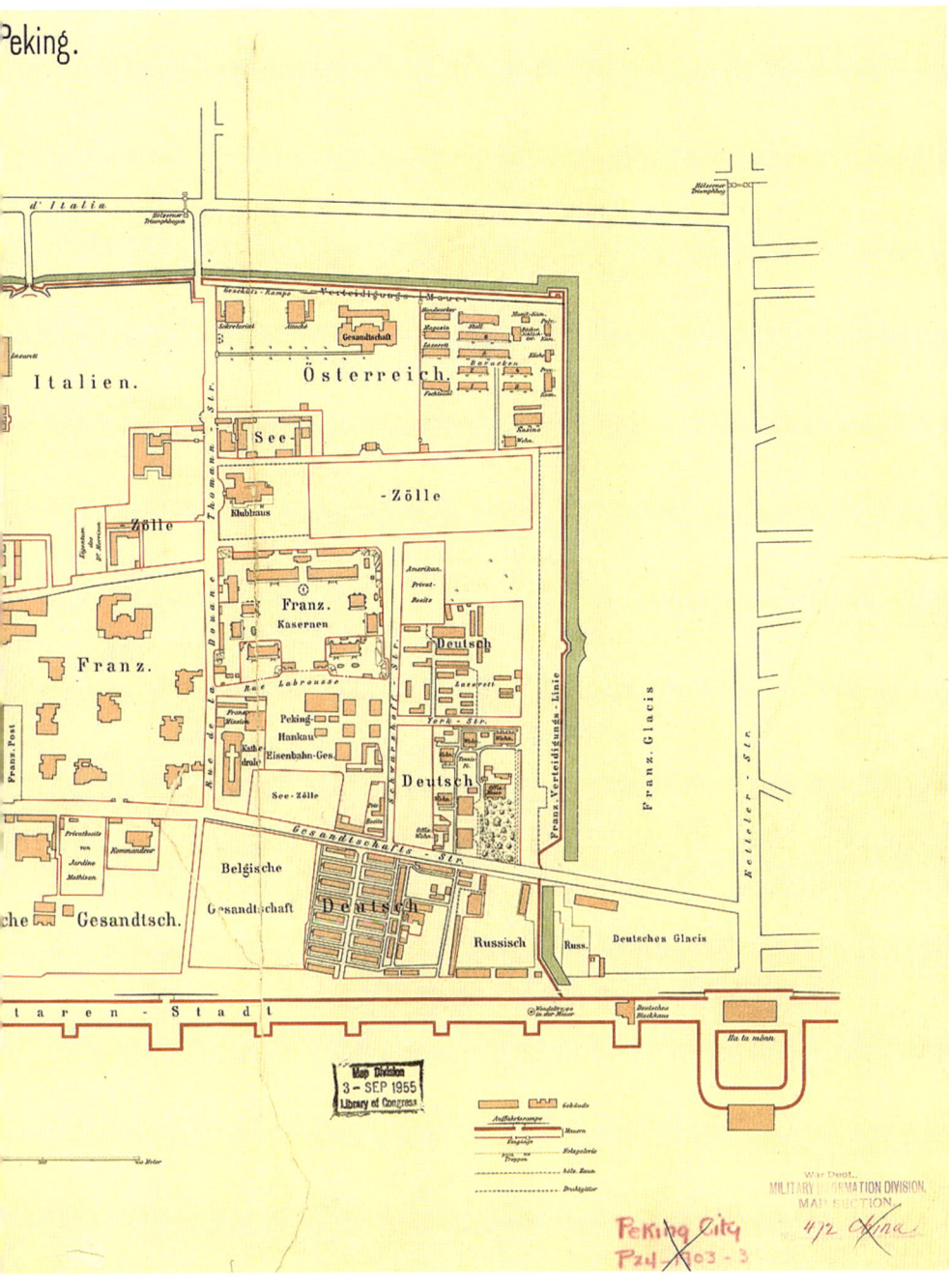

第三，从图2.5、图2.6中可以看到，到1900年庚子事变之时，使馆区核心区的空间布局，更多地体现出围绕"御河"而布局的特征；而到了《辛丑条约》以后，使馆区扩大范围、四至划分清晰，使馆区围绕"东交民巷"布局的特点才显现出来。

第四，在1861年陆续建立使馆后，1860年以前"御河"为东部重要界限的地位在逐渐被打破，转变为围绕御河分布使馆，而此时期的"台基厂大街"位置变得十分重要，各主要使馆均位于台基厂大街以西，形成了空间上的分界[1]。而清代"堂子"（参考图2.4位置）位于台基厂大街西北侧，是清代皇家祭祀神灵的地点。清代时期的重大事件，需在堂子祭拜。1901年划定封闭的使馆区后，堂子迁移到使馆区外南河沿南口处。

因此，在1861年到1901年间，整个使馆区域与清朝官署的位置关系是较为特殊的：使馆区实际上围绕御河布局，跨越东交民巷南北。而此时使馆区的西侧为清朝六部等官署所在地，东侧是以堂子为重要地标的台基厂大街，东西两侧均有朝廷重要官署布局。并且，由于1900年以前，御河东岸的大型王府肃亲王府仍存在。因此，从地理空间上看（参考图2.4），肃亲王府、堂子均位于区域的北部，使馆在该区的布局有着向南部聚集的特点，而由于肃亲王府、堂子的重要性，该区域的南部和北部在1861至1900年间必然呈现出较大的街道景观差异。而从道路交通上看，区域北部的肃亲王府和堂子，可从东长安街进入，而区域南部则从东江米巷出入更为方便，东江米巷成为使馆聚集区的景观开始凸显。

---

[1] 台基厂，明清以来的是堆放薪柴、草料之地，在使馆区逐渐扩大的过程中，台基厂在1901年以前成为使馆区东部重要界限，在1900年八国联军进入北京时，曾为列强的"保卫界"。1901年以后，台基厂大街也从1900年以前的"东部边界"道路变为使馆区区内部道路，并和"台基厂头条""台基厂二条""台基厂三条"系列道路一起构成了封闭使馆区内部的台基厂区域。

总结以上各点，该区域在清末的空间演变过程可大体总结为以下几个阶段：一、1860年以前，外交、民族事务官署主要位于千步廊以东六部所在地的东面和南面，主要位于御河以西（除理藩院）；二、1861年至1900年，各国使馆的核心布局呈现出围绕"御河"的特点；三、1901年后，使馆区四至明确，南北跨越东交民巷，以"东交民巷"为区域的核心道路。将上述过程中的第二、三阶段，用清末北京城区地图来体现，则如下图2.9所示（图中方框为作者绘制的大致区域）：

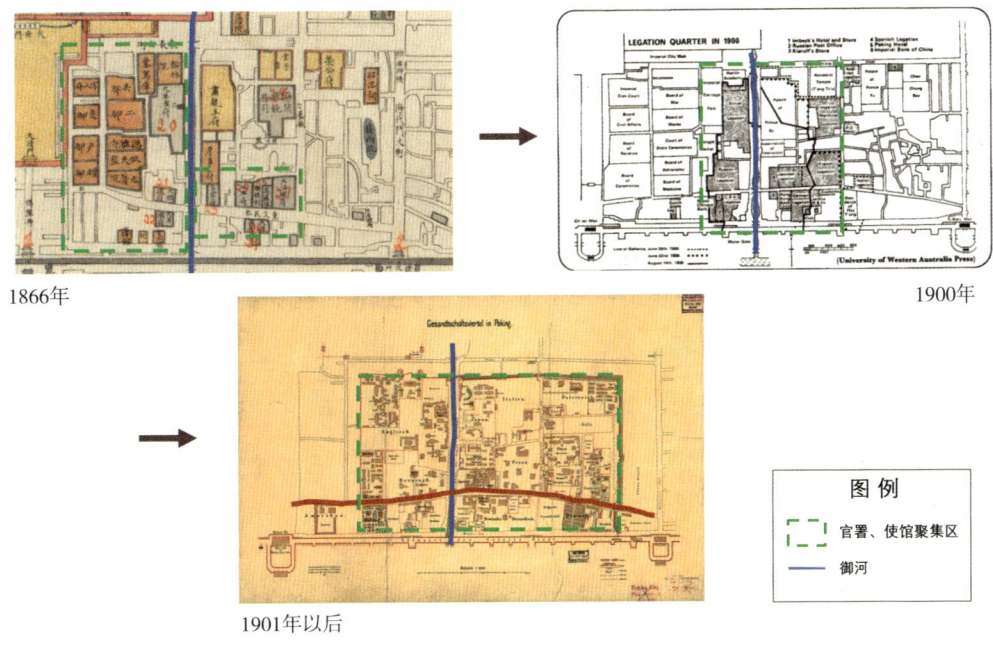

图2.9　使馆区空间演变示意图

下一节，基于此，从区域中御河和东交民巷这两条主要道路（河床）空间地位变化的角度，深入讨论细部空间的演变过程，以及在这期间街道景观的变化。

二、使馆区形成过程中御河从边界到内部道路的转化过程及东交民巷的兴起

从以上的总结中，不难看出，清末该地区的空间格局演变中，"御河""东交民巷""台基厂大街"这几个道路（河床）的历史演变过程是重要的。

这里所指的"御河"，是皇城内御河进入东护城河后，直接从皇城东南角向南出正阳门东水关的水路中，皇城东南角到正阳门东水关间的一段河流。此段御河上有三座重要的桥梁：坐落在长安街一线的北御河桥、位于东交民巷的中御河桥、位于内外城分界线上的南御河桥。御河中桥到御河南桥的南段，在1901年被修建为暗河；北段在20世纪20—30年代也被修建为马路。抗战结束后，御河桥两侧为正义路和兴国路，1965年后统称为正义路[1]。东交民巷，明清时期，名为"东江米巷"，为明清时期内城商业街道，清代该街道属八旗正蓝旗居址所在地。"东交民巷"的名称出现于清末光绪年间，而在1860年以前，"东江米巷"的西段乃六部汇聚之地。1900年后，根据《辛丑条约》的规定，东交民巷又名"使馆街"。

（一）御河空间地位的转变

从上一节对使馆区形成过程中空间范围的讨论来看，东交民巷虽然自明清以来一直是内城重要街道，东江米巷在清代时期便商铺林立，但东交民巷成为使馆区核心街道这一情况则是经过一段时间的发展而确立的。在1860年以前，皇城东南角到正阳门东水关间的御河，是作为边界而存在的一条河流。御河作为一条河流，无论有无河水，河床与道路的形式是极为不同的。通过御河两岸，需要三座桥来作为交通通

---

[1] 崔乃夫主编：《中华人民共和国地名大词典》第1卷，北京：商务印书馆，1998年，第21页。

路，交通往来相对不便，这使得河流本身便具有地理边界的特质。这在法国人Philippe Buache绘制的1752年北京地图"《PLAN DE LA VILLE TARTARE ET CHINOISE DE PEKIN》（简称：PLAN DE PEKIN）"上表现得较为明显，如下图2.10所示：

从图2.10可见，清代御河（绿色）分隔区域空间的作用较为突出。而清代官署也主要分布于御河以西，其中外交及民族事务相关的机构位于西部区域的南部地带，东江米巷南北。御河桥一带在清代也有官房设置，用来接待外国使臣，例如朝鲜使臣：

> 雍正二年议准，会同馆舍，仍令外国先到者居住。别拨乾鱼胡同官房一所，交该部管理，如俄罗斯人先入会同馆，即令朝鲜人居住此处，再拨御河桥官房一所，亦交该部，以备他国使臣同时至京者居住。（《大清会典则例》，卷95）

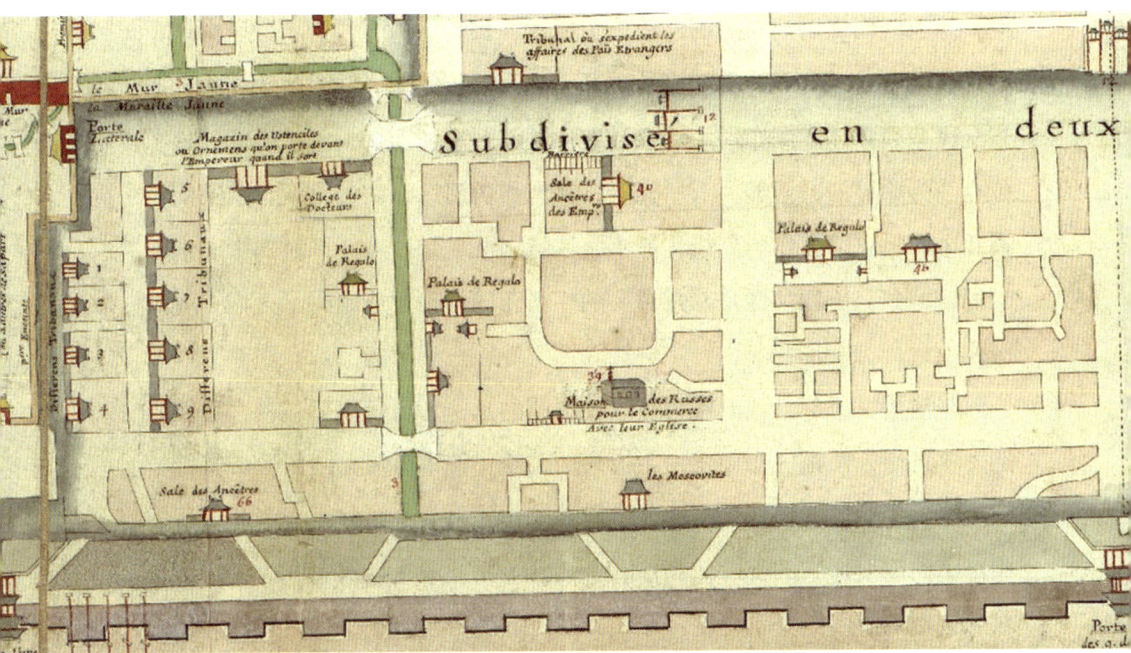

图2.10 《PLAN DE PEKIN（北京地图）》（1752年）

另外，御河桥自康熙年间开始，设有养驼养马的场地，马场官员如果来京办公，在御河桥馆内住宿。

> 又定马场官员因公事来京，于御河桥馆内住宿。（《钦定大清会典则例》，卷155）

可见，御河桥在清代是一处区位重要的地点。虽然清末御河桥以西地区，以东江米巷为界，整体区域仍有南北之分（御河桥西东江米巷北、御河桥西东江米巷南），但这个区分程度与整体御河西、御河东的分区差异相比，则是次要的。清代此段御河更多呈现的是地理上的边界性质。

如上述，1860年开始，英国索要使馆的过程，围绕着御河两岸展开（肃亲王府、淳亲王府），法国使馆位于御河以东，且位于台基厂大街西侧。从此时开始，御河的界限便被逐渐打破，从图2.5、图2.6中可见，使馆区围绕御河布局的趋势较为明显，御河从边界变成了区域内的中心地带。从1900年时的北京地图及义和团围攻使馆区的交战地图中，东交民巷在整体空间布局上的核心地位并不突出，而御河的核心空间地位是较为明显的；但如上节所提到，御河作为河床，交通不便，从空间视角上看，更适合作为界线，而不是区域中心地带。对于区域的中心地带而言，其交通便利性是非常重要的，河床的地理性质阻碍了人们在区域内的通行。

与清代御河从景观上作为分隔线不同的是，1901年以后，《辛丑条约》签订后，使馆区布局发生了极大的改变，使馆区成为封闭区域，御河南段为了交通方便变为暗河，北段在30年代也变为暗河。变为使馆区内部道路以后，它的交通便利性有所提升，而此时东交民巷成为使馆区核心道路的事实已基本确定。在图2.7及下图2.11中可见，1901年以后到民国初年，封闭式使馆区中东交民巷在空间布局上的绝对核心位置。

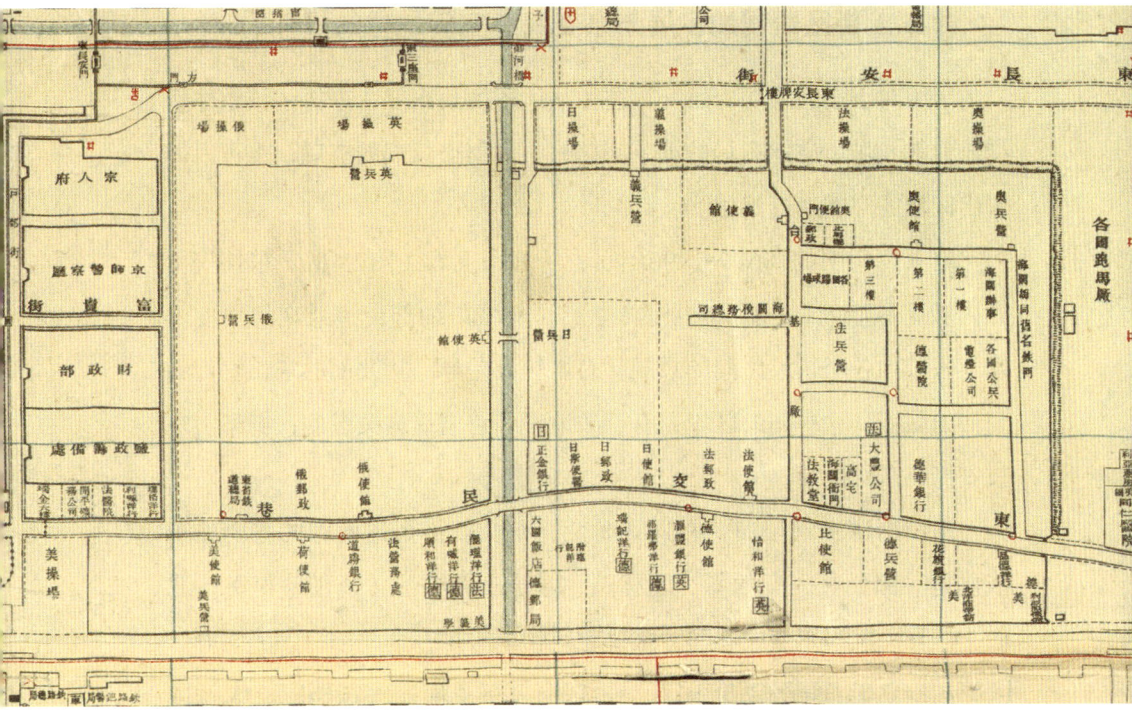

图2.11　1913年《实测北京内外城地图》使馆区部分

随着东交民巷成为使馆区的代名词，御河的地位在此过程中逐渐衰落。清末有一位诗人所作诗句"长安门外御河桥，轿马纷纷事早朝；不料皇宫居冠地，炮台高筑欲凌霄"，很多文章中将此诗句作为东交民巷使馆区历史演变的重要证据，但如果从地理空间的角度来看，此诗讲的正是"御河"在清末使馆区发展过程中曾经的重要地位，此诗谈到的"御河桥"是清代官员上早朝的必经之路，应指的是位于东长安街上的北御河桥，与后半句的对比，可见御河东西两侧，在当时是有明确"分界"概念的。而1861年后，英国使馆设立于御河西，对于该区域的空间布局发展的影响是深远的，开启了御河从区域地理边界到区域地理中心，这一过程。而之后，东交民巷由于其街道形态、使馆布局情况，成为区域内核心道路，御河一线则再次从区域中心区位转变为次一级道路。

（二）街区景观的发展与东交民巷空间地位的提升

传统对于空间格局的研究，往往从地图视角出发，分析区域整体格局。而涉及城市空间布局的细节问题时，对街道景观的梳理，也可以体现出区域的空间变迁过程。

处于变化中的1861—1900年间，从地图上看（图2.4），东长安街到内城南城墙间，衙门、机构林立；而从城市细部街道景观的角度出发，区域内各个街巷之间的景观却有着较大差异。从北面的东长安街到南面的城墙，这中间的区域，有三条地理线路是最为关键的：御河、东长安街、东交民巷。

站在街道景观层面，在这个时期，东长安街街道两旁的主要建筑依次是：南面——銮驾库、翰林院、堂子、荣公府（奥匈使馆），北面——理藩院；东交民巷两旁主要建筑物依次是：南面——大美国府、大德国府，北面——大俄国府、吕宗府、日本府、大法国府、大意国府等；御河两旁主要建筑物依次是：东面——肃亲王府、詹事府，西面——翰林院、大英国府。

因此，从城市街巷细部景观来看，东长安街一线，仍以清代重要官署、住宅为主，以传统建筑为主，尤其是东长安街的西部区域；东交民巷一线，街道两旁使馆聚集，西式建筑的类型较多；御河一线，河岸东边是传统建筑为主，西边则是英国使馆。因此，使馆区区域内，1861—1900年间，便形成了，同一区域，从不同大街（或河床）上看，城市景观的类型截然不同的特殊情况。

另外，更重要的是，从景观视角来看，道路与河床的景观差异较大。河床宽阔，即使变成道路，路两旁的建筑亦相距较远；从实际景观上看，围合感较差，不易形成统一街巷的整体感受，而更像是区域分界线。而东交民巷实际街巷道路较窄，围合感较强，道路两旁使馆西式建筑类型较多，较易形成特殊的区域整体氛围。以今天两条道路的图片对比，仍可从景观角度中看到，由于道路和河床的差异，导致的街巷整体氛围的差异。如下图2.12所示，图2.12-A为东交民巷2019年街景照片，图2.12-B为正义路2019年照片（御河演变而成）：

A.东交民巷街景图（2019年）　　　　B.正义路街景图（2019年）
图2.12　城市景观对比图

虽然此区域在1861年以前，以及在英国使馆设立初期，空间布局上如上文所述，有明显的围绕御河布局的特点，1861—1900年间，这个围绕御河两岸布局的特点仍旧存在，但从街景层面，东交民巷道路两旁接连布局的各国使馆，使得人们从直接观感上，认为使馆区是围绕东交民巷布局的。因此，在使馆区形成初期，东交民巷逐渐替代御河的空间中心位置，成为使馆区核心道路，并成为使馆区的代名词，是必然的过程。而随着1901年后堂子、肃亲王府这两个重要的王府、衙门搬出，其他使馆的搬入，统一管理后的使馆区，进入了新的阶段。

从以上对于使馆区发展过程中空间格局演变的梳理可见，从清代到民国时期，东交民巷区域的地理空间格局是在不断变化的，这其中的变化，并不仅仅体现在各国使馆建筑的建设和布局方面，还体现在整体区域的核心道路与边界道路的变化，以及街道景观的演变当中。此过程，伴随着御河的空间核心地位的下降，东交民巷在《辛丑条约》以后成为使馆区的代名词以及区域地理空间的绝对核心而存在。对于历史时期重要区域细部空间布局及景观的深入讨论，是进一步研究发生在此地之上历史、社会各问题的基础。地理空间并非只是历史的背景板，而是与实际的城市生活、城市发展息息相关，是城市史研究中需要更加重视的环节。

（赵寰熹　首都师范大学资源环境与旅游学院副教授）

第三节　清末民初宣武门内外大街商业空间格局初探

赵寰熹

清代初期，北京内外城分城而居，旗人居住在内城，民人居住在外城。随着时间的推移，由于内城诸多商业、娱乐禁令的存在，内城居住空间日渐狭小，很多旗人前往外城从事休闲娱乐活动。而内城巨大商机的存在，也使得许多民人进入内城从事商业活动[1]。从城市空间的角度来看，这个过程中，内城与外城之间的连接通道——前三门，显现出其极为优越的区位禀赋；前三门外地区成为清代北京城重要的商业聚集地。以往学界对清代、民国时期北京商业布局的研究，多集中于整体空间格局的角度，探讨北京内外城之间、东部西部之间的差异。而对城市具体区域空间格局的研究，主要集中在前门大街、天桥、宣武门外宣南地区等。相较而言，从商业视角研究微观区域的成果相对较少，其中，以刘新江的《清代北京城市经济空间结构初探》为代表，基于清末档案资料，对广安门一带的商铺情况做相关研究[2]。而其他关于清代、民国北京商业的布局研究多从某一个或几个行业视角出发，研究其在北京的整体布局情况。因此，作为连接内外城的重要通道，将前三门作为重要城市空间节点，从微观尺度上分析其空间区位问题，对于进一步深入理

---

[1] 赵寰熹：《清代北京旗民分城而居政策的实施及其影响》，《中国历史地理论丛》2013年第1期，第134-143页。
[2] 刘新江：《清代北京城市经济空间结构初探》，《城市史研究》2009年，第232-254页。

解清代、民国时期北京城市社会生活问题，有其意义。

本节选择连接宣武门的内外大街作为研究对象，对区域的商业布局进行梳理和探讨。目前，对于宣武门及宣武门内外大街的研究，多是从城门文化、城门建筑的角度出发。而宣武门地区在清代有其独特的地位，宣武门外地区在清代是士人、文人聚集的"宣南文化"区，宣武门成为居住于外城西部的官员上朝、内城旗人往来内外城的必经通道之一。至清末1901年以后，随着新政的推进，科举考试的取消，宣南地区的功能和区域氛围在发生变化；民国初年随着时代的更替，区域功能持续演变。因此，对于宣武门内外地区的研究，也应从城市区位的角度进行分析。此连接通道，承载着清代北京旗民交流往来的重要任务，也是城市空间发展中重要节点。本节内容对档案中记载的清末宣武门内外大街商铺具体分布情况进行梳理和研究，从具体城市空间格局的角度，分析其在清末民国初这变革的时期，商业业态的布局情况，并以此为基础讨论清末宣武门作为北京内外城重要连接通道的城市地理意义。

对于城市重要地理区位的研究，是一个较为庞大的课题。本节内容仅选择清末民国初期宣武门内外大街为例，从商铺业态构成这个具体视角，初步讨论城市细部空间的具体商铺布局，以及对城市历史地理空间区位的影响，为未来更为深入全面的研究打下基础。

一、清末民初宣武门内大街商铺格局

清末、民国北京地图中，对于宣武门内外大街的描绘较为简单。因此，对于具体区域细部空间布局的研究，主要依靠清末、民国的统计数据。现存调查资料包括北京市档案馆藏民国北京内二区职业户口人数、饭馆、酒缸、手工业、娱乐场所、各业工会的调查记录等，例如北京市档案馆藏《北京特别市区内二区职业户口人数、饭馆调查表》[1]，详细记载了内二区中饭馆的开设年代、具体地址[2]。除此之外，本节内容主要参考资料还包括1925年宣武门内外大街主要街道沿街房屋的《妨碍房基线户名丈尺明细表》[3]，此资料中包含各商家房屋的具体位置信息，是一组珍贵资料；另外，清末民国时期出版的城市指南书籍，如清末光绪年间《朝市丛载》、1919年《北京指南》、1923年《增订实用北京指南》等也作为重要参考资料，这些文献中详细记载了各小型店铺的大致分布情况[4]。

由于以上各资料中，1923年《增订实用北京指南》中记载的宣武门内外大街店铺数量最多，而此书中的记载，并未标注店铺的门牌号码，仅标注街道方向，不利于将其准确标注在地图上。因此，这里未将统计结果标示在地图中，而是根据其大致方位记录，得到其分布整体特点。鉴于《妨碍房基线户名丈尺明细表》资料详细记载了店铺位置，因此区域店铺分布的特点总结以此资料为准。将以上各文献资料进行统计，得到清末民国初年见于记载的、位于宣武门内大街的机构和店铺共162

---

[1] 涉及档案：
《北京特别市区内二区职业户口人数、饭馆调查表（1943-01-01至1943-12-31）》，北京市档案馆藏，档号：J002-007-00414。
《北京特别市内二区各业公会调查表（1942-01-01至1943-12-31）》，北京市档案馆藏，档号：J002-007-00330。
《北京特别市内一至内五区娱乐场所调查表（1943-01-01至1943-12-31）》，北京市档案馆藏，档号：J002-007-00486。
《各区公所酒缸调查表（1943-01-01至1943-12-31）》，北京市档案馆藏，档号：J002-007-00476。

[2] 虽然这些资料记载中，有一些是20世纪二三十年代的信息，并非严格意义上的民国早期，但考虑到城市区域功能及氛围的时间延续性，加上此类店铺数量不大，因此仍作为此次统计的资料之一。

[3] 《公布表册：妨碍房基线户名丈尺明细表：内右一区宣武门内大街全街各户妨碍房基线尺度明细表》，《市政季刊》1925年第1期，第24—27页。档号：上图（14271）1419。

[4] （清）李虹若：《朝市丛载》，卷一，清光绪刊本。
中华图书馆编辑部：《北京指南》，上海：中华图书馆，1919年。
徐珂编：《增订实用北京指南》，上海：商务印书馆，1923年。

所。从店铺的规模中可见，宣武门内大街既分布有单位机构，亦有小型店铺，按其类型归类，不同类型的商铺，其数量如下表2.2所示：

表2.2 清末民初宣武门内大街机构及商铺类型数量表

类型	具体分类	数量	比例	包含商家种类
机构	单位机构	4	2.47%	交通队、邮局、单位机构等
	图书馆、报纸	1	0.62%	
店铺	交通相关	2	1.23%	自行车行、马车行
	娱乐	2	1.23%	茶馆
	饭馆	5	3.09%	
	银钱业	2	1.23%	银楼、兑换所
	古玩照相	7	4.32%	照相馆、古玩铺
	书纸店	5	3.09%	书店、纸店、南纸店
	原料厂、店铺（原料行）	15	9.26%	木厂、生料厂、油漆行、五金行、铜铁工厂等
	衣服布料行等	23	14.20%	染坊、新衣袜店、西服装、军医装等
	家具、器具相关	25	15.43%	桌椅木器铺、洋桌椅铺、柜箱铺、木桶铺、铁木器铺、缸瓦铺、砖瓦铺等
	煤炉相关	11	6.79%	煤油庄、煤灰栈、煤铺等
	米面类	11	6.79%	米面庄、米庄、杂粮店、切面铺
	肉铺	5	3.09%	酱肉铺、羊肉铺、猪肉铺、牛肉铺
	食品调料店	22	13.58%	油盐店、油酒店、南酒店、京酱园等
	香料药房类	5	3.09%	膏药铺、香料铺、药房、草铺
	殡葬业	3	1.85%	杠房、棺厂及棺铺、冥衣铺
	医院类	4	2.47%	医寓、兽医、药露庄
	其他	10	6.17%	嫁妆铺、喜轿铺、挂货铺等

注：比例数字经过四舍五入。

将表2.2中各店铺的比例以柱状图表示，则如图2.13所示：

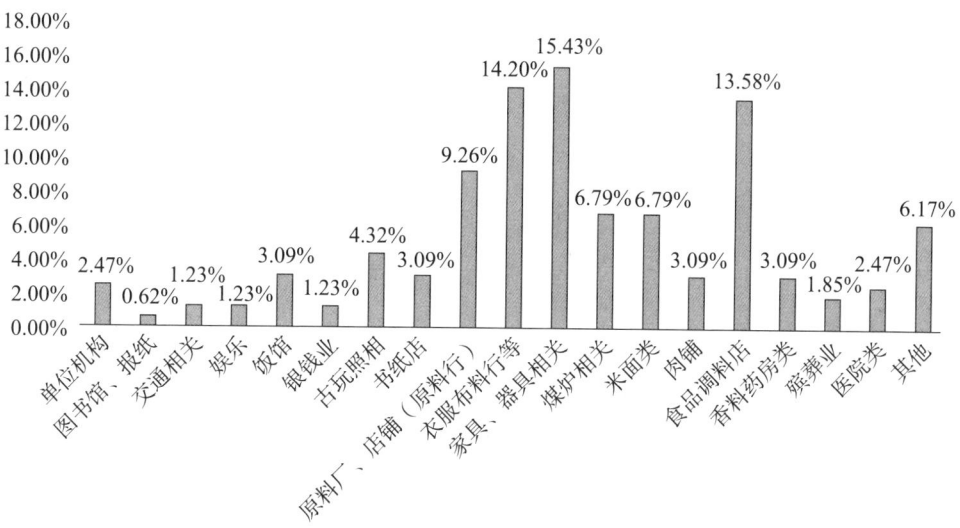

图2.13 清末民初宣武门内大街机构及商铺类型比例

从统计中可见，宣武门内大街的机构和店铺布局中，小型商铺占据主要份额；机构相关的所占比例很小，仅占3.09%，店铺则占据96.91%。其中，衣服布料、家具器具、食品调料、原料相关店铺数量比例较高。如果将"米面类""肉铺"和"食品调料店"三类均统归至"小型食品店铺"，则食品类店铺是宣武门内大街占据份额最高的商铺类型。

而从《公布表册：妨碍房基线户名丈尺明细表：内右一区宣武门内大街全街各户妨碍房基线尺度明细表》中详细记载的店铺位置来看，这些店铺多分布在民国门牌60到200余号之间，可见这些店铺在地理分布上接近宣武门，位置偏南的店铺数量相对较多。而从《增订实用北京指南》中对店铺位置的大致记载中可见，这些店铺中，明确记载位于宣武门大街东部的店铺相对较多。

二、清末民初宣武门外大街商铺格局

对于宣武门外大街的研究，由于其在清代、民国时期著名商业街的地位，资料则更为丰富。除上文宣武门内大街所涉及的各类参考档案资料外，中国第一历史档案馆藏《清末北京外城商户调查表（上）》也是此部分的重要参考资料，其内容包含了清末光绪三十二年（1906）调查的外右二区中宣武门外大街商铺的基本情况[1]。刘新江在《清代北京城市经济空间结构初探》一文中，利用此资料具体研究了广安门地区不同行业的商业布局情况[2]。

《清末北京外城商户调查表（上）》中记载的宣武门外大街商户共148个。这其中食品类店铺所占比例最大，达到了约26%；原料类商铺次之，占比约20%；而包括各类小型器具商铺的杂货类店铺数量也较多，约占18%。在清末的统计中，新型的交通工具类店铺是当时的特色店铺，在此次调查中包含有6家车行，这其中有3家洋车铺（厂）、1家轿车铺。

《清末北京外城商户调查表（上）》中的记载表明了清末宣武门外大街的情况，而根据1919年《北京指南》、1923年《增订实用北京指南》和1926年《外右三区宣武门外大街全街各户妨碍房基线尺度明细表》中的记载进行统计，则可以得到民国初年的情况[3]。经过统计，见于记载的、位于宣武门外大街的机构和店铺共192所，将这些机构和商铺分类按比例统计（方法同上），如下表2.3和图2.14所示：

---

[1] 哈恩忠：《清末北京外城商户调查表（上）》，《历史档案》2001年第3期，第68-73页。
[2] 刘新江：《清代北京城市经济空间结构初探》，《城市史研究》2009年，第232-254页。
[3] 此节民国初年参考档案：
《妨碍房基线户名丈尺明细表：宣武门外大街系一等路乙类路幅南北部二十四、二十八公尺八年五月二十二日测定公布明细表附后：外右三区宣武门外大街全街各户妨碍房基线尺度明细表》，《市政月刊（北京）》1926年第4/5期，第2-7页。档号：上图（14271）1419；14271/50463-66。
中华图书馆编辑部：《北京指南》，上海：中华图书馆，1919年。
徐珂编：《增订实用北京指南》，上海：商务印书馆，1923年。

表2.3 清末民初宣武门外大街机构及商铺类型数量表

类型	具体分类	数量	比例	包含商家种类
机构	学校	4	2.08%	
	政治学术团体	8	4.17%	
	会馆公所	22	11.46%	
	图书馆、报纸	6	3.13%	
	邮局	2	1.04%	
店铺	交通相关	7	3.65%	自行车行、马车行、人力车行、铁路公司、交通队
	娱乐	1	0.52%	俱乐部
	饭馆	2	1.04%	
	银钱业	1	0.52%	兑换所
	照相馆	2	1.04%	
	书纸店相关	6	3.13%	南纸店、图章馆、印刷所、刻字铺
	当铺	2	1.04%	
	原料厂、店铺（原料行）	18	9.38%	木厂、铜铁厂、铁工厂（铺）、燃料店、皮革厂、洋铁铺、锡铺、砖铺
	衣服布料行等	5	2.60%	染坊、成衣铺
	家具、器具相关	25	13.02%	刀剪铺、药刀铺、麻刀铺、铁蹄铺、鸟笼铺、陶器铺、刀铺、席铺、帘子铺
	煤炉相关	40	20.83%	煤油庄、煤油罐、煤灰栈、劈柴厂、煤公司、煤铺（厂）
	米面类	6	3.13%	粮店（栈）、杂粮店、堆房
	肉铺	2	1.04%	羊肉铺
	食品调料店	10	5.21%	鱼店、粉坊、臭豆腐铺、豆精制造所、茶店、冰窖、烧饼铺、茶馆、酱园、饼面铺
	殡葬业	2	1.04%	杠房、冥衣铺
	医院类	7	3.65%	医院、医寓、医士
	其他	14	7.29%	售品所、烟铺、棚铺、货栈（铺）、席箔店、理发馆、挂货铺

注：比例数字经过四舍五入。文字按照档案中文字书写。

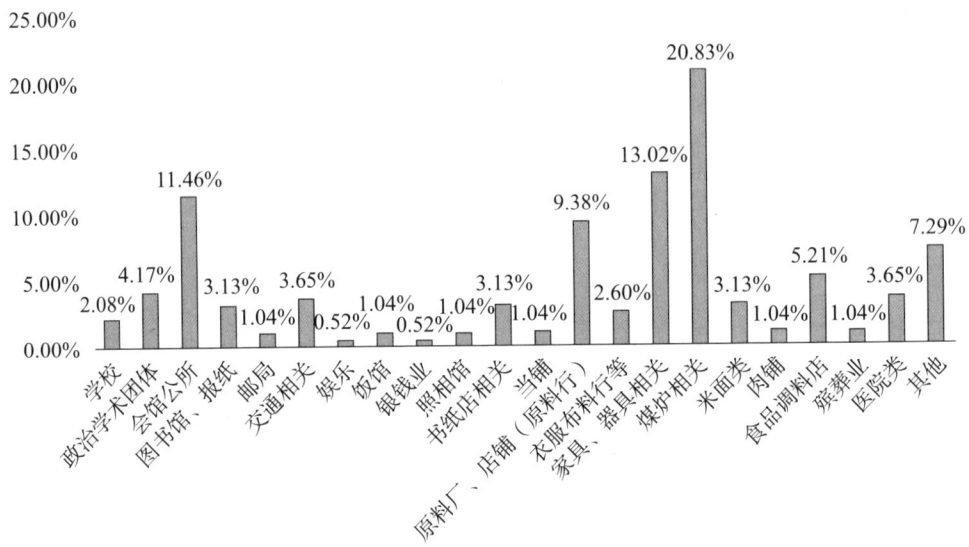

图2.14 清末民初宣武门外大街机构及商铺类型比例

可见，宣武门外大街的机构和店铺布局中，小型商铺仍占据主要份额；机构的构成中，会馆公所的数量相对较多，是宣武门外大街的特色之一，这也是清代此类机构在宣武门外布局的延续；另外，与宣武门内大街相比，学校、学术团体也是其特色构成。

而小型商铺中，煤炉相关行业（煤油庄、煤油罐、煤灰栈等）数量比例最高，占据了整个街道店铺类型的21.05%，这其中，煤灰栈的数量最多；这成为民国初年宣武门外大街店铺构成中极具特色的内容。而从位置记载来看，这些煤炉相关店铺基本分布在宣武门外东城根和西城根一带。这些店铺主要是为了配合民国初年环城铁路修建运行时，储存、使用煤炭的用途。而这一分布特点，与以上清末1906年统计的《清末北京外城商户调查表（上）》中记载的宣武门外大街商铺分布类型是有所差异的，清末时期还未出现大量煤炉相关行业的布局，而民国初年的宣武门外城根一带，此布局的特色已形成。

另外，家具、器具相关以及原料相关店铺数量相对较高，与宣武门内大街食品类店铺比例高的特点有所不同。从大体位置记载来看，家具、器具类多分布在宣武门外大街的南端和北端；而从《增订实用北京指南》中的记载来看，原料相关店铺，位于宣武门外大街路东的数量相对较多。

三、小结：作为内外城通道的宣武门内外大街

宣武门作为清代连接内外城的重要城门之一，在城市空间布局中一直体现出其交通枢纽的重要地位。而连接宣武门的内外大道——宣武门内大街、宣武门外大街在清代和民国时期，一直是北京最重要街道之一。

而清末以来，随着科举考试的取消、新型教育形式的兴起，宣南地区区域定位的变化，宣武门内外街道的具象布局势必也将发生相应变化。从上述的分析中可见，无论是宣武门内大街、宣武门外大街，其店铺的组成，均以小型店铺为主。其中，食品和器具、原料类店铺数量最多，而大型机构、纸张书店类店铺、会馆旅馆类店铺，这些具有清代宣南地区核心特点的店铺，则在宣武门内外大街的布局上未被着重体现。而内外大街在商铺类型上的差异并不明显。外大街有几家会馆布局，延续自清代该区域的功能布局；而分布于宣武门城门、城根一带的大量煤炉类商铺，则是民国初年铁路建设过程中所反映出的一个城市景观缩影。从城市整体布局上看，民国初年，宣武门作为供给原料的一个储藏地，此布局与其作为城市重要交通通路的地位有些许矛盾。另外，从上表的统计中，也可看出，到了民国初年，北京内外城的区域差异，已不再像清代时那样凸显。宣武门地区仍是城市的重要通路，但其在清初、清代中期表现出的连接内城旗人世界与外城民人生活区域、连接内城旗人需求与外城宣南地区娱乐休闲布局、连接内城与外城士人文化区的特点，已随着内外城差异的减弱、宣南地区功能定位的转变，在城市具象布局上发生着细微变化。另外，大量小型店铺的存在，也从一个侧面映

照出清末民国初年宣武门内外大街的实际景观，反映出其繁忙而拥挤的特点。

本节内容通过对清末民初时期，各档案及文献中对于宣武门内外大街商铺记载的统计分析，从微观层面，研究作为内外城通道的宣武门内大街，其商铺布局的特点及变化。此研究成果只是此时期北京城市具象研究的一个小片段，也是对前三门地区区位空间问题探讨的一个起步尝试，希望以此研究，更清晰地理解时代交替之时，城市重要节点空间布局的细微变化。

第三章

其他专题研究

第一节　近代北京城内学区的设置与应用

鲍　宁

在北京城市近代化的各项建设中，分区区划的引入与应用可以说是一项重要变化。近代区划制度的引入主要来源于对国外经验的借鉴和仿效，以此为基础，近代中国特别是城市范围内公共事业诸方面得以有序组织、渐进开展，在空间组织、资源配置、人力安排与工作方法等方面较传统的公共事业发生了明显改变。以往学者对近代区划制度已有少量研究，如公一兵对近代北京警政区划的研究，运用历史地图等史料，较细致地梳理了北京警政区划的设置背景、发展脉络、形态变迁等问题；[1]王亚男的著作《1900—1949年北京的城市规划与建设研究》立足城市规划史视角，对长时段的城市规划与变迁进行研究，其中提到近代北京城的示范区、实验区制度等，研究虽较简略，但为了解近代北京区划制度的多种形式提供了线索。[2]教育改革是清末新政的重要方面，在今日城市内影响广泛的学区制度可溯源至此，其后北京城内学区的设置方式又经过几次重要调整，逐步应用于近代教育的组织管理和新式学校的建设当中。以往学者虽有一些关于近代劝学所的研究[3]，涉及学区行政制度的一些方面，但基于城市背景，从历史地理学视角考察学区的形

---

[1] 公一兵：《北京近代警察制度之区划研究》，《北京社会科学》2004年第4期。
[2] 王亚男：《1900—1949年北京的城市规划与建设研究》，南京：东南大学出版社，2008年。
[3] 如刘伟：《官治与民治之间：清末州县劝学所述评》，《近代史研究》2012年第4期；秦莉红：《清末劝学所的历史发展》，《教育评论》2012年第5期；刘福森：《劝学所探析》，河北师范大学硕士论文2008年，等等。

态变迁、功能发展等关键问题的研究目前还较罕见，关于学区在近代城市教育中的作用尚缺乏清楚的认识。

基于上述研究背景，本节内容选取近代北京城内学区作为研究对象，通过搜集整理近代档案、报纸、期刊等史料中的相关内容，首先从政策层面出发，梳理和复原近代北京城内学区的设置背景、形态沿革等基本状况，并将其落实于地图当中；其后进一步从实际层面出发，考察近代北京城内学区的应用情况及效果。在梳理和复原基本问题的基础上，进一步对学区与政区的关系、学区的效率等问题进行讨论。

一、学区的概念及设置背景

（一）学区的概念与内涵

学区又称地方学区，意指地方教育的行政区域。自民国时起，即有学者对中国的学区问题进行研究，如教育学家沈子善论述中国各级教育行政之关系、学区之定义，及其与校区之概念区分如下：

> 所谓地方教育行政，系对待中央教育行政而言，就广义讲，地方教育行政应兼包省、县两重之教育行政。惟省教育行政，责在监督与指导，对地方教育负间接责任；县教育行政责在推行，对地方教育负直接责任，其最大之任务，在注意一般教育之普及，使境内所有学龄儿童获得教育。
>
> 如何可使县教育行政做到起而行？如何可使县教育行政的力量能便利的渗透到本地方之各学校？此固须先从县教育行政机关组织上谋改革，但县教育行政机关与各个学校之间需有一种居间媒介的行政作用，则尤为切要之图。此媒介的行政，即学区的行政。
>
> "学区"乃介乎"县区"与"校区"间之一种组织，可视为

县教育行政机关之分机关、分组织。而"校区"则为一校教育事业之区域，为便利或确定义务教育推行及责任而设，此其大别。二者作用虽殊，但均为县教育行政下应有之组织。[1]

学区以教育行政为核心，以空间分区为客观形势。依研究和教育管理的空间范围不同，学区可涵盖不同的空间尺度，较大尺度的学区甚至可跨越行政省份及地区，如《教育杂志》1923年"庚子赔款办学计划专号"中，曾刊有《全国七大学区与各大学图》的规划，所计划之大学区范围及国立大学分配如表3.1所示：[2]

表3.1 全国七大学区与国立大学设置计划

大学区	所含省份及地区	国立大学
第一区	直隶、山西、山东、河南、绥远、察哈尔、热河	北京大学
第二区	江苏、安徽、浙江、江西、福建	东南大学
第三区	湖北、湖南	武昌大学
第四区	广东、广西	广州大学
第五区	贵州、云南、四川、川边、西藏	四川大学
第六区	陕西、甘肃、青海、新疆	陕西大学
第七区	阿尔泰、外蒙古、黑龙江、吉林、奉天	奉天大学

南京国民政府成立后，正式开始在全国范围内引进法国的大学区制度，据1928年5月公布的《修正大学区组织条例》规定，全国依各地的教育、经济及交通状况，定为若干大学区，每大学区内设大学一所，大学设校长一人，综理大学区内一切学术和教育行政事宜。其后，大学区制度在江苏、浙江、河北三省试行，其中北平大学区负责管辖河北、热

---

[1] 沈子善：《中国地方教育行政中之学区行政问题》，《教育杂志》1937年第1期。
[2] 《全国七大学区与各大学图》，《教育杂志》1923年第15卷第6期。

河两省及天津、北平两特别市，所属范围最大。[1]

需指出的是，民国大学区制度之重点在于政治和行政，并非本节重点讨论的地方层面上"起而行"的学区，跨越行政省份之大学区无论在民国或今日均属少数。一般的地方学区可分为省级、县级等不同级别，"校区"作为"小学区"亦可包含在学区范畴当中，校区与大学区均可视为广义的学区。如图3.1为1941年直隶省省级学区示意图：

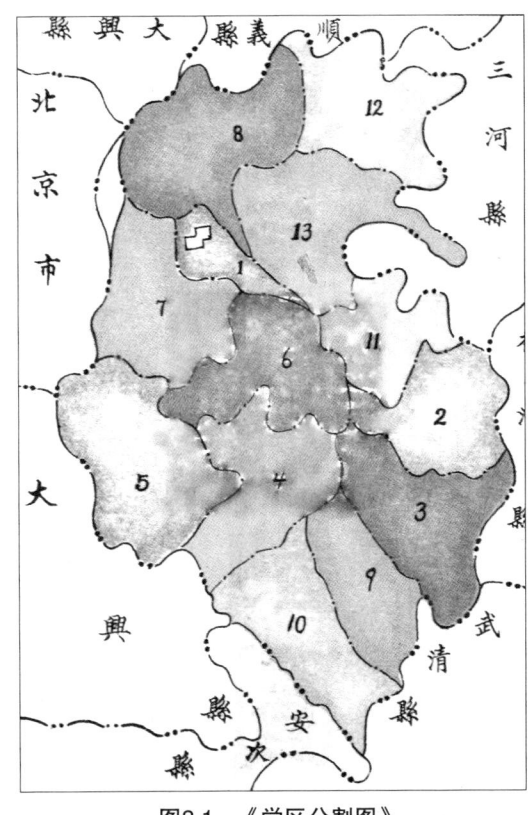

图3.1 《学区分割图》
（资料来源 金士坚，杨竹轩督修，叙白主编：《通县志要》，学区分割图，1941年。）

在不同的地域和时代背景下，学区的性质与内涵也会发生改变。就本节研究的北京城市学区而言，在清末，学区伴随教育行政改革而出现，是一种带有地方自治属性的用于学校建设和管理的空间单元；民国时期，学区的自治属性减弱，行政属性增强，开始成为城市行政的组成部分；在今天，北京的学区主要是以学校为中心的小学区形式，是一种对学龄儿童就学活动进行空间分配的教育管理单元。虽然在不同时期，北京城市内学区的内涵有所差别，但究其本质，学区始终作为对教育的需求与供给进行管理和调控的空间区划基础而存在，

---

[1] 李华兴：《民国教育史》，上海：上海教育出版社，1997年，第433-436页。

北京城市学区的发展具有前后相继的内在联系。

（二）近代学区的设置背景

近代学区引入中国主要是清末对日本学制进行学习和借鉴的结果。清末教育改革过程中对于游学甚为重视，而游学之目的地，日本为优先选择，如张之洞曾在《劝学篇》中论述游学东洋的优势：

> 至游学之国，西洋不如东洋，一路近省费，可多遣；一去华近，易考察；一东文近于中文，易通晓；一西书甚繁，凡西学不切要者，东人已删节而酌改之。中东情势风俗相近，易仿行，事半功倍，无过于此。若自欲求精求备，再赴西洋，有何不可？[1]

对日本教育制度的仿效可以说影响了清末教育改革的诸多方面，对于学区的引入亦可溯源于此。20世纪初，清廷派遣夏偕复等官员赴日本考察学制和学校建设情况，在光绪二十七年（1901）夏偕复提交的考察报告中，建议教育改革宜取法日本，并论述了日本的学区设置方法和引入中国的办法：

> 今日欲立学校宜取法于日本，夫我之取法日本，较之日本之取法泰西，弊害尤鲜，取径尤易……
>
> 我于日本，古来政治之大体相同，宗教之并重儒佛相同，同洲同种，往来最久，风土尤相同，故其国现行之教育与我中国之性无歧趋，则而行之无害而有功。
>
> 日本虑始之际，大约以六百人为一小学区，区设小学校一，使六岁以上男女就学……我可仿其意，定为有若干人设小学校一

---

[1] 张之洞：《劝学篇·游学第二》，武汉：湖北人民出版社，2002年，第138页。

所，使六岁以上之男女就学，其不入学者，惟父母兄长是问。[1]

1902年《教育世界》中也刊载了罗振玉关于日本学制的讨论，同样指出学区乃日本学制之重要基础，与教育普及具有密切关系：

>　　一、制度　日本初兴，教育全仿美制。明治五年定学制，此为教育发达之基础。然考其学制，先分大、中、小学区。大学区凡八所，而至今只东西京都立大学二所，盖当日尚昧于义务教育之理，不知普通教育更切要于高等教育也。
>　　二、方针　日本初创学校，尚未全明义务教育之理，故学制中未尝阐明此旨。后来知识增长，悟教育一事，以普及为要领，故定义务教育为寻常小学四年。义务教育者，谓教育为国家之义务，其教育方针在令全国人民悉受学，备具普通知识与国民资格也。
>　　中国今日尤当以普通教育为主义，预定义务教育年限，先普通而后高等。考东西小学教育，所授为道德教育，国民教育之基础及人生必须之知识技能，此最为中国今日之急务，有道德与国民之基础，而后知尊爱之方；有知识与技能，而后得资生之具。譬如今日各省专心于高等教育，虽每省学校遽增千百所，而教育不及齐民，则义和拳及闹教之案，仍必不免，若从事于普及教育，则功效必溥矣。[2]

由上叙述可知，学区设置之处，实与初等教育的普及具有密切的联系。在随后登载的《学制私议》中，罗氏又具体讨论了中国学制的制订办法，其中教育设置分四端，首要便是依学区建设学校：

---

[1] 夏偕复：《学校刍言》，《教育世界》1901年第13期。
[2] 罗振玉：《日本教育大旨》，《教育世界》1902年第23期。

学区　于京师立大学校外，以每一省为一大学区，立高等学校一（亦称各省大学堂），武备学校一，高等师范学校一（将来更须立女子高等师范学校，现姑从缓），高等农工学校各一，方言学校一，更于各府厅州县每一处立师范学校一，又分每府厅州县之地，约五百家立寻常小学校一，一千家立女子寻常小学一所，二千家立高等小学校一（乡间则每一二村落共立寻常小学一所，不问户口之疏密，将来学事盛，再设立高等小学校，今姑缓），万家立中学校一。先须预划定学区，逐渐兴办。至商埠附近之处，则须立商业学校（先立商埠，后及内地）。矿产盛处，则立矿务学校。警察商船等学校，则将来相宜立之。[1]

1905年，直隶学务处督办严修根据赴日考察的经验和助手渡边龙圣提供的日本地方教育模式，在直隶首先试行学区制度，《清史稿》中记载了相关情形：

劝学所之设，创始于直隶学务处。时严修任学务处督办，提倡小学教育，设劝学所，为厅州县行政机关。仿警察分区办法，采日本地方教育行政及行政管理法，订定章程，颇著成效。[2]

直隶的学区设置使学区制度从构想走向实践，其后严修升任学部侍郎，光绪三十二年（1906）四月，学部颁布《奏定劝学所章程》，其中明确了依地域和人口划分学区的办法：

---

[1]　《教育世界》1904年第24期，第1—5页。
[2]　赵尔巽：《清史稿》，北京：中华书局，1998年，第3144页。

一、分定学区　各属应就所辖境内划分学区,以本治城关附近为中区,以次推至所属村坊市镇,约三四千家以上即划为一区,少则二三村,多则十余村,均无不可。在本治东即名东几区,在本治西即名西几区,推之南北皆然,由第一区至数十区可因其所辖地之广袤酌定。[1]

同年十一月,学部颁布《劄各省提学使分定学区文》,从国家行政层面正式要求在地方教育中施行学区制度:

学部为劄行事,照得教育之兴贵于普及,而兴办之责系于地方。东西各国兴学成规,莫不分析学区,俾各地方自筹经费,自行举办。事以分而易举,故能逐渐普及,教育盛兴。本部奏定劝学所章程分定学区办法即系仿照办理。各省州县辖境辽阔,而其境内之区划,如都团营图等名目各有不同,自应暂就原有区划定为学区,以期按照户口疏密酌量建学。惟各处风土民情与夫财力之赢绌至不一律,地方一切事宜与教育有关系者亦自不少,急应切实调查以资筹画,除按照本部奏定劝学所章程分定学区办法及时举办外,应即按照后开各条督饬各府厅州县限期陈报,各就陈报情形陆续咨部以便稽核,为此劄行该提学使司遵照迅办可也此劄。[2]

至此,学区区划正式列入国家教育制度,自北京城开始了形式多样的尝试。

---

[1] 《光绪三十二年四月二十二日(1906.5.15)学部奏定劝学所章程》,朱有瓛、高时良主编:《中国近代学制史料》(第二辑上),上海:华东师范大学出版社,1983-1993年,第144-145页。

[2] 《劄各省提学使分定学区文》,《学部官报》1906年第15期。

二、近代北京城内学区设置及形态演变

（一）清末学区的设置与调整

北京城内学区自清末开始设置，经历了前后两次调整。光绪三十二年（1906）七月，京师督学局作为专管教育的行政机构在北京设立，拉开了北京教育行政近代化的序幕。同年十二月，京师督学局对北京城进行了学区划分，将内城划分为五个学区，将外城划分为四个学区，并分别设立劝学所主持分区教育工作。根据《学部官报》记载，北京城内学区最初设置情况如下表3.2：

表3.2 内外城学区界址表（1907年8月）

内城五学区				
第一学区	外四至以皇城为界	内四至以紫禁城为界		
第二学区	东以皇城根为界	西以西城根为界	北以阜成门大街为界	南以南城根为界
第三学区	东以东城根为界	西以皇城根为界	北以朝阳门大街为界	南以南城根为界
第四学区	东以地安门外大街为界	西以西城根为界	北以北城根为界	南以阜成门大街为界
第五学区	东以东城根为界	西以地安门外大街为界	北以北城根为界	南以朝阳门大街为界
外城四学区				
第一学区	东以正阳门外大街为界	西以宣武门外大街为界	北以内城根为界	西南以菜市口为界，东南以西珠市口为界
第二学区	东以崇文门外大街为界	西以正阳门外大街为界	北以内城根为界	东南以磁器口为界，西南以东珠市口为界

续表

外城四学区				
第三学区	东以东城根为界	西以崇文门外大街及正阳门外东珠市口迤南大街为界	北以崇文门迤东城根及东珠市口迤东大街为界	南以南城根为界
第四学区	东以宣武门外大街及正阳门外西珠市口迤南大街为界	西以西城根为界	北以宣武门迤西城根及西珠市口迤西大街为界	南以南城根为界
备查				
内城第一学区即中分厅地段,第二学区即南分厅地段,第三学区即东分厅地段,第四学区即西分厅地段,第五学区即北厅地段,外城第一学区即南分厅地段,第二学区即北分厅地段,第三学区即东分厅地段,第四学区即西分厅地段。				

资料来源：《内外城学区界址表》，《学部官报》1907年第32期。

从表3.2所附"备查"部分可见，清末学区最初的设置方式与警政分区保持一致，学区分区和警政分厅情况如图3.2所示：

随着学区工作的展开，京师督学局又分别于1907年、1908年对北京城内学区的设置进行了两次调整：光绪三十三年八月，"咨行内外城巡警总厅，改

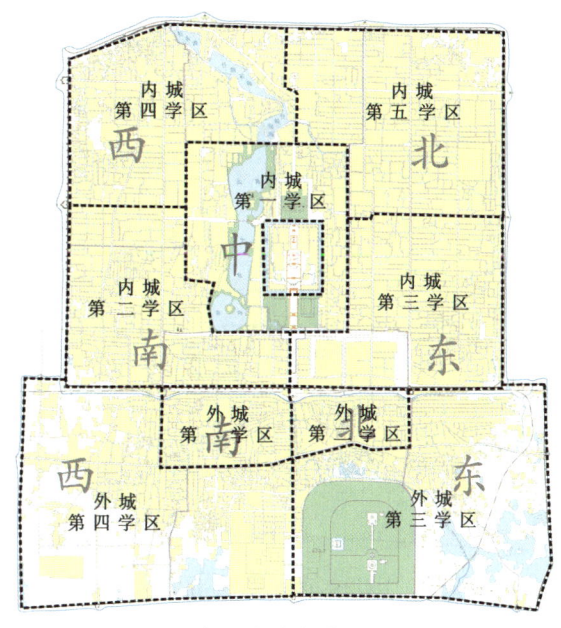

图3.2 1906年北京城内学区设置及与警政分厅关系示意图

| 时代变革下的空间嬗变 |

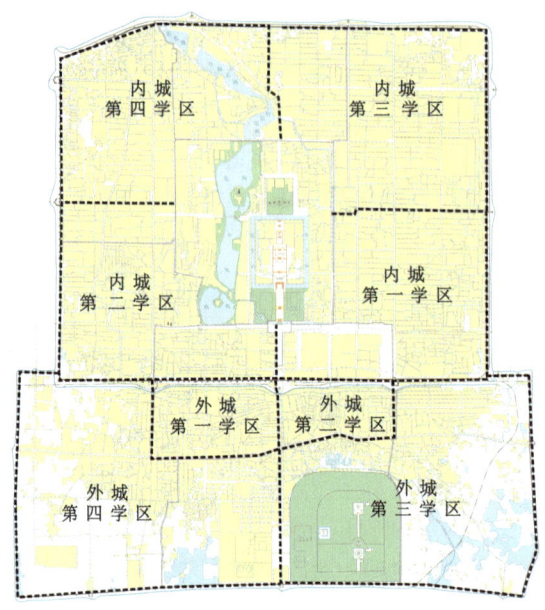

图3.3 1907年北京城内学区设置示意图

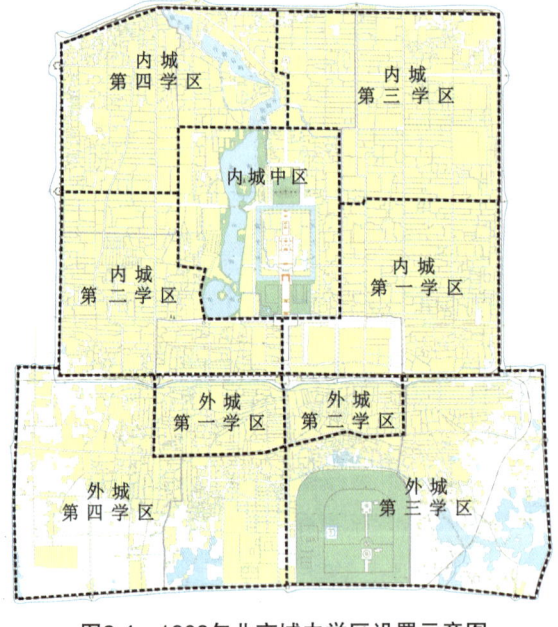

图3.4 1908年北京城内学区设置示意图

定内城各学区划界。所有内城第三学区改为内城第一学区，内城第五学区改为第三学区，其内城第二、第四学区及外城各学区一仍其旧，至内城第一学区按各方面分隶内城各学区"；光绪三十四年十一月，"札京师劝学所，添设内城中区，照派劝学员。咨行内城警厅，添设内城中区，并派定劝学员"。[1]九学区的设置方式一直延续至北洋政府时期，图3.3与图3.4为清末两次学区调整的示意图：

（二）北洋政府时期四学区设置

民国初年首先沿用清末九学区的设置

---

[1] 《光绪三十二年九月、三十四年十二月京师改良私塾一览表》，《学部官报》1909年第91期。

方法。北洋政府成立教育部后，于1912年5月在北京成立京师学务局，取代京师督学局成为专管北京教育的行政机构，同时改劝学所为京师劝学办公处，据《民国五年教育行政会议京师学务报告书》中记载民国初年北京城教育行政设置情况如下：

> 民国元年学务成立后，因北京地方辽阔，户口繁多，凡关于地方教育事业之劝导、稽查，端赖劝学人员助理。因就以前设立之劝学所另行改组设立劝学办公处，置劝学员长一人办理劝学。一切事项，按照城内郊外自治区域划分学区，计分为九，各设事务所，置劝学员九人。惟尔时分别学区办法，内城分为五学区，外城分四学区，四郊未划学区，所有关于劝学事项分由城内各劝学员兼理。[1]

由此可见，伴随政权的更替，民国初年北京城的教育行政基本照搬了清末的区划形式，并于试行数年后谋求调整。1915年12月，教育部颁布新的《劝学所规程》，规定："各县设劝学所，辅佐县知事，办理县教育行政事宜，并综核各自治区教育事务。""自治区未成立地方，由劝学所依照地方学事通则，处理其教育事务。"[2]之后由京师学务局主持对北京城的学区设置进行了调整，《民国五年教育行政会议京师学务报告书》中对于本次调整及相关的原因与收效曾有所记载：

> 民国四年十二月劝学所规程颁布后，学务局鉴于从前办法四郊学务究以责无专任难其振兴，因将城内划分四区，即内城二学区外城二学区，四郊分四学区，责任即专或可收进行之效。就现情论，城内人民渐知求学，无须多方劝导。惟城内劝学员均兼

---

[1] 《民国五年教育行政会议京师学务报告书》，《京师教育报》1917年第38—39期。
[2] 方蔚编：《办学指南》，亚新地学社，1922年，第32页。

理通俗教育，事项甚多，且区内小学尤须随时查视，责任不为不重，此城内劝学之情形也。[1]

下表3.3为1915年底调整后，内城各学区界限及办事处所在地址详情：

表3.3 京师劝学区域划分表

学区类别	内城左区	内城右区	外城左区	外城右区
所管区域	内左一、左二、左三、左四、中一警察署所辖地面	内右一、右二、右三、右四、中二警察署所辖地面	外左一、左二、左三、左四、左五警察署所辖地面	外右一、右二、右三、右四、右五警察署所辖地面
事务所地址	东西牌楼北，十条胡同西口外路东	西安门内大街路北	正阳门外兴隆街中间路北	宣武门外骡马市大街果子巷路西

资料来源：《都市教育》1916年第11期。

自此次调整后，四学区的设置成为北洋政府时期城内学区的主要形态，而教育行政方面又经历了部分调整。1917年，京师学务局下令："于今春添设视学员二人，察视小学。"并变更劝学员分配方法："城内外四学区劝学员裁撤，学区事项归四郊劝学员兼管。"[2]1922年，教育部召开学制会议，决定改劝学所为教育局，据《教育局规程》规定："全县市乡由教育局酌划学区，每区设教育委员一人，受教育局长指挥，办理本区教育事务。"北京方面，1923年将隶属于京师学务局的"京师劝学办公处"改为"京师学务委员办公处"。[3]至此，教育局制度取代劝学所制度成为北京城教育行政的主导，学区与城市行政的联系

---

[1] 邓菊英、高莹编：《北京近代教育行政史料》，北京：北京教育出版社，1995年，第363页。
[2] 邓菊英、高莹编：《北京近代教育行政史料》，北京：北京教育出版社，1995年，第380页。
[3] 陈翊林：《最近三十年中国教育史》，上海：太平洋书店，1931年，第216页。

更为密切,其设置形态虽未改变,但管理内涵已有所变化。[1]北洋政府时期北京城内学区设置及其与警政区划之关系如图3.5所示:

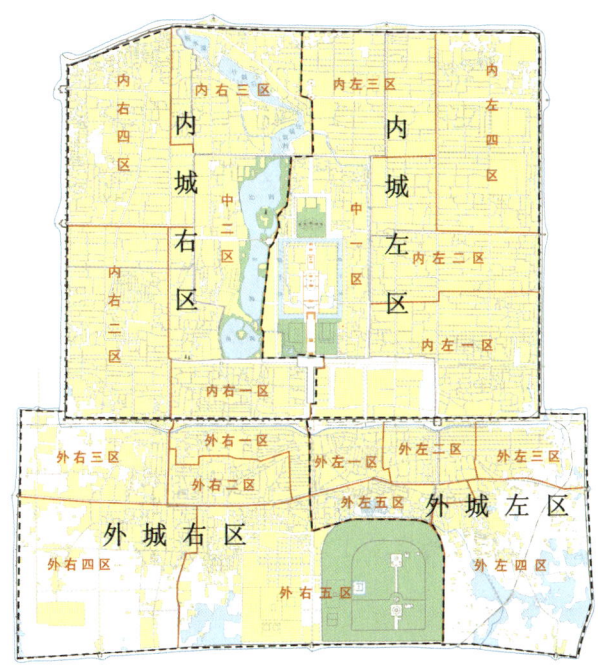

图3.5 北洋政府时期城内学区设置及与警政区关系

(三)国民政府时期两级学区设置

北京城内各区裁撤劝学员后,学区在教育管理与行政方面的作用有所减弱。教育局制度建立后,教育部颁布《教育局规程》,要求各地酌划学区管理教育事务,但调整学区一事并未马上实施。1928年6月北伐成功后,改北京为北平特别市,改京师学务局为北平市教育局,初期警政区划和自治区成为北平市进行教育管理的主要空间单元,如1928年北平特别市教育局制订《城郊各区改良私塾各校学事比较表》中,即依照

---

[1] 据民国时期学者研究,清末至民初为学区发展的创建阶段,该阶段的学区制度与劝学所的设立密切相关,劝学员类似学区的教育顾问,并无行政实权。参见沈子善:《中国地方教育行政中之学区行政问题》,《教育杂志》1937年第1期。

当时内外城11个行政区划进行统计。1932年7月，北平市裁撤教育局，成立社会局第四科对教育进行管理。[1]

国民政府时期，在重新划定学区以前，首先尝试通过实验区制度对北平市初等学校进行管理与改良。1934年，北平市社会局第三科颁发《北平市社会局筹设实验小学计划大纲》，提出开展实验区制度，论述了实验小学的设置方法并对实验小学的选择进行了公示：

> 自本年度起，全部课程已另行改变，新定之小学规程，趋重于辅导研究。兹为研究便利与指导集中计，实有筹设实验小学之必要。
>
> 就城内东、西、南、北适中地点添设四处实验小学，以为研究之中心。本市城内市立小学校、师范附属小学外，共有四十三处，欲选择四处作为实验小学，究竟应当指定何校，兹将决定选择学校之标准列后：
>
> 1.校舍比较宽敞，一切设置足资分配者。
> 2.学级之编制业已完毕，各年级均得实验某种法理者。
> 3.地点分散远近适中，附近各小学便于分区研究者。
> 根据上述三项标准，选定市立小学四处如下列：
> 西南区市立绒线胡同实验小学
> 西北区市立报子胡同实验小学
> 东北区市立府学胡同实验小学
> 东南区市立象鼻子坑实验小学[2]

在此基础上，社会局进一步将当时北平市43处市立小学、师范附属

---

[1] 刘仲华：《北京教育史》，北京：人民出版社，2008年，第254-255页。
[2] 《时代教育》1934年第2卷第5期，引自邓菊英、李诚编：《北京近代小学教育史料》（上册），北京：北京教育出版社，1995年，第65页。

小学划分为四个实验区,并公布了划分结果。北平市实验区制度以学校分区为空间基础,以实验小学为分区教育行政的中心,实验小学不仅具有作为区内学校建设模范的示范作用,同时担负着"联合组织本区小学教育研究会,以改进本区小学教育"之职责。教育实验区的规划可以说是对以往学区制度和职能的一种延续,图3.6为国民政府时期北平城内公立小学实验区划分的总体状况:[1]

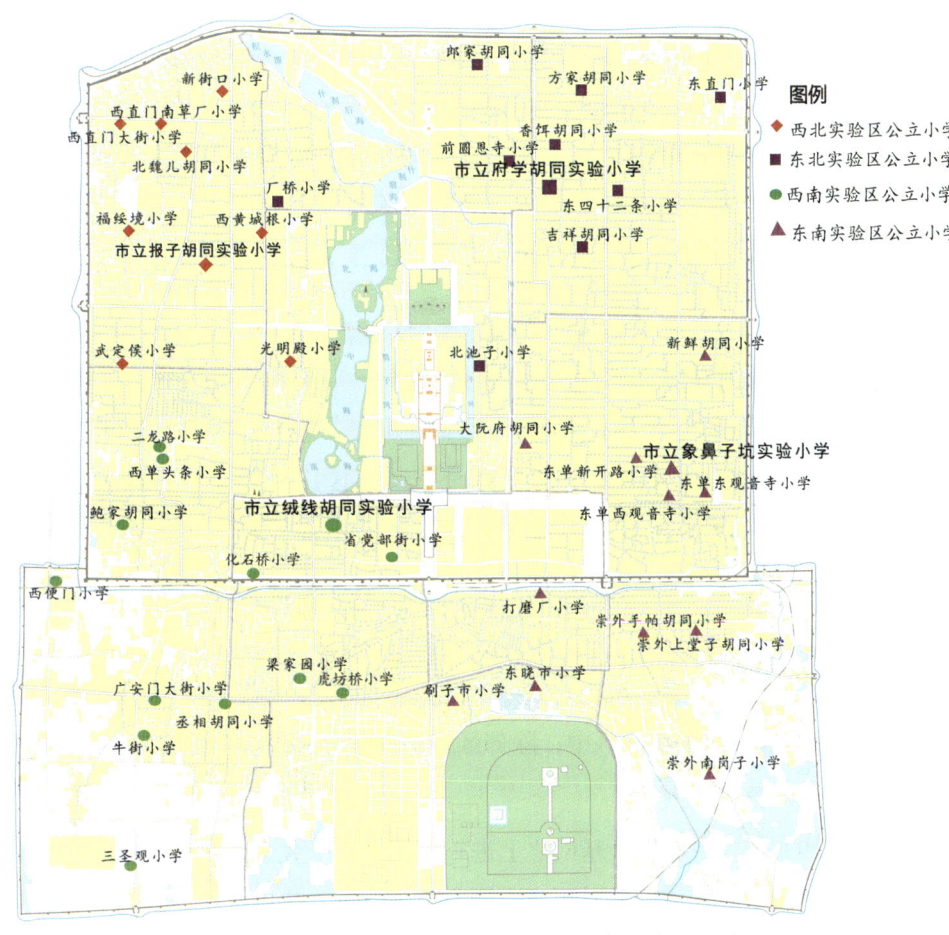

图3.6　国民政府时期北平市公立小学实验区设置

---

[1] 《筹设本市实验小学计划大纲颁行后实施的过程及今后改进的步骤》,《时代教育》1934年第5期,第5-6页。

关于实验区的实际工作成效，现有文献中还未见到太多记载，需待日后进一步挖掘史料。在实验区计划次年，为了配合义务教育建设，北平市社会局重设学区，在北平市内设置了大、小两级学区。早在1932年和1933年，《义务暂行办法大纲》及《北平市短期义务教育实施计划草案》中便多次肯定学区为推广义务教育工作之基础，如"划定小学区，以为施行义务教育开办短期小学之单位。""实施义务教育之全部准备事项如下：（甲）划分学区及实验区。"……1935年，《北平晨报》中刊登了社会局划定小学区的决定及设置办法：

> 社会局方面，现为使本市城郊各处学龄儿童，将来入学不至拥挤起见，特遵照教育部规定划分全市为三百二十九个小学区，俾义教班成立时，得适当之分配。……兹将本市小学区分配之数额及义教经费保管办法，照录如此：
>
> 本市小学区之分配：计东郊设二十五区，南郊设三十区，西郊设三十六区，北郊设三十二区，内一设二十区，内二设十九区，内三设二十区，内四设二十区，内五设二十区，内六设十八区，外一设十八区，外二设二十区，外三设二十区，外四设二十区，外五设二十区，总计全市共设三百二十九个小学区云。[1]

在全市329个小学区中，除郊区外城内部分共设小学区215个，包含于行政区范围之内。[2]

1936年，在小学区基础之上进一步划分四个大学区。据当年颁布的《北平市学龄儿童调查及强迫就学办法》中第三条记载：

---

[1]《积极推行义教社会局划定平市小学区》，《北平晨报》1935年10月22日9版。
[2]《积极推行义教社会局划定平市小学区》，《北平晨报》1935年10月22日9版。

> 划全市为四大学区，依照全市公安区署各警段，暂定为三百二十九小学区，挨户检查，由初生至十二岁之儿童，不论已受教育及未受教育限一月之内调查完竣，编造学龄簿。[1]

另据当时的教育期刊中记载两级学区设置经过如下：

> 本市幅员广阔，为求各区失学儿童教育均等起见，特依照部颁实施义务教育暂行办法大纲施行细则第九条之规定，并根据本市公安局廿四年度各区人口数目调查统计表（全市人口总数为一百六十六万〇七百七十四人）划分小学区，每区如以千人计，则应划为一千五百六十一区，而每一小学区，即以设置短期小学一处计，亦应设短期小学一千五百六十一处。然衡以人力财力，目前实有未逮。故为权宜计，经按照警区分段办法，划全市城区十五区为三百二十九个小学区，每区预定至少设短期小学一处，藉资救济。同时为便于管辖策动起见，又将此三百二十九个小学区，划分四大分区，其分配情形如次：
>
> 第一区辖六十三个小学区。第二区辖七十五个小学区。
>
> 第三区辖六十三个小学区。第四区辖一百二十八个小学区。
>
> 前列四大分区，当规划时，均以人数地域情形为标准，每一分区并各设一办事处，秉承委员会命令办理各区短期小学行政等事项，藉收指臂之效。[2]

两级学区成为此后国民政府时期学区的主要形态，大、小两级学区性质与分工各不相同。从这一时期的学校建设来看，各项计划及统计多以四个大区为单位组织进行，而小学区与行政区之间存在着较为密切的

---

[1] 《时代教育季刊》1936年第1卷第1期。
[2] 《时代教育季刊》1936年第1卷第1期。

关系。国民政府时期的学区设置已由单纯模仿国外模式开始转向符合自身情况的内生尝试。国民政府时期大学区设置与行政区关系如下图3.7所示：

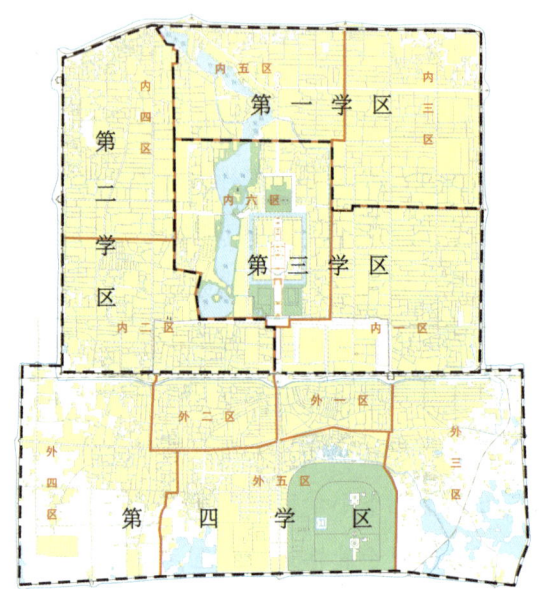

图3.7　国民政府时期大学区设置及其与行政区之关系

（四）学区与行政区之关系

行政区划是城市空间的基础区划，也是影响学区设置与管理的重要因素，学区界限是否应当与行政区划保持一致的问题一直是学区管理中的重要问题。光绪三十二年（1906）学区设立之初，学部命令中指出"各省州县辖境辽阔，而其境内之区画，如都团营图等名目各有不同，自应暂就原有区画定为学区，以期按照户口疏密酌量建学"[1]，要求学区设置先以行政区划为准。北京城方面，将当时的学区界址与内外城巡警厅9个分厅的划界比较可知，初设的学区确实依照警政分区设置，

---

[1]　《学部官报》1907年第15期。

学区与行政区界限并无差别。[1]其后，北京城内警政分区进行了多次调整：首先于1906年底将9个分厅合并为5个，1909年裁撤所有分厅，23个区署成为城内分区的主要形式，1910年缩减区署数目至20个，1928年缩减至11个，同时成立15个自治区开展地方自治，就城内部分而言，行政区与自治区界限一致。[2]将宣统年间、北洋政府时期及国民政府时期学区设置与同时期行政区划进行比较可知，近代北京城内学区界限基本与行政区划界限一致，但大学区多包含两个以上的行政区，二者并不完全相同，宣统年间由于行政区变化频繁，与学区存在着界限交错的情况。此外，民国时期已开展了一些关于学区问题的研究，其中也曾指出学区设置不必与行政区划强求一致，并列举了理由及有关事项：

> 学区与自治区不必强其划一，其理由有三：（一）学区划分的条件，以学龄儿童多少及事业情况为标准，自治区划分的条件，以面积人口为标准；（二）学区分配即以事业分量为准，则容有变易，自治区分配则较具永久性；（三）学区行政应求整个教育行政的联络，不必与自治区强合；近年各地有采保教合一制度者，学区与自治区似已有合并之意。但愚意此种合并，其最大目的，仅在保教联络，以增进教育的推行力量，未尝无相当效用。但吾人切不可强其相同，强其合并，倘于事实上万不得已必须合并，亦应注意两事：（一）学区行政应始终站在学区事业之中心发动地位，不可受他种外力影响，而变更整个计划。（二）学区划分，系依县教育事业分量为标准，故各学区的事业分配，不应有轻重悬殊之现象。[3]

---

[1] 行政区界线参见《学部官报》1907年第32期。
[2] 公一兵：《北京近代警察制度之区划研究》，《北京社会科学》2004年第4期。
[3] 沈子善：《中国地方教育行政中之学区行政问题》，《教育杂志》1937年第1期。

由上可见，与今日行政与教育方面条块领导的管理方式不同，在近代北京城市管理中，教育行政较之今日具有更强的独立性，无论是在时人的教育理念以及城市的行政设置方面均有所体现。自清末至民国各时期学区设置与行政区关系如下图3.8所示：

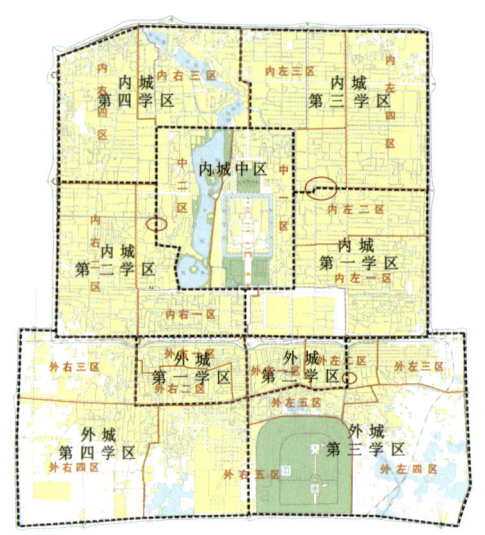

A.清末学区与行政区关系示意图

B.北洋政府时期学区与行政区关系示意图

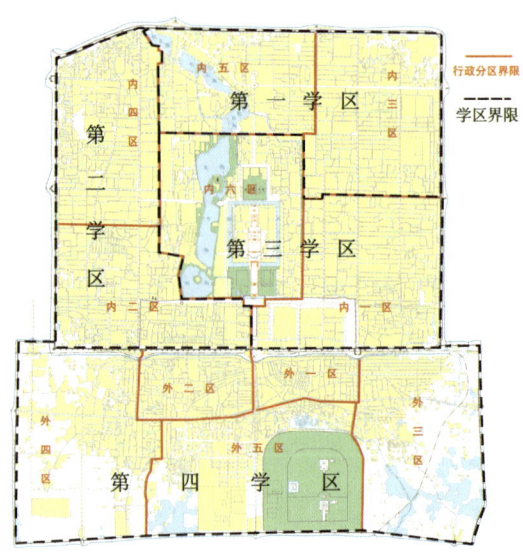

C.国民政府时期学区与行政区关系示意图

图3.8　清末民国时期学区与行政区关系示意图

三、近代学区的应用

（一）近代学区之功能

如前所述，自学区政策颁布之初，学部便指明其功能在于对教育的需求与供给进行调控，"以期按照户口疏密酌量建学"。后人研究中也提出学区的划分应"以学龄儿童多少及事业情况为标准"，促进二者供求的平衡。具体来讲，学区的空间调控功能可体现为两个方面：一是通过学区调查掌握教育需求及其分布，二是以学区为基础筹划安排教育资源的供给。

1. 掌握教育需求

学区的设立为近代开展学龄儿童调查、掌握教育需求状况奠定了空间基础。新式教育开办后，传统书院、家塾等教育形式被逐步取缔，各阶层市民均需赴新式学校进行学习，使教育特别是基础教育在市民中得到推广成为近代教育领域至关重要的问题。清末以梁启超为代表的学者们陆续指出普及义务教育的重要性："今中国不欲兴学则已，苟欲兴学，则必自以政府干涉之力强行小学制度始。""义务教育者何？凡及年者皆不可逃之谓也。故各国之兴小学，无不以国家之力干涉之，盖非若此，则所谓义务者必不能普及也。"[1]1906年至1907年间，学部颁行《强迫教育章程》，开始以国家之力推行强迫教育；[2]1907年，北京城以学区为单位，由劝学所和警政机构配合，首次对各学区内已就学人口进行调查并造表上呈督学局，次年各学区再次对区内7~15岁儿童进行调查并对学龄人口和已就学人口进行比较，近代学龄人口调查的传统自

---

[1] 梁启超：《饮冰室合集》（第四册），北京：中华书局，1989年，第33-36页。
[2] 《学部咨行各省强迫教育章程》，引自朱有瓛、高时良主编：《中国近代学制史料》（第二辑上），上海：华东师范大学出版社1983—1993年，第372页。据编者记，此章程原不载月，舒新城考其时间当在光绪三十二、三十三年之间。

此开始。从下表3.4中宣统元年（1909）的调查结果可知，清末北京城内各学区就学情况颇不均匀，如外城第一学区作为主要商业区，面积狭小，人口密集，就学比例在全城居领先地位。这种城市结构和市民成分的差异对教育发展产生了重要影响，也使对区域内教育需求的调查更显必要。

表3.4　宣统元年（1909）京师学龄儿童及已就学者统计表（单位：人）

		1908年以前			宣统元年		
		7-15岁儿童数	已就学者	百人中就学者	7-15岁儿童数	已就学者	百人中就学者
内城	中学区		424		2416	1121	46
	第一学区		2571		3179	2390	75
	第二学区		3068		5827	2559	44
	第三学区		2890		3552	1538	43
	第四学区		1429		8858	1911	22
外城	第一学区		1076		1297	1130	87
	第二学区		527		1447	658	45
	第三学区		1116		2871	937	33
	第四学区		1916		2351	50	2

资料来源：刘仲华：《北京教育史》，北京：人民出版社，2008年，第174页。

1913年，教育部颁布《强迫教育办法》，要求儿童于8岁一律入学，"违者重罚其父兄，并处罚学董"[1]。1916年，修正的《国民学校令》实施细则中首次出现对学龄人口就学进行分区管理的学籍制度，并围绕该制度对学龄儿童的调查和管理做出详细规定：

第三章　就学

第四十条　区董每年调查该区儿童，遇有至本年八月达就学始

---

[1] 《中华教育界》1913年第10期。

期者，应照第二号表式，于五月终编制学龄簿。但依学校学年学期及修业日期规程第一条第二项以四月为学年开始者，应于上年十二月终编制学龄簿。

第四十一条　区董编制学龄簿后，至七月三十一日止，如有至本年八月达就学始期之儿童来住该区者，应即登载学龄簿内；其以四月为学年开始者，至三月三十一日止，有达就学始期之儿童来住该区者，亦应登载学龄簿。

区董遇有在就学期间之儿童来住该区者，应即将其就学始期登载于该区同一年之学龄簿。

登载学龄簿内之儿童，遇有下列各款之一者，区董应即注销：

一、儿童死亡者；

二、儿童移居该区之外者；

三、儿童之居所不明逾一年以上者。

……区立国民学校有二所以上者，区董得指入某校；但儿童之父母或其监护人亦得择入他校声报区董。

……第四十八条　儿童之父母或其监护人，欲令儿童入学于他处区立国民学校、或省道县立之附属学校、预备学校肄习国民学校之教科者，应将该校管理人或校长之承认书陈报该管区董。

第四十九条　区立国民学校校长每届学年之始，应照第三号表式编制入学儿童学籍利润表……设在学儿童考勤簿……[1]

由上述部分细则可见，民国时期学区制度的发展已具备一定经验，而户籍制度尚未形成，以学区为基础的学籍制度成为对儿童就学进行调查和管理的主要依据。居址是影响学生就读的直接因素，学生可在本学区内任意选择学校，经其他区校长接收并向本区学童报备，也可进入其

---

[1]　《教育公报》1913年第4期。

他学区的学校。从北洋政府时期的北京学龄人口调查可见，与清末的人口调查相比，此时改以学区为调查单元，如表3.5为1917年城内部分调查情形：

表3.5 京师学龄儿童第四次调查表（城内部分）（1917）

	内城左区	内城右区	外城左区	外城右区	总计
学龄儿童数	19978	22800	11192	12890	66860
已就学者	8857	7957	2183	4235	23232
百人中就学者	44	35	20	33	35

资料来源：据"京师学龄儿童第四次调查表"修改编制，《民国五年教育行政会议京师学务报告书》，《京师教育报》1917年第38-39期。

注：内城外城各区学龄儿童数系由京师警察厅转行各区调查者。

由上可知，至少从理论层面来看，以学区和学籍制度为基础，城市中央教育机构可以更加及时和全面地掌握教育需求的分布与满足状况，由此开展的学校建设不仅以实现空间上的均匀分布为目标，同时还要适应教育需求的相对分布，其理论依据更为合理与深入。而从民国时期诸多教育期刊登载的报告可窥，无论在北洋还是国民政府时期，教育机关均相当重视教育调查的开展和总结，如上述第四次调查开展后，报告书中指出："现学龄儿童失学仍属不少，查内外城住户，稠密儿童特多，往往朝设一校学生夕满。"[1]另如1936年重设大小两级学区后，同时提出了学龄儿童调查的迫切需求："由初生至十二岁之儿童，不论已受教育及未受教育一月之内调查完竣，编造学龄簿。"[2]

2.对教育供给的筹划与建设

在需求的另一侧，以学区和学籍制度为基础，同样对学校的分配与建设进行空间上的安排与筹划。清末学区设立后，首先对部分已有学校

---

[1] 《民国五年教育行政会议京师学务报告书》，《京师教育报》1917年第38-39期。
[2] 《时代教育季刊》1936年第1卷第1期。

进行了空间上的调整，以师范传习所为例，光绪三十二年（1906）京师督学局下辖师范传习所8处，其分布情况如表3.6所示：

表3.6　光绪三十二年（1906）京师督学局下辖师范传习所

时间	学校	地址
1906.5	京师第一初级师范学堂	安定门内方家胡同北分厅二区国子监南学旧址
1906.10	官立内城师范传习所	西皇城拐角厂桥右翼第一初等小学堂内
1906.8	官立外城师范传习所	外城虎坊桥南分厅
1906.10	东城夜校师范传习所	史家胡同第五初等小学堂内
1906.8	西城夜校师范传习所	锦什坊街武定侯右翼第四初等小学堂内
1906.9	南城夜校师范传习所	虎坊桥外城师范传习所内
1906.10	东北城夜校师范传习所	安定门内方家胡同第一初级师范学堂内
1906.9	西北城夜校师范传习所	西皇城拐角厂桥右翼第一初等小学堂内

资料来源：《京师督学局一览表》，《学部官报》1907年第25期。

从表3.6中可以看出，清末师范传习所主要分布于内城，其中南学旧址、厂桥第一初等小学堂以及虎坊桥南分厅内均有两所传习所共设一处的情形，而内城中部、外城东部无传习所设置。学区设立后，京师督学局陆续裁撤原有师范传习所，并依学区新立师范讲习所9处，其中内城五所，分别为内中学区师范讲习所、内一学区师范讲习所、内二学区师范讲习所、内三学区师范讲习所、内四学区师范讲习所；外城四所，分别是外一学区师范讲习所、外二学区师范讲习所、外三学区师范讲习所、外四学区师范讲习所。新设立的师范讲习所均依所在学区命名，分别设于各学区内。[1]

另如前文提及的《国民学校令》中不仅就学龄调查和学籍管理进行

---

[1] 学部总务局编：《宣统元年份第三次教育统计图表》，引自陈学恂主编：《中国近代教育史教学参考资料》（下册），北京：人民教育出版社，1987年，第329页。

了详细规定，同时也对以此为基础的学校建设进行了筹划：

> 自治区设立国民学校时，得于本区内划分学区。
> 第六条：区立国民学校之校数、位置，经自治会议及学务委员会之协议，由区董陈请县知事定之。
> 自治区之一学区内，如有不能于通学适宜之地域成立一国民学校者，区董得令邻近学区处理其一部分就学儿童之教育事务。邻近学区遇有不能处理前项教育事务时，县知事得令该区与邻近自治区组织学校联合，设立国民学校，或将一部分就学儿童之教育事务委托于邻近自治区。
> 第九条 自治区因特别事，于应设国民学校之校数一时未能全设者，县知事得令该区暂以私立国民学校代用之，但须详经该管长官之认可。[1]

除规则制度层面的筹划外，实际的建设情况也值得关注。简易学校是近代义务教育的重要载体，此处以国民政府时期单独设立短期小学的建设过程为例，尝试考察学区对大规模学校建设的筹划与指导功能。1935年7月，北平市社会局成立义务教育委员会，由公安局依行政区对失学儿童进行调查。在1936年颁布的《北平市实施义务教育计划》中，以本次调查为基础，提出了建设短期小学的计划及需求：

> 三、按全市城郊各区人口统计，并经初步调查，失学儿童总数为九万六千二百九十六人，统计九岁至十二岁之失学儿童，约为五万六千余人。短期小学每级最低学额按四十八人计算，全市应添设一千四百级，始能收容。

---

[1] 附录，《教育公报》1914年第1卷第4期。

四、拟自本年度起，添设短期小学四百八十级，先就年龄较长之失学儿童一万九千二百人，强迫就学。依照逐年增减比例推算，至二十九年度，凡年长失学儿童，及未入学之学龄儿童，均能受一年义务教育。

…………

六、依照全市人口划定若干小学区，就各小学区之疏密，距离远近，酌设指导助理各员，办理宣传，调查筹划指导各事务。

…………

九、就各区界内，原有之教育处所，文化机关，以及寺庙、各慈善团体，充分借用作为校舍。[1]

随后提出了北平市单独设立短期小学各区分配计划如下：

一、拟定全市单独设立短期小学共三百级，限一月内设立完竣。

二、校址应择据原有小学较远之地，每教室设二级，分上下二部，视该地学童多寡，增减级数。

三、校舍须借用寺庙、官产或慈善机关，并得由会函各该机关负责人，充任义务教育会名誉辅导员……

五、依照各区九岁至十二岁学童数比例推算，应有下列之分配：

第一区 设六十级，至少应分设十五处

　北郊　十八级

　内三　二十六级

　内五　十六级

第二区 设六十八级，至少应设十七处

　西郊　二十二级

---

[1] 《北平市市政法规汇编》1937年第2辑。

内二　二十二级

内四　二十四级

第三区　设五十八级，至少应设十五处

东郊　二十四级

内一　二十二级

内六　十二级

第四区　设一百一十四级，至少应设三十处

南郊　二十四级

外一　十六级

外二　二十级

外三　二十二级

外四　十六级

外五　十六级

各区查勘校址时应就学校环境、教室多寡，规定级数（至少二级，至多八级），以平均分布为原则。[1]

与此同时，社会局在北平重新划分大、小两级学区，并由义务教育委员会组织各学区办事处主任、区署署长、小学校长、自治区分所所长等人员组成调查委员会，对区内寺庙等公共空间的办学条件、学童状况等情形进行了实地勘察，对短期小学建设进行布署。表3.7是1936年10月单独设立短期小学实际建设数目与1935年底计划分配数目的比较情况，从中可以看出，单独设立短期小学建设基本遵照计划进行，完成了预先设置的目标。

---

[1]　《时代教育季刊》1936年第1卷第1期。

表3.7　北平市单独设立短期小学计划与实际建成数目比较表

	第一学区	第二学区	第三学区	第四学区	总计
计划班数	60	68	58	114	300
实际班数	76	78	52	86	292
计划校数	15	17	15	30	77
实际校数	22	34	18	33	107

资料来源：《北平市统计览要》1936年第10期。

实际建设与计划情况的比较如下图3.9所示：

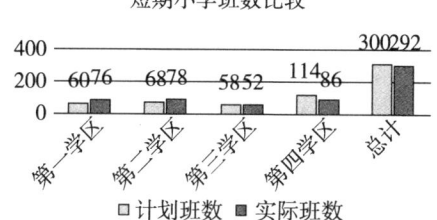

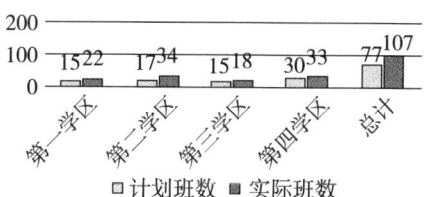

图3.9　短期小学计划与实际建设比较

[资料来源　短期小学的计划分配数目以级为统计单位，参见《时代教育季刊》1936年第1期。短期小学的实际建设以校为统计单位，数据来源参见《北平市公私立初等教育机关一览表》（1937）、《北京市市立简易小学调查表》（1936）等。本图的趋势比较以各校级数相同为前提假设，与实际情况可能有一些差异。]

另以分配计划中各行政分区计划分配级数作为背景，将1936年10月统计的单独设立短期小学建设成果落实在国民政府时期的北平市地图当中，可得到如图3.10所示的比较结果：

| 时代变革下的空间嬗变 |

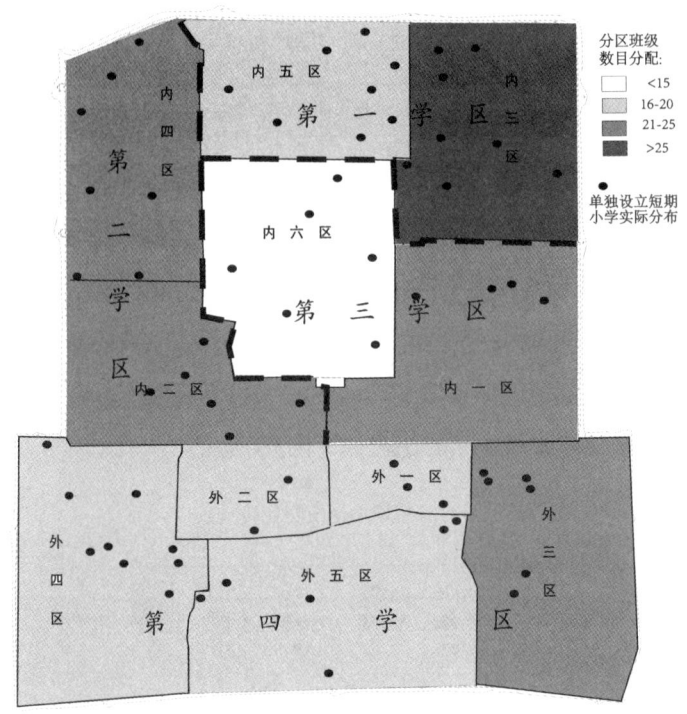

图3.10 北平市单独设立短期小学计划分配与实际建设比较图
（注：此处分配级数以学区为大的单元，以内部包含的行政区为小单元，图中仅体现了行政分区的分配情况。）

从图3.10中可看出，单独设立短期小学的实际分布基本符合计划中对各区的安排。图中颜色较深即学童需求量大的分区内短期小学数目也略多，但由于基数较小各区差异并不显著。内五区、外四区由于区域内寺庙等公共空间较多，短期小学实际建设数目超过计划要求。内一区原有学校分布密集，短期小学多以附设的方式设立，单独设立的学校数目较少，外一、外二两区的情况与此类似。按照分配计划中每校班级最少2级、最多8级的设定，各区内单独设立短期小学数目基本可以完成计划要求。

总结而言，短期小学设置在分区基础上依照"调查→计划→勘察→建设"的流程展开，其建设过程基本执行了事先基于教育需求制订的分配计划，同时受到区内实际情况的影响，总体来讲，短期小学在城市内的分布趋向均衡。至1937年12月，北平市共有短期小学199所，为义务教育的普及做出了重要贡献。[1]

（二）学区行政之效率

近代学区区划将北京城市空间划分为多个教育分区，以分级、分区、分工的方式配置教育管理机构并开展相关工作，教育行政效率大大提高。划分学区以前，京师督学局是北京城内唯一的教育行政机构，当时北京城内学校新旧混杂，以一机关之力推动教育改良面临着诸多困难。1906年《奏定劝学所章程》颁布后，学部首于西珠市口先贤祠设立京师劝学所一区，作为督学局的分支机构统筹全市划分学区及学务事宜，委派中书陈应忠担任总董。[2]学区划定后，督学局又委派师范生赴各区担任劝学员并筹设分区劝学所，于学区内择地设置办事处、宣讲所，挑选本地师范生、学堂总监及绅商人等担任分区学董，充分调动地方人力财力投入教育。伴随分区管理机构的设置，京城教育工作方法也得到显著改进。以1907年开展的私塾改良工作为例，学区划定后，私塾改良工作被细分为调查、劝导、研究、甄别、核定等不同环节，调查工作由分区警政机构负责，将有关情况造表上报所在学区；劝学员和学董根据调查情况对本区塾师进行劝导并组织改良；私塾经改良达到适当规模后由劝学所上报督学局核定并给予奖励。相关工作系统展开并取得了良好的效果，至1908年上半年，各学区共有改良私塾30余所，至宣统元年（1909）底经改良达到简易小学标准的私塾共计172所。[3]民国时期，教育局制度取代劝学所制度以后，以学区为基础管理教育的工作方法得到延续。1922年颁布的《教育局规程》中规定："全县市乡由教育

---

[1] 刘仲华：《北京教育史》，北京：人民出版社，2008年，第267页。此统计包含了郊外的简易学校。

[2] 《总理办学》，《大公报》1906年12月19日。

[3] 耿申：《教育经费两条线八旗学务有特权》，《现代教育报》2006年10月20日。

局酌划学区，每区设教育委员一人，受教育局长之指挥，办理本区教育事务。"[1]今日各行政区下设立分区教育委员会作为专管分区教育的行政机构，并在其内部进行系统的人员安排与职能分工，这种机构设置方式的发展可以说是学区行政前后相承的结果。

不同时期以学区为基础进行的教育管理机构设置如下表3.8所示：

表3.8　不同时期教育管理机构及人员安排概况

	清末	民国时期	现代
管理机构	督学局-劝学所-分区劝学所	京师学务委员办公处-分区学务委员办公处	北京市教育委员会-分区教育委员会-委员会分支处室
管理人员	督学局长（1人）-总董（1人）-劝学员、学董（每区多人）	教育局长（1人）-教育委员（每区1人）	完备复杂的人员安排与职能分工

除教育管理外，在近代北京城范围内，另以学区为单位组织教育研究及宣传活动。如在清末私塾改良中，各区劝学员定期约集学董及塾师赴劝学所商讨改良办法，于劝学所内举办区内观摩会，"陈列各学堂图画手工成绩并演示各种游戏音乐唱歌以资观摩"[2]。另择人烟稠密之公共空间设立宣讲所多处，派遣师范生进行宣讲。上述工作对于改良初期社会风气的开通产生了重要影响。民国年间，在学区基础上进一步发展出示范区、实验区、卫生教育区、社会教育区等各种教育组织形式，北京城内教育改革的方法可谓更加科学，改良工作的效率亦不断提高。

---

[1] 沈子善：《中国地方教育行政中之学区行政问题》，《教育杂志》1937年第1期。
[2] 《观摩大会》，《大公报》1907年1月28日；《纪观摩会》，《大公报》1907年2月5日。

第二节 论民国前期北京城的市政建设与近代转型之困局——以京都市政公所与北平市工务局主导的皇墙损毁为例[*]

贾长宝

同为民国时期的大都市,"新上海"与"老北京"的称谓对比,常引起人们的好奇。"近代上海"与"传统北京"之间有何差别？北京又在何时"脱离传统,走入近代"的？或者又如唐晓峰设问的那样,北京的近代性是什么？民国北京所谓的传统性是真正的传统性还是掺杂了传统的近代性？[1]史谦德很早就提醒人们注意民国北京历史时间的复杂重合性："作为一个人类和物质的实体,20世纪20年代的北京清晰地保留着过去,容纳着现在,并且孕育着众多可能的未来因素。"[2]帝制北京的最后十年,和辛亥革命后的二十年,是北京城在"新"与"旧"之间

---

[*] 本节的部分内容曾在《近代史研究》2016年2月第1期上发表(《民国前期北京皇城城墙拆毁研究(1915—1930)》,第45-68页),当时的插图《1927年9月24日前已拆、未拆之皇墙分段还原图》内容有误,此次予以修正。

[1] 对这些问题的回答与讨论,请参考澎湃新闻2016年7月3日的人物访谈《唐晓峰：近代北京城如何脱离传统》,整理后的文字发表于《东方早报·上海书评》(《唐晓峰谈近代北京城的变迁》,2016年7月3日,封面文章)。关于北京城"近代性"与"近代化"的题目,史明正的专著是最好的一部参考书。参见Shi Mingzheng. "Beijing Transforms: Urban Infrastructure, Public Works, and Social Change in the Chinese Capital,1900—1928", Ph.D Dissertation, New York:Columbia University, 1993. 该博士论文在1995年被翻译为中文发表,见史明正著,王业龙等译：《走向近代化的北京城——城市建设与社会变革》,北京：北京大学出版社,1995年。

[2] David Strand. *Rickshaw Beijing*: *City People and Politics in the 1920s*. University of California Press, 1933, p. xi.

纠缠的一段历史时期。民国前期北京最重要的"任务",便是从高度政治化的传统帝都向生活化的近代城市转型;但受财政资源的限制,这种转型直到20世纪20年代后期都未完成,史谦德所强调的北京外表形象的模糊性,正是这种"不平衡和不完全的转型"的产物。[1]

董玥认为,民国前期致力于"城市空间转型"的一系列市政工程,应该被视为北京"由传统向近现代转变"的研究起点:帝制时代,北京的空间组织既有象征意义,又发挥着重要的实际功能;但是,所有那些使北京成为宏伟"帝都"的特征和要素——巨大的城墙、城门、箭楼、瓮城,沿中轴线对称的布局,强化等级概念、巧妙设置的建筑群等,都成为市民化北京"运转起来"的障碍。因此,为适应新局面而成立的市政管理部门,即1914年创建的"京都市政公所"(与1928年继之成立的"北平市工务局"),不得不承担起重组北京城空间秩序的任务;由其主导开展的一系列自上而下的市政项目,揭开了北京城近现代化转变的序幕。[2]

在同时代的一些人看来,市政公所的工作取得了很大的成绩。1922年,一名曾数次到过北京的西方女作家称赞说:"拳乱之前,北京坑洼不平、未铺石子的街道上常常挤满了驴子、骡车和骆驼队,而今日平整的大马路代替了过去的一切。"[3]1923年,另一位旅行者写道:"如果十年前到过北京的人今日重访北京,他会感到自己到了一个完全不同的城市,他简直无法把北京与昔日那个破弊不堪的老城市连在一起。"[4]

---

[1] David Strand. *Rickshaw Beijing: City People and Politics in the 1920s.* University of California Press, 1933, p.7.

[2] Madeleine Yue Dong.*Republican Beijing: The City and Its Histories*, University of California Press, 2003, pp. 17-18, 22, 34.

[3] Juliet Bredon. *Peking. A Historical and Intimate Description of Its Chief Places of Interest.* Kelly & Walsh, Limited, 1922, p. 40. 关于Bredon庚子年间在北京的经历和对彼时城市风貌的描写,请参见她于1901年8月发表于*The Wide World Magazine*杂志的文章"A Lady in Besieged Peking",第45页。

[4] Chow Zian-yien. "Public Works in the City of Peking", *The Chinese Social and Political Science Review*, Vol. 6, No. 2 (1923), p.102.

的确，20世纪10至20年代，北京城开始改变落后的外观，尤其是外国游客常常与北京联系起来的"令人呕吐的臭味和不堪入目的街景"。其他变化还包括：开辟了公众活动空间；主要街道用柏油和碎石铺设；部分沟渠得到了重建；发展了商业区；电力的使用改善了生活；引进了适于饮用的自来水；并修建了铁路和电车交通网等。古都北京开始被慢慢改造成一个新型的近代大都市。[1]

但是，这些可被划归为"近代转型"的城市空间改造，是以大量破坏文物古迹为代价实现的。其中，明清皇城城墙（以下简称"皇墙"）——始建于明永乐十五年（1417），至乾隆二十五年（1760）共历3次增筑，总长约13公里[2]，清末时仍保存完好，至1930年底时却已不足1900米[3]——便是最直接的例子。皇墙被毁主要有两个原因与阶段，都由市政公所和工务局直接主导，称得上是市政工程最大的牺牲品。第一种破坏较有节制，主要发生在1924年前，其形式为在皇墙上有计划地开辟豁口，并对皇城城门予以改造以适应穿城交通线的需求；其动机是为便利交通，正如市政公所1915年宣布的那样，"皇城地处宫禁，前清时仅东、西华门及地安门三面许人通行，而东西辽远，城阙阻阂，殊感不便"[4]。第二种破坏则是毁灭性的，其起因是作为城市排水沟渠的大明濠重修工程缺乏经费，市政公所与后来的工务局都选择拆取皇墙砖瓦以获得建筑材料，该过程中还出现了严重的腐败寻租行为。史明正曾在对民国北京城的财政问题进行详细研究之后，认为市政公所与工务局虽有宏大的愿望，但无力筹措足够的资金，造成城市财政长期捉襟见肘，市政建设存在各式各样的困难，只有想尽办法进行"开

---

[1] 史明正：《走向近代化的北京城——城市建设与社会变革》，北京：北京大学出版社，1995年，第15页。

[2] （清）鄂尔泰等编，左步青校点：《国朝宫史》，北京：北京古籍出版社，1987年，第178页。

[3] 北京市文物局编：《文物工作使用手册》，北京：文物出版社，2005年，第518页。

[4] 京都市政公所编：《京都市政汇览》，第101页。

源"。[1]拆毁、继而倒卖皇墙，无疑是市政部门开源的方式之一。在后来发表的两篇关于民国北京市政建设的文章中，史明正甚至进一步提出，受财政资源的限制，北京城向近代化转变的过程是破坏性的、"没有发展的增长"。[2]总之，作为民国北京市政建设"困局"的直接案例，依据市政档案、报刊、政府公告等一手材料，对市政公所与工务局主导的皇墙损毁过程进行还原与考证，不失为一个讨论北京近代转型之"失衡"的绝佳视角。

一、市政公所主持的交通建设工程与皇墙的初步被毁

从民国成立到1914年以前，事实上承担北京城管理职能的是直接隶属于内务部的京师警察厅。除管理城市交通、维持秩序、征收捐税、执行人口普查、提供公共医疗之外，京师警察厅还附设有一个街道清洁队和一个公共工程建筑队；但人口增长与商业化所带来的城市发展，使得警察力量逐渐无法承担全部的市政管理责任。[3]1912年北洋政府定都北京之后，当局开始重视城市建设。1914年，作为内务总长的朱启钤（1871—1964）向袁世凯倡议，应该建立一个有别于中央政府的市政机构，以领导北京的公共工程[4]。同年6月，"作为北京城市历史上最重要的体制性变革之一"，京都市政公所在袁世凯的支持下正式成立，朱

---

[1] 史明正：《走向近代化的北京城——城市建设与社会变革》，北京：北京大学出版社，1995年，第39-50页。

[2] Shi Mingzheng. "From Imperial Gardens to Public Parks: The Transformation of Space in Early Twentieth Century Beijing", *Modern China* 24, No. 3 (1998), pp.219-254; "Rebuilding the Chinese Capital: Beijing in the Early Twentieth Century", *Urban History* 25, No. 1 (1998), pp. 60-81.

[3] 史明正：《走向近代化的北京城——城市建设与社会变革》，北京：北京大学出版社，1995年，第29页。

[4] 京都市政公所编：《京都市政汇览》，第25-26页。

启钤被指定兼任首任市政督办[1]。该机构主要负责城市的总体规划和基础设施建设,下设总务处置提调一职综理全所事务,分设文书、登记、捐务、庶务四科设主任办事各员,其附属机构包括工巡捐局、测绘专科、传染病医院、营造局、各公园事务所、工商改进会事务所和材料厂、工程队等[2]。

对于市政公所与后来工务局的创立和发展,史明正有过精辟的评价:"推动北京近代化变迁的主要动力之一是清末与民国初年形成的市政机构。北京市市政管理机构既是清末政治变革的结果和西方影响的产物,同时也是古城北京人口和商业发展的产物。20世纪初30年是北京市政机构诞生和发展的时期。直到20年代末,经过几个发展阶段之后,北京的市政体制才臻于成熟。"[3]尽管市政公所宣称的工作内容是"办理京都市政……有统辖全市执行市政之权"[4],但开办初期,"市政草创,设施极简",并不能大规模开展各项市政工程,只是集中地进行一些重点项目作为示范和成绩展示,"惟于开放旧京宫苑为公园游览之区,兴建道路,修整城垣等,不顾当时物议,毅然为之"[5]。

换言之,受经费限制,市政公所将施政初期的工作分成了两大类,一是公园开放运动,二是交通建设工程。前者的可操作性较强,进行得也比较顺利。1914年,朱启钤创议将社稷坛改建为中央公园;为了解决建园所需的资金问题,市政公所又于1915年6月设立"中央公园管理局",并成立公园董事会以吸纳社会捐款,并利用了从天安门两侧拆下的千步廊木料,最后"设园门于天安门之右,绮交脉注,绾毂四达",

---

[1] 京都市政公所编:《京都市政汇览》,第94页。
[2] 京都市政公所编:《京都市政汇览》,第1-5页。
[3] 史明正:《走向近代化的北京城——城市建设与社会变革》,北京:北京大学出版社,1995年,第26页。
[4] 《京都市政公所暂行编制》(1917年),载于蔡鸿源编《中华民国法规集成》第7册,合肥:黄山书社,1999年,第129-132页。
[5] 京都市政公所编:《京都市政汇览》,第53页。

并于1915年底正式向公众开放[1]；1916年，先农坛又以同样的手法被改为城南公园[2]。与阻力较小的公园开放运动相比，兴建道路的工作尽管非常重要[3]，开展起来则比较棘手，"海通以来，交通发展……民国肇兴，五路联络，轨迹交驰……旧制大城之外有月墙，环月墙东西为荷包巷……拥挤阻塞，于市政交通尤多窒碍"。[4]因为新建道路往往要穿越皇城，皇墙便成了主要障碍。

自金贞元元年（1153）起，在800余年的时间里先后有金、元、明、清四朝定都于北京，"其地承前启后，源远流长"[5]。元大都出现了三重城垣的基本格局，此后又经历明永乐年间重修紫禁城和明嘉清年间复修外城，使北京城形成了明确而完整的"凸"字形、四重城垣的结构，即外城、内城、皇城和宫城，一直延续到清代至民国。明清皇墙作为内城与皇城之间的分隔，奠基于元大都的萧墙，永乐十五年（1417）建皇城时将其完整保留下来[6]；不久后的宣德元年（1426）与宣德七年（1432），皇墙被局部增筑两次[7]；乾隆十九年至二十五年（1754—1760）重建长安左、右门，增筑两门外围墙，并在两端增设"东、西三

---

[1] 史明正：《走向近代化的北京城——城市建设与社会变革》，北京：北京大学出版社，1995年，第145-146页。

[2] 汤用彬等编：《旧都文物略》，第56-59页。

[3] 1914年下半年市政公所总支出为104650元，其中有39839元用于道路建设，占总额的38%；1914年至1918年间，市政公所共花费173000元进行道路的休整，约占全部公共工程拨款的60%。分别转引自王国华：《京都市政公所的机构及其工作》，《北京档案史料》1986年第4期，第88页；史明正：《走向近代化的北京城——城市建设与社会变革》，北京：北京大学出版社，1995年，第46页。

[4] 京都市政公所编：《京都市政汇览》，第95页。

[5] 引自侯仁之先生1995年10月为广安门北"蓟城纪念柱"题写的碑文《北京建城记》。参见朱祖希：《营国匠意：古都北京的规划建设及其文化渊源》，北京：中华书局，2007年，第31页。

[6] 孙承泽：《天府广记》，北京：北京古籍出版社，2001年，第51页。

[7] 转引自常欣：《明清皇城与紫禁城沿革举要》，《满族研究》2002年第2期，第66页。

座门"，使天安门南侧"拱卫"部分的皇墙长度略有增加[1]；此后直到民国初年，皇墙的位置再未发生变化：其北垣与今地安门东、西大街南侧平行，东垣在今东城区皇城根南街与东皇城根北街一线，即今皇城根遗址公园处，西垣在今西城区西皇城根南街与西皇城根北街一线，南端至灵境胡同东折至府右街，南垣在今东、西长安街北侧，即中南海、中山公园南墙及天安门东菖蒲河公园南墙所在的一线。[2]

但是，在乾隆朝以前的明清文献中，关于皇墙长度的记载却显得较为复杂、混乱。由于"皇城"和"紫禁城"的名称区分出现较晚，明代中前期志书如《洪武北平图经》《工部志》《北平府图志》等也大多亡佚[3]，因此直到万历十五年（1587）《大明会典》才首次出现了对皇墙长度的记载"周围长3325丈9尺4寸"（10643米）[4]，清早期典籍也大多沿袭这一数字。乾隆四年（1739）刊行的《明史·地理志》粗略记载"周十八里有奇"[5]（10368米与10944米之间）；乾隆二十五年

---

[1] （清）鄂尔泰等编，左步青校点：《国朝宫史》，北京：北京古籍出版社，1987年，第178页。又，"东、西三座门"的地位比较特殊：一方面，与西安门内的"内三座门"（明代棂星门）、"外三座门"（明代乾明门）以及东安门内的"东安里门"（旧东安门）明显不同，东、西三座门是皇城外城门，而且与大清门，长安左、右门同属皇城正门天安门的拱卫门；另一方面，其在制度、体量上又逊于另外7门。北京地方志编纂委员会：《北京志·文物卷·文物志》，第28-29页。
[2] 刘建斌、黎昊东：《皇城春秋》，北京：文物出版社，2013年，第21-22页。
[3] 《北京志·文物卷·文物志》，第28-29页。
[4] 万历《大明会典》第187卷，扬州：广陵书社，2007，第2页。又，明清1营造尺=0.32米，1里=180丈，1丈=10尺。民国前期仍然沿用了明清营造尺制度：民国四年（1915）1月7日，北洋政府公布《权度法》，其第二条明定营造尺库平制以及万国权度通制（即"米制"）并行，长度的基本单位为营造尺，等于0.32米。这种情形一直维持至北洋时期结束。民国十八年（1929）2月16日，国民政府正式颁布了《度量衡法》，其第二条："中华民国度量衡采用万国公制为标准制，并暂设辅制称曰市用制"。其第五条："市用制长度以米三分之一为市尺（简作尺）……"自此之后，1尺的长度变成了0.33米。本节关于长度单位的换算，正是参照了上述的度量衡沿革史，以下不再一一注明换算依据。参见丘光明：《中国历代度量衡考》，北京：科学出版社，1992年，第520-521页。
[5] 《明史》第40卷，北京：中华书局，1974年，第884页。

（1760）成书的《大清会典》记为"广袤3656丈5尺"（10741米）[1]。直至乾隆三十四年（1769）成书的官修《国朝宫史》，才首次详细记载了皇墙各部分长度：

> 皇城外围墙三千三百四丈三尺九寸（10574米），有天安、东安、西安、地安四门。又天安门外东、西、南三面围墙四百七十一丈三尺六寸（1508米）。正南曰大清门，东为长安左门，西为长安右门，重建于乾隆十九年至二十五年，工竣，又增筑长安左门外围墙一百五十丈（480米），长安右门外围墙一百六十七丈五尺一寸（536米）。各设三座门。[2]

由于是奉敕编纂，且成书时间之比整修竣工时间晚了9年，这些数据很可能直接取材于内务档案，记载翔实且可信度高；但是，自乾隆五十五年（1790）刊行的《大清一统志》以降，清代官修书籍并未千篇一律采纳《国朝宫史》的说法，而往往在照录《明史·地理志》"周十八里有奇"之句的同时，又在万历《明会典》（1587）"3225丈9尺4寸"、乾隆《大清会典》（1760）"3656丈5尺"与《国朝宫史》（1769）"3304丈3尺9寸"三种数据中择一抄录[3]。对此，以往的研究

---

[1] 《大清会典》第70卷，乾隆二十九年（1764）武英殿刻本，北京大学图书馆古籍部藏（典藏号SB/373.09174/0030），第3页。

[2] （清）鄂尔泰、张廷玉编：《国朝宫史》，北京：北京古籍出版社，1987年，第178页。

[3] 参见李燮平：《明清官修书籍中的皇城记载述异》，收录于《明代北京都城营建丛考》，北京：紫禁城出版社，2006年，第64–88页。

者已经有了诸多不同的解释[1]。由于乾隆二十五年（1760）之后直到清末，皇墙再未经历过任何增筑，且1916年前基本保存完好[2]，因此《国朝宫史》记载的皇墙各部分数据，应该就是皇墙在民国遭到破坏之前的长度；为确定这一点，现以民国初年的北京城测绘地图与《国朝宫史》的记载做一比较。1913年，内务部职方司测绘处在今北大医院院内设置大地原点，测绘了1∶8500比例尺、图幅规格为102.5厘米×94.7厘米的《实测北京内外城地图》；1916年，京都市政公所的测绘科又将该图改绘为1∶8000的彩色《京都市内外城地图》。[3]二图作为以科学方法绘制的现代地图，对民初皇墙及9座皇城外城门都有清晰的记录和呈现，现将其导入AutoCAD软件后，描出皇墙各段线条，再以其自带的比例尺

---

[1] 例如常欣认为，3225丈9尺4寸，"以'大明'六门为起止……宣宗朝拓展皇城以前的垣墙长度"，3656丈5尺是"以'大清'六门为起止的……宣宗朝拓展皇城以后的垣墙长度……没有包括后来增建的三座门垣长，反映的正是清初以来继承于明代的皇城外围长度"，3304丈3尺9寸是"（乾隆整修之后）以天安门为起止，历东安、西安、地安四门为周回的皇城长度"；而姚汉元则认为"三说可能是所用尺度不同，以宋、明、唐制折合：宋制1丈合3.3米，3225.94丈为10630米；明制一丈合3.2米，3304丈为10580米；唐制1丈合2.97米，3656.5丈为10840米，误差不大。若以1丈合2.91米计，则为10620米，更为接近"；李燮平通过折算、比较，认为"《国朝宫史》记载的皇城外围墙长度未包括狭于两长安门以内的天安门及其墩台两侧垣墙长度……（以其）减去两长安门内所狭天安门及两侧垣墙长度再与大清三门垣长相加，与《乾隆会典》的记载大体一致"，因此"比较清楚反映皇城各部尺度关系的著作实际只有《国朝宫史》一部；比较准确记录皇城外围总长的著作为《乾隆会典》"。相较之下，姚说最缺乏依据，不足采信。参见常欣：《明清皇城与紫禁城沿革举要》，《满族研究》2002年第2期，第66页；姚汉元：《北京古城垣周长及其所用尺度考》，《首都博物馆丛刊》1995年第10辑，第60—61页；李燮平：《明代北京都城营建丛考》，第80—81页。
[2] 1913年，袁世凯考虑到设在中南海的总统府没有院门，进出要穿过紫禁城，遂将南海的宝月楼改造为门楼，拆除楼前的皇墙，再新砌两堵八字墙，将宝月楼与两侧皇城墙自然连接在一起，并在宝月楼的底层新开大门，命名为"新华门"。但新华门工程并未使皇墙的长度变短多少，只能称是"改建"而很难算是"损毁"。曹子西：《北京史志文化备要》，北京：中国文史出版社，2008年，第271页；张培善：《老北京的记忆》，北京：社会科学文献出版社，2010年，第205页。
[3] 王均等：《近现代时期若干北京古旧地图研究与数字化处理》，《地理科学进展》2000年第19卷第11期，第89—90页。该文认为《京都市内外城地图》为京都市政公所测绘处1915年绘制，经查看原图得知有误，应为1916年。

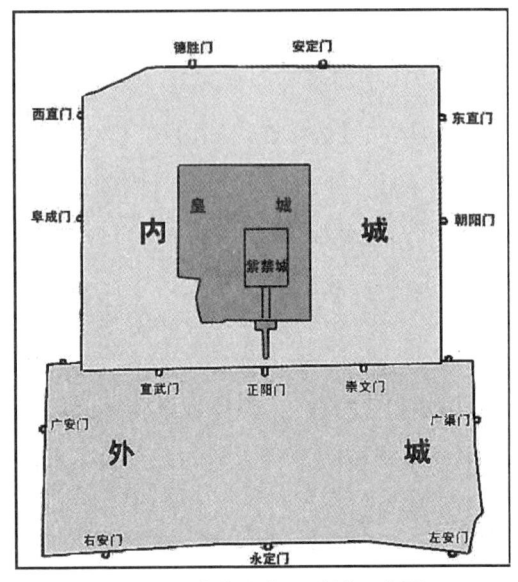

图3.11 清代北京四重城示意图
[资料来源 据侯仁之：《北京历史地图集》（北京：文津出版社，2013年，第90页）《清北京城（二）·乾隆十五年（1750）》图绘制。]

进行计算，得到了极为近似的结果[1]：皇墙东垣长约2709米，北垣长约2504米，西垣长约3311米，南垣（新华门两侧八字墙处取直，并计入凹进去的天安门及其两侧垣墙）长约2082米，则绕"皇城四门"的皇墙周长约为10606米，折约3314丈4尺，考虑到地图误差，与《国朝宫史》"皇城外围墙3304丈3尺9寸，有天安、东安、西安、地安四门"的记载极为接近，更证明了《国朝宫史》取材的真实。其后清代诸志记载的混乱，除去抄录、引用时不慎加选择之外，主要原因应该是对皇城"周长"的定义不同。因此，按照《国朝宫史》，民国初年时皇墙的总长度如下：天安门、地安门、东安门和西安门四门所在的四垣长为10574米，长安左、右门以及中华门所在的无底"凸"字部分（共七小段）长1508米，东、西三座门所在的部分（共四小段）长1016米，总计约13公里。

皇墙的高度尚不足6米，在形制上远不如内、外城墙与紫禁城城

---

[1] 中华民国二年（1913）内务部职方司测绘处制：《实测北京内外城地图》，原图藏日本京都大学图书馆（典藏号2121215）；内务部职方司测绘处制、中华民国五年（1916）京都市政公所测绘专科实测水平：《京都市内外城地图》，原图藏日本京都大学图书馆（典藏号2121221）。高清晰度数字版引用自京都大学人文科学研究所汉字情报研究中心的"中国近代地图数据库"：http://kanji.zinbun.kyoto-u.ac.jp/db-machine/imgsrv/maps/，2015年11月24日。

墙，其主要作用是将皇家属地与百姓居所予以划分，军事防御功能次之[1]；但因其围亘在城市的最中心地区，对交通造成的阻碍反而最大，比如如果某位市民想从鼓楼去趟前门，需要绕开皇城奔西四、西单，南出宣武门，再顺护城河往东至前门，路上要大半天的时间。庚子事变期间，西安门南边靠近惜薪司胡同的皇墙上被拆出了第一个豁口，动荡时期的清室无暇处理此事，导致了若干年里，住在西安门外的居民都由此豁口斜着进皇城，去往光明殿、西什库教堂和后门桥一带。[2]此外，在京都市政公所还未正式成立之前，管理部门已经在皇墙上开出了少量豁口，其中南垣的南池子、南长街豁口以及东垣的翠花胡同豁口辟于1912年；府右街豁口辟于1913年；北垣西的厂桥豁口辟于1914年[3]；为开通长安街，1912年12月，长安左门、右门的石门槛被拆除，1913年东、西三座门又被改建为红墙、黄琉璃瓦歇山顶的新式三孔券门[4]。

1915年，市政公所正式提出"皇城地处宫禁，前清时仅东、西华门及地安门三面许人通行，而东西辽远，城阙阻阂，殊感不便"[5]。同年，为打破皇城对北京城交通的禁锢，拆除中华门与天安门之间的千步廊，天安门广场的开放使东单到西单的长安街全部贯通，结束了五百多年来东西城之间绕行中华门前棋盘街的历史。[6]为使"居住地安门内外者，可由此两路直达前门，不必再绕行东、西安门"，市政公所仿东、西三座门的式样，将天安门两侧皇墙上的两处不规则缺口整修为红墙黄

---

[1] 皇墙墙体用明代大城砖砌就，内外墙面抹麻刀灰，刷涂为红色，墙顶上覆黄琉璃瓦，略带收分；墙高明制1丈8尺（5.76米），墙基厚6尺5寸（2.08米），墙顶厚5尺2寸（约1.66米），断面为梯字形。参见陈桥驿编：《中国都城辞典》，南昌：江西教育出版社，第898页。
[2] 邓云乡：《旧京散记》，南京：江苏文艺出版社，2006年，第117页。
[3] 北京地方志编纂委员会：《北京志·文物卷·文物志》，第339页。
[4] 北京地方志编纂委员会：《北京志·文物卷·文物志》，第27-28页。
[5] 京都市政公所编：《京都市政汇览》，第101页。
[6] 朱启钤：《一息斋记》，崔勇等选编：《营造论：暨朱启钤纪念文轩》，天津：天津大学出版社，2009年，第94页。

琉璃瓦木梳背式三孔券门,并打通南北池子大街、南北长街两条贯通南北的道路。[1]

1916年起,市政公所为改善交通,有计划地在皇墙上增辟了大量豁口(详见表3.9)。

表3.9 1916—1918年皇墙新开豁口(单位:米)

新辟豁口位置	高	宽	开辟日期
北箭亭	1.8	1.2	1916年3月
枣林豁子	2.6	3.2	1917年9月
东南池子三孔旋(券)门	3	5	1917年9月
南长街三孔旋(券)门	3	5	1917年10月
菖蒲河	2.5	3.2	1918年10月

资料来源:京都市政公所编:《京都市政汇览》,北京:京华印书局,1919年,第101-102页。

前期的皇墙豁口工程不仅比较节制,而且体现出对传统的尊重。以1919年祥顺木厂承包的"汉花园皇城豁子工程"为例,皇墙被豁开6丈4尺(约20.5米),中留马路3丈(9.6米),两旁人行道各预留9尺(约2.9米),最两侧各建8尺(约2.6米)宽的柱子,上覆琉璃瓦,呈现城门

---

[1] 京都市政公所编:《京都市政汇览》,第5页;北京地方志编纂委员会:《北京志·文物卷·文物志》,第28页。在此对常引起混淆的"南、北长街"与"南、北池子"称谓做一解释:据光绪年间成书的《京师坊巷志稿》载,清中前期,北京城内分别有两条南、北长街,称呼时加上城门方位以作别,且与"南、北池子"可以完全互称,即"东华门外南长街,俗称南池子""东华门外北长街,俗称北池子""西华门外南长街,俗称南池子""西华门外北长街,亦称北池子"。道咸以后,该叫法逐渐发生了变化,"南、北池子"开始专指东华门外的南、北长街,而"南、北长街"则专指西华门外的南、北长街。这一新叫法在民国期间被接受,除"文革"期间曾短暂易名外,一直沿用至今。参见(清)朱一新:《京师坊巷志稿》,北京:北京古籍出版社,1982年,第27、32、38、40页;《北京市东城区地名志》,北京:北京出版社,1992年,第205页。

的视觉效果。[1]1920年4月到9月,新开五龙亭、石板房、南锣鼓巷、大甜水等四处豁口也是采取类似的方案。[2]1923年后,由于时局动荡,市政公所的工作也开始变得混乱无序。10月,市政公所在三道桥和康家胡同之间再开豁口,其动机是应东方报社的要求,为其正对皇墙而建的办公用房提供交通上的便利;该工程完成后,皇墙东垣南段密集地出现了至少7个豁口,到了1924年4月,市政公所索性将东方报社豁口到大甜水井豁口中间残存的皇墙也拆除了。[3]

需要注意,市政公所在1924年前以"便利交通"为名进行的豁口开辟和城门改造,并未对皇墙造成致命的损毁。其主要原因为,这些工程大多经过科学的测量和路线设计,增辟的豁口在建筑形式上也表现出对传统的尊重。以朱启钤组织的两条"不穿越皇城"的有轨电车路线为例,从天桥向北,经过的内城城墙一律不开豁口,而是从半截开洞,其区别在于门洞上面的墙体还是连着的;电车进入内城之后,秉着"不把交通引进皇城内部"的指导思想,设计的线路是经过天安门的三座门以外,从东至北新桥,往西至西直门,即经东单、东四、西单、西四。这种做法既充分体现了保护皇墙的原则和技术措施,又使北京内城的交通状况得到了极大的改善,身兼内务总长与市政公所督办的朱启钤也因此得到了逊位清廷与民间舆论的大力赞赏[4]。令人吃惊的是,在改善交

---

[1] 《京都市政公所第四处稽核科修建汉花园皇城豁子工程丈尺做法清册及祥顺木厂承揽工程单》(1919年9月1日),北京市档案馆藏,北平市工务局档案,J017/001/00134。本节内容所引档案资料均藏于北京市档案馆,以下不再一一注明藏所。

[2] 《京都市政公所稽核科对五龙亭、石板房、南锣鼓巷、大甜水井等处开辟皇墙缺口工程的预估和验收做法》(1920年4月1日),北平市工务局档案,J017/001/00120。

[3] 《京都市政公所第三处关于三道桥和康家胡同中间开口工程致第四处的函及第四处稽核科折修东皇墙豁口工程丈尺做法和约需银数清册》(1923年11月1日),北平市工务局档案,J017/001/00194。

[4] 郑孝燮:《皇城的概念和皇城的保护》,《"面向2049年北京的文物保护及其现代化管理"学术论文集》,北京,2000年,第6页。朱启钤被一些北京城市史学者称为"北京城近代化的最关键人物",与他的继任者们相比,他任内的市政公所为北京城的近代转型做出了相当积极的贡献。参见史明正:《走向近代化的北京城——城市建设与社会变革》,北京:北京大学出版社,1995年,第37-38页。

通的初衷已经实现的情况下，内务部于1924年底仍然决定大规模拆毁皇墙，11月20日的《北京日报》报道了事件详情：

> 北京城墙重围大碍交通，当局现为整顿市政起见，除将正阳宣武两门之间开一新门外，并拟定将皇城垣东北西三面完全拆毁，以便京都市交通，益增便利……因此城垣耸立城之中心，往来迂绕，障碍交通，往年内务部决定将东西北三面完全拆去，仅留天安门一面……[1]

内务部下令"毅然赓续举办"的具体计划如下：

> （甲）工作：关于挖凿搬运等项，拟商由冯玉祥驻京军队抽调工兵担任；修理堆砌各事，则招工承包。
>
> （乙）经费：上项工作既大半由冯军担任，工资即省去不少，而所拆砖石等项并可变价，其余所需费用为数不多，筹措自不甚难。[2]

因此，完全拆毁东、北、西三面皇墙和在正阳、宣武门间开辟新城门的任务，大多数由冯玉祥驻北京部队抽调工兵完成；作为回报之一，当局将所开之新城门将命名为"和平门"，以表冯玉祥部队"班师北京主张和平之纪念"。并且，"至关于乙项变卖砖石，闻亦有某建筑公司愿意承受云"。[3]

这篇报道疑点颇多：第一，拆毁皇墙"以便京都市交通"的说法无疑只是个幌子。第二，拆下的城砖，果真是全部变卖给了某建筑公司，以得款充当工人工资了吗？经过考证，事实并非如此。

---

[1] 《皇城垣将赓续拆毁：北京交通之佳音》，《北京日报》1924年11月20日，第6版。
[2] 《皇城垣将赓续拆毁：北京交通之佳音》，《北京日报》1924年11月20日，第6版。
[3] 《皇城垣将赓续拆毁：北京交通之佳音》，《北京日报》1924年11月20日，第6版。

二、市政公所主持的大明濠重修工程与大规模拆取皇墙砖瓦

在《北京宫阙图说》中，早年毕业于北京大学、并赴柏林大学留学的朱偰（1907—1968）对市政部门拆毁皇墙的行为进行了尖刻的批评：

> 民国以来，官厅利皇城砖，逐渐拆除。肇建之初，以皇城宅中，不便交通，首先开通南北池子、南北长街；并开皇城东北角一门，曰北箭亭；西北角一门，曰厂桥；西南角一门，曰府右街。嗣后每以便利交通为名，拆除皇城，首拆东安门以北转而至地安门之墙，继拆地安门迤西至厂桥一段，又拆西安门南北城墙。及余二十四年夏重至北平，则东安门南一段，亦已拆除，城内河身填平，改筑驰道，人事变易，不禁有沧海桑田之感。今日所余皇城，仅南海经天安门至太平庙迤东矣！[1]

此处的"官厅"指的就是内务部领导下的京都市政公所。朱偰一针见血地指出：市政公所"每以便利交通为名"拆毁皇墙，真实动机则是"利皇城砖"；换言之，"改善交通"只是幌子，城砖的经济价值，才是市政公所将皇墙拆毁的根本原因。经查阅档案，市政公所从皇墙砖"获利"，始于1921年齐耀珊（1865—1954）任督办时，创议"拆东西皇城旧砖，代替铁筋混合土，用于大明濠沟工"。[2]

北京城的沟渠排污系统始建于元大都时期，于永乐年间得到了巨大的发展，可以被称为"当时世界上技术程度最高的水冲式排污工程"，

---

[1] 朱偰：《北京宫阙图说》，北京：北京古籍出版社，1990年，第4页。
[2] 《京都市政公所第三、四处关于报送兴修大明濠暗沟工程办法、计划等给督办的呈文图纸等》（1921年3月1日），北平市工务局档案，J017/001/00178。

并为清代和民国时期排污系统的修建提供了基础。[1]有清一代，紫禁城内的地下沟渠最为复杂精致，除将污水排入金水河之外，还承担着雨水排泄、防备水灾的作用[2]；满人居住的内城也有大规模的污水系统，地下沟渠与地上街巷走向平行，通过重力作用，汇入两条专门用来排放污水的明河里，即内城西面的"大明濠"与东面的"御河"；汉人居住的南城，则只有一条排污干渠"龙须沟"，从西北方流向东南方，流经外城大部分地区——一直到民国时期，三条明河都是北京城的排污干道，分别汇入护城河，再沿自然河道汇入大海。[3]

明清时期，被称为"官沟"的三条排污干渠受到国家的保护和监督，有专员负责巡视维修。但到了清朝末年，由于多年财政紧张，腐败盛行，管理不善和重视不够，这些排污沟渠已经处于极端恶劣的境地。[4]20世纪初期，北京城的街道状况被形容为"晴天沙深埋足，尘土铺面；阴雨污泥满道，臭气熏天"[5]。尘土、污泥多来自未加铺设的道路，臭气则来自街边露天的排水沟渠；相较之下后者对城市外观的影响更加明显。在该时期的外国游客笔下，北京常常与"令人呕吐的臭味"联系在一起。[6]如一位外国旅行者在1923年写道："10年前在北京待过的人应该仍然记得这座城市当初的情形……沟渠（的臭味）闻起来就像露天的下水道，公共卫生的概念还不为人知。"[7]

---

[1] 史明正：《走向近代化的北京城——城市建设与社会变革》，北京：北京大学出版社，1995年，第103页。

[2] 侯仁之：《历史地理学的理论与实践》，上海：上海人民出版社，1979年，第203页。

[3] 史明正：《走向近代化的北京城——城市建设与社会变革》，北京：北京大学出版社，1995年，第104-105页。

[4] 史明正：《走向近代化的北京城——城市建设与社会变革》，北京：北京大学出版社，1995年，第111-115页。

[5] 袁熹：《近代北京的市民生活》，北京：北京出版社，2000年，第48页。

[6] 史明正：《走向近代化的北京城——城市建设与社会变革》，北京：北京大学出版社，1995年，第15页。

[7] Chow Zian-yien, "Public Works in the City of Peking", *The Chinese Social and Political Science Review*, Vol. 6, No. 2 (1923), p.102.

鉴于这种情形，1916年9月，朱启钤下令市政公所"规划处"对北京市的沟渠进行全面调查[1]，历时7个月，终于制成了详细的沟渠分布图，并以统计资料说明只有10%的沟渠能够正常运转。[2]相较于前两年在开放公园、修建道路方面所取得的成绩，市政公所在沟渠修理、维护方面的工作无疑是落后了。1917年6月，北洋政府顾问、法国人普意雅向市政公所呈交《京都市应办重要工程意见书》，开篇云："近数年来道路行政屡经极力改良，故广衢之中，交通便利；电灯有专厂之设立，颇呈发达之象……欲求北京为设备完全之都城，则待办之各大市政工程可略举如左：一、确定自来水分量之支配……二、筑造沟渠，以排泄雨水浊流及城中一切秽物……"[3]1917年7月，又有人以巴黎大改造期间所建设的"大下水道"为参考，向市政公所"建议采用外洋最新都会之制，另造新式沟渠"[4]；但这工程的宏伟程度超出了市政公所的财力所限，只能对旧渠选择性进行整修。同年6月，朱启钤因为拥袁称帝失败而下野；但他所制定的京都市政公所每年拨7000元专款用于沟渠修理和建设的政策却延续了下来。[5]1918年2月，市政公所官员、毕业于日本东京高等工业学校土木科的唐在贤提出，"如欲通至全城沟道，必须先修各干道"，认为市政公所必须先对排污干道，即内外城之间的

---

[1] 曹聚仁：《悼念朱启钤老人》，《听涛室人物谭》，上海：上海人民出版社，1998年，第52页。
[2] 史明正：《走向近代化的北京城——城市建设与社会变革》，北京：北京大学出版社，1995年，第117页。
[3] 普意雅：《京都市应办重要工程意见书》，《市政通告》1917年第4期，第1-2页。普意雅（Georges Boullard，1862—1930），1898年受聘于清政府，来华测绘铁路沿线地图，后任平汉铁路总工程师直至1927年去职。普意雅娶广州知识女性朱德蓉为妻，对中国有很深的情感，作为北洋政府顾问，他在北京学界、政界交游广泛，有《水灾善后问题》《北京及其附近》《记石景山西峪寺》和《记上方山》等著述发表。参见彭福英：《国家图书馆藏普意雅先生著作考》，《国际汉学研究通讯》第2期，北京：中华书局，2011年，第203-212页；P. Pelliot, "Georges Bouillard", *T'oung Pao*, Second Series, Vol.27, No. 4/5 (1930), pp. 454-457.
[4] 《论京都市公沟之整理》，《市政通告》1917年第5期，第1-3页。
[5] 京都市政公所编：《京都市政汇览》，第549页。

护城河、内城的大明濠和外城的龙须沟进行翻修。[1]市政公所很快批准了这三项大型工程。其中，护城河工程始于1915年4月，竣工于1917年12月，由市政公所自己的建筑队进行施工，耗资54678元，全部由市政公所支付。龙须沟工程由于缺乏资金，市政公所只对北段进行了简单修理，耗资72000元，其南段直到20世纪50年代仍处于不能正常运行的状态。[2]真正棘手的工程是大明濠的改造。大明濠南北贯穿人口密集的内城西部，多年来遭受的生活垃圾倾倒、砖石偷窃等人为破坏也最严重，除散发有毒气体外，还对过路行人和车辆构成威胁；因此，市政公所决定将其改造为地下污水沟。整个工程预计耗资至少15万元，内务部承诺分担三分之二的工程费用，其他由市政公所自筹。最初拟定由市政公所建筑队负责施工，后来很快改为向民间公司招标[3]——北京皇墙的彻底损毁，即与该工程密切相关。

1919年起，市政公所开始派员调查修补大明濠的办法并讨论招商事宜[4]，在同年公布的上游工程投标规则中，规定以铁筋混合土和洋灰作为主要施工材料，将大明濠改造为地下污水沟[5]；1920年市政公所修补石碑胡同至象坊桥沟的一段大明濠时，依然未见拆皇墙取砖之论。[6]但是，到了1921年3月，市政公所在公布的大明濠南段招标规则中，却首次提出"该段需用旧城砖……由灰厂至西华门及御河桥至东华门两段皇

---

[1] 唐在贤：《京都市政计划书》，《市政通告》1918年第10期，第14-15页。
[2] 转引自史明正：《走向近代化的北京城——城市建设与社会变革》，北京：北京大学出版社，1995年，第121-122页。
[3] 史明正：《走向近代化的北京城——城市建设与社会变革》，北京：北京大学出版社，1995年，第121页。
[4] 《京都市政公所第三处抄送派员调查修补大明濠沟办法的呈和致第四处的函（附原呈文）》（1919年10月1日—1919年10月31日），北平市工务局档案，J017/001/00081。
[5] 《京都市政公所招商投标修建大明濠上游洋灰暗沟工程做法及招商投标规则》（1919年12月31日），北平市工务局档案，J017/001/00085。
[6] 《京都市政公所第三处关于预估修理大明濠石碑胡同至象坊桥沟帮等工程经核相符请备料兴修给四处的函及工程需银元数目清册等》（1920年5月1日—1920年8月31日），北平市工务局档案，J017/001/00111。

墙拆用，并归包揽大明濠暗沟厂商自行拆用及拉运"[1]。同一份档案还记载了市政公所此议的直接动机，即降低工价以吸引承包商投标（每丈工价节省约50元）。该规则制定后，由协成公司中标，包办将大明濠南段改造为暗沟的工程，市政公所在工程揽单上明确订明"请自行拆用东西皇墙旧砖"。1921年6月2日开工，协成公司先拆西面皇墙。之后"因该墙一带住户与墙相连，请求留用"，又于同年10月申请拆东面御河桥起的皇墙，获得批准，很快拆卸完毕。同年年底，由皇墙砖为材料修整的大明濠象坊桥至辟才胡同西口段施工完毕，共修成656丈9尺（2102米）[2]。对于"南自象坊桥城根，北至西直门横桥，长约1670丈（约5344米）"的大明濠而言，市政公所只完成了改建规划中的第一段，尚不足总长的五分之二[3]——但到了1922年初，市政公所却收到了"禁拆皇城垣"的命令，而完全依赖皇墙砖的大明濠工程也随之中断了将近两年，直至1923年10月，市政公所继续拆卸东华门附近剩余的皇墙用于大明濠锦什坊街段的马路和暗沟整修，该段工程到1924年6月完工。[4]下令保护皇墙的人，便是1921年12月18日起代理国务总理，1922年6月12日起正式任国务总理的颜惠庆[5]。作为深受基督教影响的留美外交学

---

[1] 《京都市政公所第三、四处关于报送兴修大明濠暗沟工程办法、计划等给督办的呈文图纸等》，J017/001/00178。

[2] 《国务院关于派专员前往查办拆卖京师皇城事件的咨函及查办京师拆卖城垣办事处的来函以及京都市政公所报送的拆卖皇城有关文卷的函》（1927年8月1日—1927年9月30日），北平市工务局档案，J017/001/00261。

[3] 《函内务部为继续接修大明濠工程请将宽街迤西皇墙砖料拨归备用由》，《市政季刊》1925年第1卷第1期，第46页。

[4] 《京都市政公所关于拆卸东华门皇墙工程的分晰及第三处关于预估修筑大明濠锦什坊街等处马路工程和暗沟致第四处的函》（1923年10月1日—1924年6月30日），北平市工务局档案，J017/001/00191。

[5] 上海市档案馆译：《颜惠庆日记》第2卷（1921—1936），北京：中国档案出版社，1995年，第100页。

者，颜惠庆对北京的文物古迹具有极大的兴趣[1]，同时又与朱启钤交往密切[2]，虽无实权，也在第一次组阁期间短期阻止了皇墙的被拆。1924年9月16日，颜惠庆再次组阁，10月23日冯玉祥发动"北京政变"，导致颜阁于10月31日解散[3]。在短暂的两个月总理兼内务总长任期内，颜惠庆又否决了一次"将皇城垣东北西三面完全拆毁"的建议；11月20日，控制北京局势的冯玉祥出动军队，由内务部下令，"赓续拆毁皇城垣"，当日的《北京日报》详细记录了此事的来龙去脉：

> ……原皇城垣在内城垣之内……耸立城之中心，往来迂绕，障碍交通，往年内务部决定将东西北三面完全拆去，仅留天安门一面，比即招工着手进行，东安门南部及西安门南部，已各拆去一段；及徐世昌任总统，因受清室谕旨即令内务部停工。本年颜惠庆以国务总理兼长内务部时，复有人请其赓续进行此事。颜谓"此系数百年古物，亟宜保存，不可毁去"，因以停顿。[4]

报道中所称的"往年"指1917年，朱启钤离职之后；"本年"则专指1924年9月至10月颜惠庆第二次组阁期间。巧合的是，1924年4月，喜仁龙所著《北京的城墙和城门》在巴黎出版，作者在自序中说"如果我能引起人们对北京城墙和城门这些历史古迹的兴趣……就感到自己对中

---

[1] 仅1921年的日记中，就有几十处邀请陪伴妻儿、同事、朋友等前往考察、参观文物古迹的记录，包括故宫、团城、香山、碧云寺、卧佛寺、雍和宫、白云观、景山、隆福寺、东岳庙、五福寺、普照寺等。需要注意的是，颜惠庆对古迹的喜爱却并非因为佛教，他于1925年购海淀正觉寺为私人别墅，拆去佛像、资遣喇嘛，再进行改造装修；他在日记中不止一处表达自己对"宫殿美景""文物荟萃"的倾心与推崇。参见《颜惠庆日记》第2卷（1921—1936），第25-26、61、63、78、106、111、175、206-207页。
[2] 《颜惠庆日记》第2卷（1921—1936），第16页。
[3] 《颜惠庆日记》第2卷（1921—1936），第173-174、184页。
[4] 《皇城垣将赓续拆毁：北京交通之佳音》，《北京日报》1924年11月20日，第6版。

国这座伟大的都城尽了一点责任"[1]。从这个意义上来说，颜惠庆可谓是喜龙仁的"知音"了！但充满讽刺意味的是，在喜龙仁呼吁关注北京城墙保护问题之后仅仅半年，因为得到了冯玉祥的支持，内务部与市政公所拆取皇墙砖瓦以用于市政建设的计划得到了继续。[2]

1925年初，北京市民高女士不慎坠入倒塌失修的大明濠内，成为继回民沈九跌死濠中之后的又一名受害者，经媒体报道后引发社会关注。[3]借此时机，市政公所向内务部去函，要求拆卸宽街迤西至西安门一带尚存的皇墙，并给出了充足的理由：

>　　……本公所成立后，即经测量、规划，拟就原有（大明濠）沟道改砌砖筑暗沟，上铺石渣马路，期于交通、卫生两有裨益；奈以工程款过巨，议究未行。至民国十年，始决拆皇墙城砖，分

---

[1] [瑞典]奥斯伍尔德·喜仁龙著，许永全译：《北京的城墙和城门》，北京：北京燕山出版社，1985年，第2—3页。但事实上，Osvald Sirén自己认可的中文名为"喜龙仁"，这在民国内政部档案以及胡适、鲁迅、杨周翰、黄宾虹、杨联陞和张大千等人的日记与书信中有着清晰的记录。"奥斯伍尔德·喜仁龙"的译名不仅将"龙""仁"二字倒置，而且犯了类似于将"伯希和"（Paul Pelloit）画蛇添足地译为"保罗·伯希和"的错误。参见叶公平：《为何应是"喜龙仁"？》，《文汇学人》，2019年2月22日。

[2] 作为鼓励打破传统，提倡毁庙兴学的"基督将军"，冯玉祥在其驻军、任职的中国各地，都留下了大量拆除城墙的记录：如1921年在西安，拆秦王府城内墙包砖修建督军府；1927年全1930年间主政河南，在新乡留下了"五月里，是端阳，西安来了冯玉祥。拆庙宇，盖学堂，砖不够，拆城墙，半截砖砌在马路上"的童谣，在郑州"拆除旧城墙，疏浚贾鲁河""拆城墙便利交通"，在长葛"捣毁钟鼓楼"等。参见新乡市妇联：《冯玉祥和李德全在新乡》，政协新乡市学习和文史资料委员会编：《新乡文史资料选编》（下·人物卷），1991年，第70页；政协郑州市二七区委员会编：《二七辞典》，郑州：河南人民出版社，2011年，第517页；李荣家：《冯玉祥二次主豫时在郑州的新政和建设》，政协郑州市二七区委员会宣教文卫体史委编：《二七区文史资料》第2辑，2006年，第12页；陈效孔：《冯玉祥三进郑州之见闻》，《二七区文史资料》第2辑，第25页；刘水林等主编：《长葛市志：1986—2000》，郑州：中州古籍出版社，1992年，第720页。

[3] 《京师警察厅内右二区区署关于救护坠入大明濠内高姑娘情形的呈报》（1925年1月1日），北平市警察局档案，J181/018/17520；《京师警察厅内右四区区署关于回民沈九跌落大明濠内移时气闭身死的详报》（1923年8月1日），北平市警察局档案，J181/018/06483。

期举办。第一次工程……于十一年十二月竣工，拟继续往北修筑，适皇城城砖因故停拆，京都市政奉令结束，遂又搁置。兹查上游各段土帮日益倒塌，不但秽气熏蒸，行人掩鼻，且车马往来亦殊危险。本公所对于市政兴革，现正积极筹办，此项要工自属责无旁贷。惟所余该沟工程尚有一千零二十丈，需用大砖不下百万，殊非现在财力所能担负；而改用他种砖料，亦嫌彼此两歧，未易衔接。[1]

市政公所在该份公函中提及"适皇城城砖因故停拆，京都市政奉令结束"，指的便是1922年底颜惠庆上任后停拆皇墙，从而导致大明濠工程只完成了不足五分之二便半途搁置。在此基础上，市政公所表示说，剩下的1020丈（3264米）暗沟改建事关民生，势在必行，如果内务部现在能将未拆的这段皇墙拨用，则可"早观厥成"。此时，颜惠庆曾下令的"亟宜保存，不可毁去"早已失去了效力；而另一支在此事上反对内务部的重要力量，亦即曾于1918年联名徐世昌要求"内务部停工（拆毁皇城垣）"的逊位清室，也已被冯玉祥驱逐出了紫禁城。但是，在北京城内仍然存在着试图保护皇墙的有识之士：几乎与京都市政公所同时，西什库教堂年轻的法国主教林懋德致信内务部：

敝教堂自前清康熙间建于西安门内蚕池口，光绪十二年慈禧太后因扩充禁苑，准敝教会迁移于西什库，嗣经北洋大臣李鸿章奏发营造费二十五万两，命定基址，和协邦交。惟教堂之西面皇墙一节，查清廷与驻京各国公使往返照会及条约载"有毗连之皇城墙，彼此当始终保护，不得互有损坏"等语，今贵部为利便交通起见，拟将皇城拆毁，而敝会为此愿出价购领，以昭大公，至

---

[1]《函内务部为继续接修大明濠工程请将宽街迤西皇墙砖料拨归备用由》，《市政季刊》1925年第1卷第1期，第46页。

其价值，望逾格从轻，得易于成交，恳请迅赐批示。[1]

林懋德很清楚内务部拆毁皇墙并非为"便利交通"，而是出于经济目的，因此提出要买下西什库西面的皇墙，"以昭大公"；为引起重视，甚至找出了照会条约所载的、中方要求保护皇墙的规定。内务部将该函转寄市政公所，说西什库教堂要买的"西安门迤北自养病院至仁寿堂一带皇墙"，恰好在市政公所提出要拆卸的"宽街迤西至西安门一带皇墙"的范围之内，所以应该由市政公所做决定，并为教堂方面提供回复。[2]市政公所不愿自作主张，遂向外交部求助，提出"事关条约，无案可稽，请查照见复"。外交部的回函中对西什库教堂的态度非常强硬，说光绪十三年（1887）的中法交涉中虽有"教士总不能靠皇城墙盖房，至少须离墙四十尺，种树须二十尺之语"，但是"当时系为郑重宫禁起见，此外并无其他照会；现在市政计划皇墙既须拆卸，情形自不相同"[3]。

林懋德企图利用清政府所拟对中方有利的条文，来保护皇墙；而外交部却表示"中方不曾提出过'皇墙不可拆卸'的条文"，从而驳斥了他的动机与依据。市政公所将此函转呈内务部，表示"皇墙现拟全部陆续拆卸，以便拓展马路。西安门迤北自养病院至仁寿堂一代皇墙既经外交部查明并无照会条约关系，自可一律拆卸。该主教所请备价购领一

---

[1] 《内务部函为西什库教堂愿出价购领西安门迤北皇墙请查核见复由》，《市政季刊》1925年第1卷第1期，第43页。林懋德（René-Désiré-Romain Boisguérin，1901—1998），1920年加入巴黎外方传教会并来北京传教，1951年以"反革命罪"被捕，服刑2年后被驱逐出境。参见《川南区宜宾专署接受人民要求，逮捕法国间谍林懋德，该犯利用天主教进行反革命活动》，北京《人民日报》1951年4月26日，第3版；以及天主教会网站上林懋德的纪念页面：http://www.catholic-hierarchy.org/bishop/bboisg.html，2015年11月24日。

[2] 《内务部函为西什库教堂愿出价购领西安门迤北皇墙请查核见复由》，《市政季刊》1925年第1卷第1期，第43页。

[3] 《外交部函为覆西什库天主堂购领皇墙并无其他照会请查照定章办理由》，《市政季刊》1925年第1卷第1期，第44页。

节，与本公所市政计划有碍，未便准予照办"[1]，并继续要求该段皇墙的拆卸权。

内务部在拒绝了西什库教堂之后，却又向市政公所回函表示"事关公用，本该照办"，不过该段皇墙的用途早已由内务部决定在案：沿墙琉璃瓦要用来修坛庙，宽街西侧需预留60丈（192米）以修贡院暗沟，剩下的1029丈7尺（3295米）则决定招商承领拆卸，应得61700元"以归部用"；所以市政公所修濠需要，也必须出一部分钱，"俾期两益之处"。市政公所表示愿出30000元，又上年内务部曾向市政公所借款5000元，因此愿在归还借据的同时支付25000元支票，并承担贡院暗沟工程，获内务部同意，得到了宽街至西安门这一段的皇墙拆卸权。[2]

此例一开，1926年5月，市政公所自己的工程队又开始拆用西安门以北至夹仓道的一段皇墙，用于大明濠中段暗沟的改造工程，修成376丈（1203米）；1927年5月接着拆卸东北拐角向东的一段皇城，用于大明濠第三段暗沟，共修成70丈（224米），至礼路胡同西口外。据1929年9月的统计，已运到大明濠工地的城砖还能满足约200丈（640米）长的工程用砖需求。[3]

北京皇城城墙遭受破坏最严重的一个时期，便是从1921年6月起到1927年6月的6年。这段时间作为北洋政府执掌北京的末期，政局动荡，奉系、段祺瑞残余势力、冯玉祥等先后入主北京，给了皇城城墙最不利的社会文化环境。而财政上的极端困难，使市政公所产生了朱偰所说

---

[1] 《函内务部为西什库教堂所请备价购领皇墙一节未便准予照办函复查照转》，《市政季刊》1925第1卷第1期，第45页。

[2] 《内务部函为拆用宽街迤西一带皇墙砖请酌拨价款相应检图查照见复由》，《函内务部为酌定未拆各段皇墙价款请查酌见复由》，《内务部函为未拆皇城墙砖价款派会计科瞿科长前往接洽由》，《函内务部为皇墙价款业经如数拨交函覆查照由》，《市政季刊》1925年第1卷第1期，第46-48页。

[3] 《国务院关于派专员前往查办拆卖京师皇城事件的咨函及查办京师拆卖城垣办事处的来函以及京都市政公所报送的拆卖皇城有关文卷的函》，北平市工务局档案，J017/001/00261。

"利皇城砖"的动机,即以便利交通的名义,将皇墙损毁,取砖用于市政建设[1]。代表"进步力量"的冯玉祥和市政公所力主拆毁皇墙,而被视为守旧派的逊位清室、徐世昌、颜惠庆等人力主保护皇墙,这种充满讽刺意味的强烈反差,不禁使人联想起唐晓峰一针见血的评论:

> 北洋时期,上层政治集团很混杂,北洋军阀里有王朝旧官,有草莽英雄,也有留洋人士。这个混合体没有成型的文化,权力集团的规模也比清朝的旗人贵族小多了。这些军阀所看重的利益是在整个国家层面上,作为城市的北京怎么发展对他们来说没那么重要,所以这些军阀不像原来的皇室,对北京城进行严密的控制……[2]

需要指出的是,除大明濠工程用砖之外,内务部和市政公所还借机将卸下的城砖和琉璃瓦大量拨用、倒卖。例如,上文提到,1921年6月至10月间,协成公司奉令拆除"灰厂至西华门及御河桥至东华门两段皇墙",但是,拆下的城砖却并未全部用于大明濠暗沟工程,"有用作他工程者,有各自请拨者,有卖出者,有标卖者,计得砖价洋四千三百八十九元四角二分"。不仅如此,内务部和市政公所还经常按

---

[1] 自成立之日起,市政公所的收入就分为两部分:一是中央政府(主要为内务部)的拨款,二是北京市的税收,其中前者仅占全部收入的10%左右。经市政官员的申请,中央可以为特别工程另外拨款,但这种拨款数额往往有限,市政公所不得不从民间渠道筹措相应的资金。1914—1915年间从社稷坛到中央公园的改建工程就是一个例子:内务部以财政紧张为由拒绝了朱启钤的拨款请求,作为对策,朱启钤成立中央公园管理局董事会,号召徐世昌、黎元洪等社会名流带头捐款,最终筹到了4万元经费。到了后期,街道铺设和沟渠修理占用城市财政的绝大部分,在工程拨款不足的情况下,市政公所必须设法自筹。以1925年为例,京都市政公所年总收入为788517元,其中商业税收610646元,占77.4%;内务部拨款90250元,占11.4%,铺设街道专用拨款13452,占1.7%;利息10725,占1.3%;剩下的8.2%则来自"地契和转让费""城市土地出售""其他收入"等诸多名目。参见史明正《走向近代化的北京城——城市建设与社会变革》,北京:北京大学出版社,1995年,第39、46、145—146页。
[2] 《唐晓峰谈近代北京城的变迁》,《东方早报·上海书评》2016年7月3日。

长度计价将整段皇墙出售，由购买者自行拆墙取砖。除上举内务部和市政公所之间关于宽街以西一段皇墙讨价还价的例子外，市政公所还分别于1927年1月31日、2月10日同荣昶木厂、合盛木厂签订合同，规定：地安门西至什刹海西河沿的一段皇墙由荣昶木厂领购承拆，该段总长为172丈9尺6寸（约554.5米），除去北海后门外已存在的一处宽23丈4尺（约74.9米）的豁口，剩下的部分长约480米，约售价12150元，折合每米约25.3元，或每尺8.1元；地安门以东至皇城东北角一段皇墙由合盛木厂领购拆除，总长272丈7尺（约872.6米），除去其中已被内务部拆通的一处"北墙头"外，净长度为271丈2尺（约868米），售价21967元，折合每米也是25.3元，与荣昶木厂所拆皇墙的单价完全相同。两段皇墙加起来长接近1430米，超过整个皇城北垣的一半，市政公所以修建大明濠的名义低价从内务部购得，又以34117多元的价格倒卖给木厂以牟利。[1]

市政公所公然拆卖皇墙的举动引发了北京各界的严重不满，"人言啧啧"；1927年8月，国务院总理潘复（1883—1936）为"保存古迹"，维护"政体、刑律"，下令找出"拆卖城垣"的责任人加以法办，市政公所成为接受调查的对象后[2]，其对北京皇墙的损毁才有所遏止。至此，皇墙遭受损毁的程度究竟如何呢？据档案记载，1927年9月，国务院委派专员马铸源、刘学谦、孙敬等，与市政公所工程处的技术员周大经、科员刘基淼，带领夫役将未拆、已拆各段皇墙分段进行了丈量。现参考其结果制成表3.10与图3.12如下：

---

[1] 《荣昶木厂、合盛木厂承拆地安门东西皇城墙和补种此段树木等事项的呈、具结和京都市政公所工程处的批示以及与内左三区、电灯公司电话总局的来往函》（1927年1月1日—1927年8月31日），北平市警察局档案，J181/018/00239。
[2] 《国务院关于派专员前往查办拆卖京师皇城事件的咨函及查办京师拆卖城垣办事处的来函以及京都市政公所报送的拆卖皇城有关文卷的函》，北平市工务局档案，J017/001/00261。

表3.10　1927年9月24日前已拆、未拆皇墙分段测量结果及结合GIS测得距离之计算

方位	测量序号	测量时使用地理坐标	今日地理坐标	GIS软件测得距离	未拆长度	已拆长度	存废状况
北面	①	由皇城西北角迤东至西压桥	西起西皇城根北街北口，东至北海公园北门西侧	1260米	3507.5尺（1122.4米）		已拆11%
	②	由西压桥至地安门西墙	西起北海公园北门西侧，东至地安门内大街西侧	400米		1729.5尺（553.4米）	全部拆除
	③	由地安门东墙至皇城东北角宽街	西起地安门内大街东侧，东至东皇城根北街北口	841米		2727尺（872.6米）	全部拆除
东面	④	由东安门北墙至皇城东北角	南起东安门大街与东皇城根北街交叉口，北至东皇城根北街北口	2010米		6563尺（2100米）	全部拆除
	⑤	由大甜水井至东安门南墙	南起大甜水井胡同，北至东安门大街南侧	340米		1112.5尺（356米）	全部拆除
	⑥	由堂子北墙至大甜水井	南起贵宾楼饭店停车场，北至大甜水井胡同	310米		998尺（319.4米）	全部拆除
	⑦	由皇城东南角至堂子北墙	南起东长安街，北至贵宾楼饭店停车场	100米	314.5尺（100.6米）		"新补"
西面	⑧	由灰厂至皇城西南角	东起灵境胡同与府右街交叉口，西至西皇城根南街	330米		1074尺（343.7米）	全部拆除
	⑨	由皇城西南角至西安门南墙	南起西皇城根南街南口，北至西安门大街南侧	864米		2834尺（906.9米）	全部拆除
	⑩	由西安门北墙至皇城西北角	南起西安门大街北侧，北至西皇城根北街北口	1120米		3662.5尺（1172米）	全部拆除

资料来源：据档案《国务院关于派专员前往查办拆卖京师皇城事件的咨函及查办京师拆卖城垣办事处的来函以及京都市政公所报送的拆卖皇城有关文卷的函》（北京市档案馆藏，北平市工务局档案，J017/001/00261）整理。

| 时代变革下的空间嬗变 |

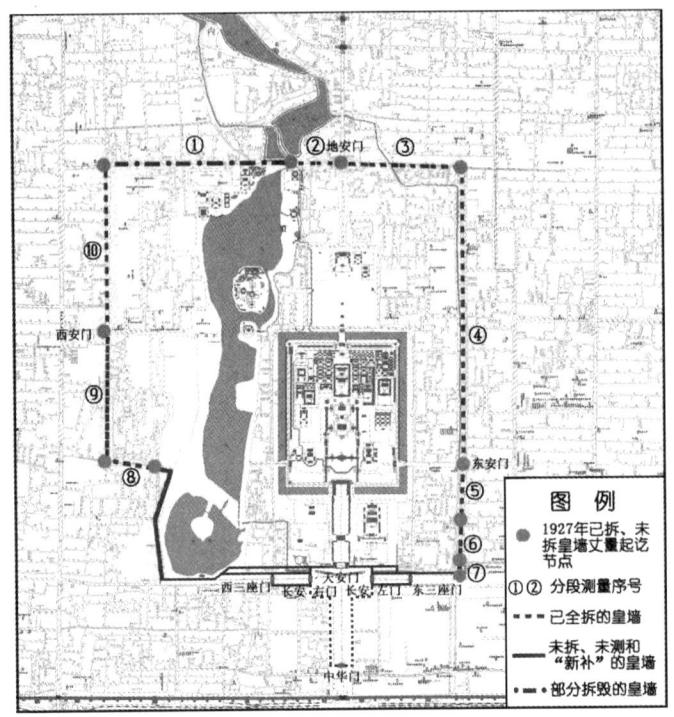

图3.12　1927年9月24日前已拆、未拆之皇墙分段还原图
[资料来源　据档案《国务院关于派专员前往查办拆卖京师皇城事件的咨函及查办京师拆卖城垣办处的来函以及京都市政公所报送的拆卖皇城有关文卷的函》（北京市档案馆藏，北平市工务局档案，J017/001/00261）整理。]

　　将当日分段测量的起讫节点，转换为今日的地理坐标，再以GIS软件测得各点之间的实际距离，将两组数据进行比较后，可以对1927年9月前皇墙的损毁程度有很清楚的还原。值得注意的是，第②、③、⑤、⑥、⑧、⑨、⑩段都出现了实测已拆皇墙长度略大于GIS软件测得长度的情况。造成这种现象的原因有两个：第一，GIS软件所测的数值为两点之间的最短距离，而皇墙的走向并非一条理想的直线，而且在某些地点还存在两重皇墙的情况，因此要比直线距离长一些。第二，当日分段测量的工具是软皮尺，"丈量时因皮卷尺之新旧伸拉之紧松等关系，不免误差之处"。比如，1927年1月至2月，市政公所卖给荣昶木厂和合盛木厂的两段皇墙，在拆毁前测得的长度分别为480米和868米；9月份再次丈量时两段皇墙均已被拆，测得的数值分别为482.4米（差7尺5寸，即2.4米）与866.5米（差4尺6寸，即1.5米）。[1]总之，如图3.12所示，除皇城西南角的灰厂（今日之府右街南段）所夹、西北角至西压桥（①段）及东南角至堂子北墙（⑦段）[2]尚有部分皇墙残存外，皇城的东、北、西三面城垣已经被损毁殆尽；如果将1915年毁去的千步廊与棋盘街也计算在内[3]，拆除的总长度远超8公里。

北京皇城城墙经历了6年（1921—1927）的大规模损毁之后，残存长度仅剩不足3公里，终于引起了最高当局的介入。1927年6月18日，张作霖在中南海怀仁堂就任大元帅，成为北洋政府最后一任统治者，行使民国大总统职权，并令潘复组织军政府内阁；8月3日，上任仅仅一个多月的军政府总理潘复，向内务总长兼任京都市政公所督办沈瑞麟（1874—1945）发出咨文：

> 查京师内外城垣规模宏壮，为中外观瞻所系属，应由地方官厅切实保护，以存古迹。往年为便利交通起见，曾开数处豁口，均经郑重审议，方始兴工。乃近时内外墙垣拆毁多处，泥灰瓦砾狼藉遍地，见者刺目，行者避途。既非交通所必需，何以任意毁坏，毫不顾惜？颇闻经营各机关当事人员，竟有勾结奸商，贩卖砖石材料，从中牟利等弊。人言啧啧。如果属实，尚复成何政

---

[1] 《国务院关于派专员前往查办拆卖京师皇城事件的咨函及查办京师拆卖城垣办事处的来函以及京都市政公所报送的拆卖皇城有关文卷的函》，北平市工务局档案，J017/001/00261。

[2] 在1927年9月24日发出的《京都市政公所为送皇墙各段丈尺清单之函》里，第⑦段皇墙被标注为"新补墙"。笔者推测，该段的100.6米皇墙曾被拆毁，后又重新砌了起来。参见《国务院关于派专员前往查办拆卖京师皇城事件的咨函及查办京师拆卖城垣办事处的来函以及京都市政公所报送的拆卖皇城有关文卷的函》，北平市工务局档案，J017/001/00261。

[3] 京都市政公所编：《京都市政汇览》，第5页。

体？查刑律，对于损坏城镇建筑物，特经订有专条法令俱在，岂容蔑视？除特派郑帮办言、高参议家骥为查办专员，前赴内务部、市政公所、警察厅调集卷宗，悉心考察，并传询各经手人员，明白询问：究竟此项拆卖城垣事实自何机关开始？因何理由？何人创议？何人主办？售于何处？经何手续？有无计画（划）图册？先后共有几案？拆毁几段？每段若干丈尺？应有砖瓦废料若干？得价若干？作何用途？其间有无营私图利情事？[1]

几天后，随着"查办京师拆卖城垣办事处"的成立，在国务院特派帮办郑言（1874—1946）、参议高家骥（1872—1960）的主持下，案件调查正式展开。可以想见在北京动荡的时局之下，想取得成绩却是困难重重。首先，从潘复咨文及1927年8月25日起该办事处致市政公所的几封公函来看，国务院对其下令严查的"拆卖城垣"事件未给出明确定义：究竟是要查"拆卸皇城城砖以修补大明濠"的创议者和执行者，还是专查"贩卖砖石材料、从中牟利等弊"？其次，据档案显示，在为期一个月的调查阶段里，市政公所始终消极配合，直至1927年9月24日结案，也未能按要求提供完整的卷宗材料，多份工程揽单"无可稽考"，涉及账目则"无法分晰"。1927年10月1日，张作霖安国军政府发布"大元帅指令第281号"，在政府公报上通知了该次拆卖皇城城墙事件的处理结果，即：

> 所有承办人员，除田潜业经身故、免予置议外，前副处长沈成式、佥事祥寿、技士张树桂、王廷华等，虽据查无情弊，究属

---

[1] 《国务院关于派专员前往查办拆卖京师皇城事件的咨函及查办京师拆卖城垣办事处的来函以及京都市政公所报送的拆卖皇城有关文卷的函》，北平市工务局档案，J017/001/00261。

办理不善，致滋物议，着交内务部分别严行议处，呈候核夺。[1]

通过对档案综合分析，可以认为该次调查完全未实现潘复最初提出的目标。受议处的最高级别官员为市政公所的一名前副处长沈成式，也是"查无情弊"，仅仅是一个"办理不善，致滋物议"的罪名。但是，在市政公所漏洞百出的几封回函里，还是透露了一些基本事实。现经详细审视档案，制得表3.11如下：

表3.11　1921—1927年间遭市政公所拆卖的皇墙城砖、琉璃瓦去向统计表

3.11-1用于修建大明濠或者其他市政工程的部分	
用砖地点	用砖量（方/块）
修建象坊桥至石驸马大街沟	2725方
修建石驸马大街至辟才胡同暗沟并漏井、掏泥井等	2059方
修建辟才胡同至马市大街暗沟并漏井、掏泥井	2059方
修建马市大街以北暗沟并镇威上将军行辕内暗沟、行辕外道牙等	1324方
开辟兴华门	53890块
修建兴华门内外暗沟	50方
修建兴华桥	350方
修建修理厂房屋	32方
修建朝阳门南水关沟	99方
修理灯市口暗沟	34方
修理内外城市政捐局暗沟	3方
修建西安门南至枣林豁子暗沟	270方又40000块
修砌南兴华街道牙花池	19方又3520块
修建东直门桥	1方
修建灵境东口外支沟	2方
修理天安门前河墙	1000块

---

[1]　《国务院关于派专员前往查办拆卖京师皇城事件的咨函及查办京师拆卖城垣办事处的来函以及京都市政公所报送的拆卖皇城有关文卷的函》，北平市工务局档案，J017/001/00261。

续表

3.11-2无偿拨予单位与个人的部分	
被拨予的单位、个人及用途	城砖（琉璃瓦特别注明）数量（方/块/件）
市政公所修建内影壁	1650块
镇威上将军行辕修建外影壁	4500块
临时执政府	1000块
京师警察厅	200块
京师农务总会	120方
任秘书长	20000块
红罗厂学校	城砖44000块，琉璃瓦30070件
第四中学	59方
北海公园修路	255方
国务院	19方
陈叔宣	琉璃瓦4900件
欧美同学会	琉璃瓦33080件
北海公园	琉璃瓦230件
中央公园	琉璃瓦5500件
杨总参议	琉璃瓦32058件

3.11-3被作价售予单位与个人的部分		
购买者	皇墙长度（米）/城砖数量（方/块）	价格（元）
荣昶木厂	皇墙480米	12150
合盛木厂	皇墙868米	21967
齐总长	20000块	1000
立志堂	13000块	931
宋姓	13700块	917
裕顺木厂	513方	1900
新记木厂	1600块	92
刘翔云	109方	274
萧桂荣	2000块	100
褚姓	19方	176

续表

3.11-4总计			
	拆卸皇墙所得城砖与琉璃瓦数目（方/件）	工程耗费、拨用和出售的数目/百分比	市政公所存余数目/百分比
城砖	10649方	10474方/98.4%	170方/1.6%
琉璃瓦	150718件	105838件/70.2%	48880件/32.4%

资料来源：据档案《国务院关于派专员前往查办拆卖京师皇城事件的咨函及查办京师拆卖城垣办事处的来函以及京都市政公所报送的拆卖皇城有关文卷的函》《京都市政公所第三处抄送派员调查修补大明濠沟办法的呈和致第四处的函（附原呈文）》《荣昶木厂、合盛木厂承拆地安门东西皇城墙和补种此段树木等事项的呈、具结和京都市政公所工程处的批示以及与内左三区、电灯公司电话总局的来往函》（北京市档案馆藏，北平市工务局档案，J017/001/00261、J017/001/00081与J017/001/00239）综合整理。

根据上表，可以发掘出许多张作霖军政府公报中未明确公布的信息：

首先，在用于市政工程的皇城城砖里，修补大明濠确实占了主要部分；但相较之下，以牟利为目的倒卖掉的皇墙数量也是惊人的。单是荣昶木厂、合盛木厂和裕顺木厂三家，购买的皇墙就达到了1348米又513方。内务部和市政公所倒卖城砖共获利39507元。调查结果称"无情弊"显然失实。

其次，1921年至1927年间北京皇城城墙的损毁是一次牵涉面较广的历史事件。北海公园、中央公园、第四中学、京师农务总会、欧美同学会等单位都是皇城砖瓦拨予或者售予的对象，大量政府机关和政要的名字也列于城砖去向表中：除临时执政府、京师警察厅、市政公所外，发起该次调查的国务院也被涉入。"大人物"的名单中，"齐总长"指齐耀珊，他于1921年6月份接替张志潭（1883—1946），成为新一任内务总长兼市政公所督办，12月转任农商总长，兼署教育总长，1922年底起又转任农商银行总裁，不再担任政府职务，直至1927年重新出仕，加入张作霖安国军政府；"任秘书长"指任毓麟（1870—？），他于1926年起任奉系安国军总司令部秘书长，1927年起任张作霖大元帅府秘书长；

"杨总参议"指奉系军阀的核心将领杨宇霆（1886—1929），他于1926年起任安国军总参议；名单中两次出现的"镇威上将军行辕"则指的是安国陆海军大元帅张作霖本人的府邸。齐耀珊作为北京市政的前任最高级别官员，居然也是城砖的购买者之一，"齐总长函"被市政公所视为具有辩护价值的重要文件，在接受调查期间提交给办事处。齐、任、杨三人获得皇城砖瓦的时间大致相同，都是1926年，但三人的做法大不相同：齐耀珊收到20000块城砖之后支付了1000元，并提供了收条；"拨给"任毓麟的20000块城砖与杨宇霆的32058件琉璃瓦则都是无偿的，内务部未从中获得任何收益。

发起调查的潘复本人想必未曾料到，包括张作霖在内的安国军政府高层会如此广泛地牵涉在皇城城砖拆卖的案件当中，在当时的政治环境下，调查只能不了了之。但是，结合档案日期与相关史料分析，应为皇城拆卖负首要责任的是齐耀珊。前任督办张志潭与立主保全皇城的徐世昌关系颇为亲密，1921年5月9日代表北洋政府与中法实业银行签订《北京电车合同》，从当时的电车干路路线可以看出，其任内的市政公所基本上延续了朱启钤时代保护皇城的做法[1]。而继任者齐耀珊于1921年6月起执掌内务部，市政公所才将"利皇城砖"的动机付诸行动：先是拆砖修濠，之后发现作为建筑材料的城砖、琉璃瓦存在市场需求，遂将皇墙划段出售。本节内容结合史料对该次调查之不足予以补充，以供学界参考。

三、"文化北平"建设与关于皇墙的存废之争

国民政府迁都南京的决定，对北京带来的影响是巨大的。降格为"北平"，以及随之而来的经济进一步衰落，反而催生了北京的又一次

---

[1] 参见史明正：《走向近代化的北京城——城市建设与社会变革》，北京：北京大学出版社，1995年，第275–276页，《地图8：有轨电车路线图》。

重要转型：20世纪30年代起，北京再次担当起了"中国传统文化中心"的角色；换言之，它的首要目标不再是维持"帝都"的光荣，并且尽力成为一座在政治上衰落、但文化上仍然保持中心地位的近现代都市。[1]

1928年，作为近代第一个市政府雏形的京都市政公所被正式取消，北平市工务局成为继之而成立的市政管理机构[2]。6月26日，国民党中央任命何其鞏（1899—1955）为"北平特别市"首任市长。直至1929年5月告病为止，何其鞏主政北平的近一年期间，拆毁皇墙的提议仍然时有出现[3]，但都被市政府有力否决，为剩下不足3公里的皇墙提供了"喘息之机"。不幸的是，自何其鞏卸任后的第5个月起，北面皇墙（主要为图3.12中的①段）又被拆除了1公里有余[4]，遭受了民国阶段的"最后一劫"。剩余的1.9公里皇墙能够留存至今，主要归功于两个因素：一、在何其鞏任期内进行的"北平文化游历区"建设，为30年代前期政府开始营造"文化北平"提供了一个好的开始[5]；二、民众在认识皇城城墙价值方面，发生了重大转变。两者共同发挥作用，创造了皇墙的劫后余生。

1928年6月之前的北洋政府时期，京都市政公所虽然财政入不敷出且腐败盛行，但依靠首都的政治中心地位，尚能维持一定程度的表面经济繁荣。降格为地方城市之后，北平的经济社会状况转向萧条，不到半年

---

[1] Madeleine Yue Dong.*Republican Beijing: The City and Its Histories*, University of California Press, 2003, p. 22.

[2] 北平市工务局编印：《北平市都市计划设计资料》，"序"。

[3] 《北平特别市工务局会同市公安局、卫生局筹拟整理御河办法的呈及市政府的指令以及工务局与公安、卫生局的来往函》（1928年9月1日），北平市工务局档案，J017/001/00298。

[4] 《北平特别市工务局关于报送修大明濠暗沟工程合同和报请续加标价的呈、给李凤年等厂商的批以及市政府的指示》（1929年10月1日），北平市工务局档案，J017/001/00336。

[5] 《北平拟建文化游历区》，《北京日报》，1928年11月7日，第3版；《北平拟建文化游历区》，《新晨报》，1928年11月7日，第3版。

的时间，就显出"人口日减，商业日衰"的局面[1]。北平市民与地方人士反响甚为强烈，凭着觉醒的参政议政意识和社会责任感，积极配合政府一系列"繁荣北平"的规划活动献计献策[2]。从当时的报纸与档案来看，大多参与者都着意于北平所拥有的丰富的历史文化资源，提出将北平建设为"文化中心"[3]。其中，最有代表性、影响也最大的，为北平市民朱辉向市政府上呈的《建设北平意见书》[4]，提出将北平建设为"国故之中心、学术美术艺术中心、东方文化表现中心、交通运输中心、陆地实业中心、观光旅游中心和国防中心"等7条，其中重要的一条便是"保存、利用旧建筑物，维护其艺术美观性"。朱辉在关于市政建设的38条建议中，对之前市政公所拆毁城垣的做法提出了批评：

> 即其无保存价值之旧建筑，若无预定较善之改设计划，须严厉禁止拆改。试观军阀时代，任意拆毁旧紫禁城墙、先农坛围墙，迄未见有预定计划之实行，前车可鉴，故拆改无保存价值之旧建筑，须以有无较善之预定计划为条件。[5]

市政府对朱辉的意见书进行及时的回应，市府秘书第二科科长及秘书对各条意见分别做出签注，何其鞏本人在回复的批语中特意指出"从前军阀时代，重在敛财，可谓毫无意识，现在要重视古迹，不得无故拆卸"。同时，北平日渐增加的西方游客数量也使民众与当局意识到，发

---

[1]《维持北平繁盛之道》，《大公报》天津版，1928年10月16日，"社评"，第2版。
[2] 王煦：《国民政府"繁荣北平"活动初探》，《民国研究》，总第21辑，2012年春季号。
[3] 季剑青：《20世纪30年代北平"文化城"的历史建构》，《文化研究》第14辑，北京：社会科学文献出版社，2013年，第127页。
[4] 朱辉：《建设北平意见书》，《北京档案》1989年第3期，第32-41页；《北京档案》1989年第4期，第30-37页。
[5] 朱辉：《建设北平意见书》，《北京档案》1989年第3期，第37-38页。

展旅游业是"繁荣北平"切实有效的途径[1]。1928年10月起,北平成为河北省省会(直至1930年10月),省政府向全社会征集"繁荣北平市面计划意见书",曾担任过京兆尹的国民政府内政部长薛笃弼,提出将北平建为"东方文化游览中心",立刻受到省、市政府的积极响应[2]。

"文化"作为一种资源,在物质层面上最主要的表现,即帝都时期遗留下来的古建筑遗存,北平的四重城墙显然是极为重要的部分。但是,极力主张拆墙的势力依然存在,颇具讽刺意味的是:与之前市政公所督办齐耀珊监守自盗、拆卖皇墙的剧情一样,此时的工务局局长华南圭成为"毁墙派"的代表人物。1928年10月,华南圭向市府提议以修砌暗沟的方式整理御河,想沿用市政公所的旧办法,拆毁南面的菖蒲河、西长安门皇墙以取砖作为建筑材料。[3]

何其鞏立刻否决了华南圭的提议。11月4日,市政府发布第761号令,要求工务局局长华南圭保护皇墙:"整理御河办法一节,现经本府派员查勘覆称,所拟修砌暗沟办法,极为适当,惟拆除红墙一层,不无窒碍等情。查菖蒲河及西长安门等处红墙,建筑壮丽,关系文化,未便拆除。"[4]11月7日,何其鞏又表态支持内政部部长薛笃弼和卫生局的提议,准备建立"北平文化游历区",提出北平城墙作为"古物之荟萃"应得到保护。[5]

华南圭作为北平市政的最高主管,此时依然不愿与何其鞏的看法保持一致。11月9日,他再次以皇墙事宜向市府提案,事见当日新闻:

---

[1] 朱辉:《建设北平意见书》,《北京档案》1989年第4期,第30-37页。

[2] 《河北省政府征集繁荣北平市面计划意见》,《大公报》天津版,1928年10月12日,第4版。

[3] 《北平特别市工务局会同市公安局、卫生局筹拟整理御河办法的呈及市政府的指令以及工务局与公安、卫生局的来往函》,北平市工务局档案,J017/001/00298。

[4] 《市府保护红墙又一令:工务局呈复整理御河办法;西长安门红墙关文化未便拆除》,《北京日报》,1928年11月4日,第6版。

[5] 《北平拟建文化游历区》,《北京日报》,1928年11月7日,第3版;《北平拟建文化游历区》,《新晨报》,1928年11月7日,第3版。

工务局长华南圭，因皇墙红砖黄瓦帝制遗物，不但有惹起帝王思想之危害，且阻碍党国主义之进行，拟改刷青白色以兴青天白日之观感，此事业经市政府批准，惟文物维护会曾有保护红墙主张，尚须一度接洽，即可动工。[1]

华南圭提议将剩余部分的皇墙一律刷成青白色，理由是"皇墙（乃）红砖黄瓦帝制遗物"。市政府或许是为保持"政治正确性"，居然批准了这一提案；只有由台静农等学者组成的"北平文物维护会"坚决反对，使该计划最终未能实施。[2]

伴随着"北平文化游历区"的建立，市政府开始着力于在全社会进行风气的引导。11月29日，何其鞏训令北海委员会整顿北海公园。[3]11月30日，卫戍部下令保存天坛树木，"甚恐将来古迹日就湮没"[4]。12月1日，市政府发布第31号布告，命令军民"一体注意爱护一切古物古迹，不得稍有拆毁"[5]。12月3日，作为对市府"保护古物"令的回应，工务局将内城新辟的两条道路，"改于东西华门南面筒子河沿岸，迂回穿过阙左门、阙右门"，减少对皇城的损害。[6]

1928年底至1929年初，北平市政府出台的一系列保护北京文物古迹的指令和规划，使残存的皇墙得到了有效的保护。1929年5月，何其鞏因病不再上班，回到安徽桐城养病，市长一职由张荫梧接任。[7]7月

---

[1] 《华南圭要刷皇墙：有这笔经费吗？》，《新晨报》，1928年11月9日，第6版，"北平"。
[2] 林文月编：《台静农先生纪念文集》，台北：洪范书店，1991年，第7页。
[3] 《何市长整顿北海公园：训令北海委员会原文》，《北京日报》，1928年11月29日，第3版。
[4] 《卫戍部令：保存天坛树木》，《新晨报》，1928年11月30日，第6版，"北平"。
[5] 《市府命令保存古迹保护文化：布告军民一体注意爱护》，《北京日报》，1928年12月1日，第7版。
[6] 《市长添辟内城甲乙两路：甲路东西华门南面筒子河沿岸，乙路由北上门穿行》，《北京日报》，1928年12月3日，第3版。
[7] 代明：《北平第一任市长何其鞏与北池子南口88号》，《北京纪事》2010年第10期，第110-112页。

起，北平市工务局再次出现财政困难，许多市政建设和公共工程都陷于停顿。《大公报》对此发表"社评"，感慨即使是张作霖时代的市政公所也要胜于当前的工务局："近日北平衰落之象日著，其尤显而易见者为道路之败坏，长此放任，殆将回复二十年前之旧观！回念民国三四年间之繁华，固若隔世；即视张作霖时代沈瑞麟任市政督办时，修治东西长安街及王府井大街之举，亦不胜荣瘁异时之感！"[1]

工务局利用北平市捉襟见肘的财政局面与舆论压力，找到了拆毁剩余皇墙的理由。1929年9月，工务局再次向市政府呈文申请，为改善北平环境而继续整修大明濠北段，需使用皇墙城砖作为建筑材料。新任市长张荫梧考虑到市府财政的困难情况，训令工务局尽快招标，"一切工作情形，悉照前市政公所原计划办理"。10月1号，大明濠北段暗沟整修再次开工，工务局与中标单位在工程揽单中注明"本工程程所用砖料均系皇墙拆下旧砖"。但是，原市政公所1927年9月库存的城砖就只剩下了170方（见表3.11-4），显然是不够用的，工务局在明知此事实的情况下，已经做好了继续拆用皇墙砖的准备；果然，仅仅半个月后的10月14号，工务局再次向市政府呈文，报告"库存皇城墙砖已经告罄"，为完成工程，必须再拆北面地安门以西的皇墙385米，市政府很快批复许可。[2]大明濠工程一直到1930年底才完成，届时由皇城西北角迤东至西压桥皇墙（即图3.12中的①段，1929年9月测量时尚存1122米）也被彻底拆除[3]。工务局配合北平道路规划，在彻底拆掉皇城北垣的基础上开辟了地安门西大街和地安门东大街。至此，民国年间北京皇城城墙遭

---

[1] 《衰落之北平》，《大公报》天津版，1929年7月4日，"社评"，第2版。

[2] 《北平特别市政府关于查勘修理内右四区石老娘胡同至横桥一带沟渠的训令及工务局关于大明濠沟工程招标事宜的呈和市政府的训令、指令》（1919年9月1日—1929年10月31日），北平市工务局档案，J017/001/00298。

[3] 《北平特别市工务局关于报送修大明濠暗沟工程合同和报请续加标价的呈、给李凤年等厂商的批以及市政府的指示》（1929年10月1日—1930年3月31日），北平市工务局档案，J017/001/00336；《北平市工务局关于续修大明濠暗沟北段工程合同的呈文及市府的指令（三）》(1930年3月1日)，北平市工务局档案，J017/004/00019。

受的损毁终于结束。1935年,汤用彬的《旧都文物略》问世,他在书中感慨道:"皇城墙,民国后陆续拆除,今所存者,只天安门左右数十丈,中华门内左右各百余丈耳。"[1]

北平市工务局于1929年10月至1930年底的拆墙行为,虽然在程度上远不如京都市政公所在1921年至1927年严重,但因为当时社会风气日渐进步,"文化北平"概念深得民众之心,所以给北平市民留下了很深刻的印象,以至于有些人在回忆中误以为皇墙全是在该段时间拆除的,如邓云乡所言:

> 皇城在三十年代初叶,袁良作市长时,大部都已拆除,但"东、西皇城根"的地名,却保留到现在……当时皇城拆除后,大大便利了东西城的交通,但在西皇城根一带,拆了墙的西面,还留下墙的东面,因为那面是石板房人家的院墙,而这面拆了一片砖后,又未修整,这样便像狗牙一样,差参不齐,难看极了。当时住在西皇城根,面墙而居,天天一出大门,就对着那一大溜破墙,不愉快的印象直到今天还很深。[2]

邓云乡记忆中的"西皇城根一带,拆了墙的西面,还留下墙的东面,因为那面是石板房人家的院墙"一节,与档案记载完全吻合,指的就是1921年6月协成公司拆西面皇墙时"因该墙一带住户与墙相连,请求留用"的一段。[3]但是,他笔下提到的"袁良"(在任时间为1933年6月16日至1935年11月1日)当为"张荫梧"(在任时间为1929年6月12日至1931年2月27日)之误——不过,这却是情有可原:自1928年6月

---

[1] 汤用彬等编:《旧都文物略》,北京:中国建筑工业出版社,2005年,第6-7页。
[2] 邓云乡:《旧京散记》,第117页。
[3] 《国务院关于派专员前往查办拆卖京师皇城事件的咨函及查办京师拆卖城垣办事处的来函以及京都市政公所报送的拆卖皇城有关文卷的函》,北平市工务局档案,J017/001/00261。

北平特别市政府成立起，至1937年7月底北平被侵华日军攻占为止，只有短短的10年，却走马灯般上任了9位市长。北平市最高长官的频繁更替，也是何其鞏力主的皇墙保护政策未能被贯彻到底的主要原因。

清代北京共有9座皇城城门。1912年2月27日，袁世凯指示曹锟发生兵变，东安门被焚毁，此后未再修复[1]；西安门于1950年12月1日毁于偶然火灾，不久即被拆除；1951年为展宽东、西长安街，原作为天安门拱卫门的"东三座门"和"西三座门"被拆除[2]；1952年8月，将天安门广场向东、西扩展，同时也为使中华人民共和国成立3周年阅兵式车队可以无障碍行驶，长安左门、长安右门被同时拆除；地安门在1954年11月拆除完毕，部分建筑材料移建天坛北门[3]；1958年8月，中央决议为迎接国庆10周年而大规模扩建天安门广场，次年年初皇城最南端的中华门遭到拆除[4]。所有城门只幸存了天安门一座。至此，原先13公里长的皇城城墙只剩下了1900米的一小段，孤零零地屹立至今；1950年北京市民陈国庆给市政部门去信讨论"北京城要拆除吗"，对皇城的存在时间竟用"古时"来表述："紫禁城外为皇城，古时尚有旧皇城一道，皇城而外谓内城，外城是最外的一道城墙……"[5]只不过经历了20年，皇墙在部分北京市民的印象中，就成了湮没已久的"古物"。

---

[1] 类似情况还有1917年7月张勋复辟时，讨逆军为攻打张勋宅而拆毁皇墙东垣、靠近菖蒲河的一小部分，此后也未得到修复。需要注意的是，这类"偶发"的皇墙损毁事件虽然与市政公所、工务局主持的有组织拆毁性质不同，但事实上同样是民国前期北京城的政治与社会环境的产物。分别参见陈刚：《明清皇城》，北京：北京出版社，2005年，第27页；北京地方志编纂委员会：《北京志·文物卷·文物志》，第28-29页。

[2] 北京地方志编纂委员会：《北京志·文物卷·文物志》，第28-29页；陈刚：《明清皇城》，第27页。

[3] 北京地方志编纂委员会：《北京志·文物卷·文物志》，第28-29，339页。

[4] 北京地方志编纂委员会：《北京志·文物卷·文物志》，第27页。

[5] 王国华：《北京城墙存废记：一个老地方志工作者的资料辑存》，第150-151页。

四、从皇墙被毁论北京城近代转型之困局

关于明清皇城城墙在民国前半期的被毁,作为市政管理部门的京都市政公所与继任的北平市工务局——尤其是齐耀珊、华南圭等市政官员的主观决断——负有直接责任。但受经济、政治和文化因素的影响,这一悲剧的发生存在时代背景上的必然性;将皇墙被毁的事件放在北京由"传统政治化帝都"向"近代生活化城市"转型的历史背景中考察,也可以加深我们对北京城市史的理解。正如喜龙仁于1924年指出的那样:"毫无疑问,这种原因是与现代中国政治、社会、经济的一般状况密切相关的。总的来讲,这些状况不利于古城和古迹的保存。不幸的是当局既缺乏眼光,又缺乏必要的资金。"[1]对于20世纪20年代北京政府财政上的困难程度,沈从文曾有过生动的论述:

> 任何理论都不如现实具体,但这却是一种什么现实!在这么一个统治机构下,穷是普遍的事实。因之解决它即各自着手。管理市政的卖城砖,管理庙坛的卖柏树,管理宫殿的且因偷盗事物过多难于报销,为省事计,即索兴放一把火将那座大殿烧掉,无可对证。一直到管理教育的一部之长,也未能免俗,把京师图书馆的善本书,提出来抵押给银行,用为发给部员的月薪。总之,反典守保管的都可以随意处理。即自己性命还不能好好保管的大兵,住在西苑时,也异想天开,把圆明园附近大陆路面的黄麻石,一块块撬起卖给附近学校人家起墙造房子。卖来卖去,政府当然就卖掉了。[2]

---

[1] [瑞典]奥斯伍尔德·喜仁龙:《北京的城墙和城门》,第4-5页。
[2] 沈从文:《从现实学习》,《沈从文全集》第13卷"传记",太原:北岳文艺出版社,2002年,第377页。

"市政部门卖皇城砖"和"教育部长抵押善本书,拿钱发薪",是沈从文亲历过的、北京各部门"各自着手"以解决财政困难的两个例子[1],形象地反映出历史的真实。这种经济上的困境不仅贯穿整个北洋政府时代,而且在"文化北平"时期也未得到改善。董玥对此曾有过总结:"民国北京对待其历史的特殊方式是和它的经济状况相关联的。从1912年到1928年,北京仅在名义上是新民国的首都;政府没有能力控制各省的军阀割据,结果流通于这个城市的财富量逐渐减少。1928年后,北京的经济状况因迁都而进一步恶化了。"[2]政治上的认知与文化上的短视是市政公所和工务局注意到皇墙经济价值的前提和先决条件;财政上的困难与"市政兴革,责无旁贷"的决心结合起来,当局终于下定决心拆毁皇墙以获得经济效益。

与上海、天津、武汉等传统政治因素影响较小,而西方元素进入也较早的城市相比,作为帝都的北京在20世纪初期的社会转型不得不面对更大的阻力,甚至陷入进退不得的困局。对此,清末大臣瞿鸿禨之子、曾长期在北洋政府任要职的著名学者瞿兑之有过非常形象的比喻:

> 从1900年到1928年的近三十年对于北京而言,是一段在新与旧之间挣扎的时间。所有旧的事物仍然拒绝完全投降,但不得不开始谨慎地接受一些新事物。这就像硬把一件新衣服穿在一具旧骨架上一样。新衣服本身也不是一流的,老的骨架也开始

---

[1] 晚年时的沈从文先生曾在多个场合提起这两个例子,作为对20年代北平的回忆。参见沈从文:《社会变化太快了,我就落后了:与美国学者金介甫对话》,《沈从文晚年口述》,西安:陕西师范大学出版社,2003年,第134页;《沈从文在吉首大学的讲话》,《吉首大学学报(社会科学版)》1985年第3期,第2—3页。

[2] Madeleine Yue Dong.*Republican Beijing: The City and Its Histories*, University of California Press, 2003, p. 13.

变形。[1]

北京皇墙似乎正是毁于瞿兑之所说的"新与旧之间的挣扎"。明清两朝，皇墙既是拱卫帝都的一道军事防御，又是把皇家属地跟百姓居所、即统治者和平民的生活圈划分开的禁垣，这是其在特定历史时期的实用价值；红墙黄瓦的禁垣象征了皇权的至高无上，令平民产生心理畏惧，这是其符号价值——两者皆属皇墙的"旧价值"。随着民国的社会体制发生重大变化，皇墙原先具有的两种价值都已失去，但却产生了作为"古物之荟萃"的文化遗产价值——这是皇墙的"新价值"。1928年10月至11月间，工务局长华南圭和市政府之间关于"毁墙"与"护墙""革新"与"守旧"的争执，正说明其时北平社会正处于对皇墙价值的认识发生转变的关键时期：在充满"革新"精神的"毁墙派"眼中，皇墙是"红砖黄瓦帝制遗物"、代表"帝王思想"[2]，其欲"毁灭殆尽而后快"的心态，是出于对皇墙"旧价值"的憎恶与畏惧；以何其鞏为代表的"守旧"的"护墙派"，其实已经认识到了皇墙的"新价值"，在"文化北平"的建设中，皇墙将发挥巨大的作用。1930年底至民国结束，残存皇墙未再遭受破坏，也是因为皇墙的"新价值"愈加彰显，作为一种建筑遗存，被附着了北京城的"地方性"与文化上的

---

[1] 瞿兑之：《北游录话》，《宇宙风》1936年10月第26期，第108页。瞿兑之（1894—1973），湖南善化（今长沙市）人，文史学者、书画家，曾用名益锴，名宣颖，以字行，号铢庵，自称"铢庵居士"，晚号蜕园。世家出身，其父瞿鸿禨为清季军机大臣、外务部尚书，其外姑即曾国藩之女曾纪芬。他是王闿运的入室弟子，其后又在上海圣约翰大学和复旦大学接受过现代新式教育。曾任北洋政府顾维钧内阁的国务院秘书长、编译馆馆长、河北省政府秘书长等职，又曾以在南开大学、燕京大学等名校执教。1949年以后长期寓居沪上，以著述为业。瞿兑之学问领域广博，文史造诣精深，最精掌故之学，其中尤以谙熟京华掌故而驰名学界，著有《北京建置谈荟》《北平史表长编》《燕都览古诗话》等。参见《铢庵文存》，沈阳：辽宁教育出版社，2001年，卷首"本书说明"。

[2] 《华南圭要刷皇墙：有这笔经费吗？》，《新晨报》，1928年11月9日，第6版，"北平"。

"民族性",在民众眼中,渐渐成为一座城市、一个民族的文化结晶与象征。[1]

因此,即便宣称"皇墙毁于北京城近代化转型的困局"亦不为过。史明正曾试图站在市政公所和工务局的角度,从《市政通告》创刊号的一篇社论中为其拆除皇城城墙的行为寻找法理依据。[2]该社论开宗明义地提出:"政治的目的是既促进国家的强大,也促进国家成员的富足……我们将跟市民有直接联系的政治称为'市政'……"[3]——这一声明将市政诠释为"为市民的利益服务",反映出市政当局想要努力实现从强调帝王权力至尊到市民生活至上的意识形态的转变。随着最后一个封建王朝的崩溃和共和的建立,当局和民众一起重新思考城市的意

---

[1] 需要指出,对北京而言,对城墙价值的"新旧之争"持续甚久,几乎贯穿整个20世纪,以华南圭父子与梁思成1949年以后对北京内外城墙存废问题的争论为例:在1949年5月的北平市都市计划委员会筹备座谈会上,华南圭建议拆去内、外城墙,以改善城门口的交通,并极力强调城砖的经济价值,主张用城砖建设暗沟,并以此为"纾缓财力的第一妙法"。1957年,华南圭以市人民代表身份视察北京城市总体规划,对梁思成把城墙看成古建筑要求保留、把城墙顶辟作花园的主张进行批判,认为北京城墙必须拆除,为之提出的理由竟有40条之多。主要内容包括:1.城墙不应被视为古建筑;2.可以使城内城外打成一片,消除城郊隔阂;3.城内外建筑风格容易配合和调和;4.北京整体规划,需要一条环形大路;5.城墙的拆除具有很大的经济意义;等等。华南圭还算了一笔经济账:拆除城墙可得到土方280万立方米,可以填北京坑洼地面70万平方米;拆下的城砖有120万平方米,可以用作施工材料;腾出的120万平方米地面若建6层高楼,可以得到70万间的建筑面积。梁思成回应说,北京城墙除去两侧各1米厚的包砖后,内心是约1100万吨的坚硬夯土,拆除时必须使用炸药,用2节18吨重的车皮组成的列车每日运送一次,需要83年才能运完;夯土既不能用以种植,也不能用作建筑材料,无处安放。其后,尽管华南圭的观点得到当局支持,但两个阵营之间的争论一直持续到70年代末。参见《北平市都市计划座谈会记录》(1949年5月8日—1949年6月13日),北京市都市计划委员会档案,150/001/00003;《华南圭认为北京城墙应该拆除》,《北京日报》1957年6月3日,第2版;梁思成:《关于北京城墙的存废问题的讨论》,原载《新建设》1950年5月7日,引自《拙匠随笔》,北京:中国建筑工业出版社,1991年,第95-97页;瞿宛林:《论争与结局:对建国后北京城墙的历史考察》,《北京社会科学》2005年第4期,第62-71页。

[2] 史明正:《走向近代化的北京城——城市建设与社会变革》,北京:北京大学出版社,1995年,第77-78页。

[3] 《市政通告》第1期,1914年11月20日,第1-2页。

义。在当局的某些主事者看来，保存封建时代的物质文化遗产，显然不如效法西方经验，改善城市生活来得迫切；虽然保护历史古迹的愿望始终存在，但对帝国遗迹的炫耀必须让位于改善市民生活的需要。将没有历史价值，或者文化价值稍逊的皇城城墙拆除，既为能改善城市生活的公共工程让出空间、提供资源，又彰显了"市民利益高于一切"的"市政意识形态"——这一意识形态，也为当局开展所有公共工程运动提供了合乎情理的理论依据。

北京明清皇墙在民国初年至1930年底之间的遭遇，不仅是北京城在追求现代化与保护传统之间尖锐矛盾的一个缩影，也是其未来发展的一面铜鉴。在城市扩张、旧城改造和历史街区保护的过程中，如何处理"过去"与"发展"的关系，才不会再次像当年梁思成先生所言那样"实行这样罪过的行动，将来追悔不及"[1]——本节内容所还原的这段历史应当可以给后来者提供参考。

［本节内容是在《民国前期北京皇城城墙拆毁研究（1915—1930）》（载《近代史研究》2016年第1期）的基础上修订而成。］

（贾长宝　柏林自由大学历史与文化学院博士候选人）

---

[1] 梁思成：《拙匠随笔》，第97页。

第三节　民国北京有轨电车筹建与城市基础设施改造研究

毛　怡

19世纪下半叶，在工业革命带来的新式交通浪潮下，有轨电车在欧美各国大城市成为被广泛使用的新式公共交通工具，因其具有成本低、载客量大、票价低、定线、定时等优点。中国最早运行的有轨电车，1906年于天津开通，但事实上，七年之前，在1899年，北京的第一条电车轨道就在马家堡至永定门之间修建，"为体恤中外客商试行添设"[1]，旨在为马家堡火车站与北京外城南门永定门之间提供便捷的交通。1898年《集成报》在"政事"栏目登载以《北京电车》为题的短新闻："北京现拟从火车站头另筑短干路一道，用行电机，此路直至城门而止，约不日即可兴办云。"[2]但这趟电车未及电力进京真正通行，轨道就被号称"扶清灭洋"的义和团捣毁了。

天津、上海两地的有轨电车事业于20世纪初相继起步，并融入城市生活，超越传统人、畜力交通，成为市民城内出行的重要交通工具。北京虽几经倡议和努力，再次起步已是二十余年之后，北洋政府时期的北京城市近代公共交通历经曲折反复，直到1924年末才开通首条有轨电车线路。作为机械化的公共交通工具，有轨电车在北京的筹建过程中，充

---

[1]　《奏为马家堡至永定门外电轨车路工程完竣情形事》，第一历史档案馆馆藏档案：宫中全宗朱批奏折，档号03-7140-070。

[2]　《政事：北京电车》，《集成报》1898年第28期，第30-31页。

分考虑了北京城市内既有的空间秩序与道路格局。本节内容主要关注北京有轨电车正式开行前，在北京城内进行的基础设施改造，如改建城门、整修道路、铺设路轨、拆修牌坊等，由此探寻有轨电车在北京发展缓慢的原因及其发展过程中对城市空间和景观的影响。

一、有轨电车的规划线路

1914年北京电车公司初见端倪时，电车线路即已经开始进行初步规划，《电气》杂志登出号称是当时北京电车遴选的预定线路。第一次登出的规划线路有六条[1]：一、由宣武门经菜市口达正阳门内；二、由宣武门东入菜市口经花儿市而达崇文门；三、由宣武门北行而至新街口；四、由东交民巷兵部街而达北新桥；五、由东交民巷经兵部街、北御河桥东、长安街、东单牌楼、东四牌楼而达北新桥；六、由交道口经鼓楼、后门、定府大街而达东街口。考虑到当时正阳门改造工程尚未进行，内外城并未真正联通，这个规划里的几条电车线路似乎各自为战，分别在内城和外城开行，没有起到真正的连通交通的作用。

不久之后，该杂志又登出另一则电车规划线路的预告，称从前议定电车路线即行作废，新决定路线分为三条[2]：

第一条，自永定门起，过天桥、珠市口，往西过虎坊桥，入五道庙，穿城至西长安牌楼，过西单牌楼，往北过西四牌楼，至新街口折西至西直门；

第二条，自正阳门起，南过珠市口，迤东至磁器口，折北入崇文门，过东单牌楼、东四牌楼、北新桥，安定门止；

第三条，自阜成门起，过西四牌楼、西安门三座门、北长街、东长

---

[1] 《北京电车预定之线路》，《电气》1914年第6期，第96页。
[2] 《北京电车线路之预定》，《电气》1914年第13期，第85页。

安街、又折北王府井大街、八面槽、灯市口、大佛寺，折西往北至交道口鼓楼止。

这三条线路中的前两条，尽管没有穿过前门打通内外城，但与实际开行的第1、2路电车已经非常接近，第3路则是几乎环绕了大半个皇城，与前两条相比，最显著的作用是连通了东西长安街。

1921年北京电车公司正式成立后，进行轨道测量与铺筑时，规划有四条干线，两条双轨路线，两条单轨路线。其中两条双轨线路规划为从天桥向北，至前门分向东西，经东、西长安街，东、西单牌楼，东、西四牌楼，分别到达北新桥和西直门，正是之后正式通行的电车第1路和第2路。两条单轨线路则是一起北新桥，经鼓楼、地安门、西皇城根至太平仓，另一规划起于东单，经崇文门、磁器口、珠市口、虎坊桥、菜市口、宣武门至西单牌楼。其中两条双轨路线的筹建与施工过程阻碍重重。

二、有轨电车筹建过程中的基础设施改造

首先需要说明的是，本节中论述的改造工程，并不都发生在电车公司正式成立之后，比如正阳门的改造、长安左右门的打通，在民国建立初年即已进行。京都市政公所在朱启钤的主张下开展这些工程不专为电车开行，打通城门和街道是为交通便利，但是，电车计划自民国建立之初即有，故而其中也有为电车作准备之意，不可忽略。电车公司成立之前，市政公所进行的城门改造、街道整修等工程，都为北京有轨电车的开通创造了条件，京都市政公所编纂的《京都市政汇览》中关于交通事项一节开篇即说：

> 二年二月，国务院有规划全城电车路线之议，以前三门瓮洞有碍路线，均须改修，正阳门关系尤切，特交由内务部土木司、

警政司暨警察厅会同议订拆卸月城、改修马路、移让房屋、增辟门洞各办法，提出国务会议议决，交由内务、交通两部会同办理。[1]

可见，北京的有轨电车计划及与之配套的基础设施改造工程在1913年已经提出了。这些工程自1914年市政公所创立之后陆续开展，集中改造持续至电车开行前的1924年，此后仍有不间断的改造工程。

（一）正阳门改造工程

作为几个世纪的封建王朝帝都，北京的建筑格局是以紫禁城为中心，于宫城之外一层层建筑皇城、内城、外城，充分突出皇权的至高无上，也充分显示城墙在冷兵器时代的防卫作用。由于皇城内为禁地，车马行人一概不准穿行，阻隔了东城与西城的交通，内城与外城也仅靠正阳门及其东西的崇文、宣武三座城门相通，随着民国以来北京城市的进一步发展，城墙城门阻碍交通的问题日益突出。《京都市政汇览》交通一节提及京都市政公所决心改造正阳门的原因：

> 海通以来，交通发展，京奉、京汉两干线均以正阳门为起点，遂握交通之枢纽。民国肇兴，五路联络，辙迹交驰，较前尤盛，旧制大城之外有月墙，环月墙东西为荷包巷，系临时市集，商民支棚架屋，凌杂无序。门洞虽称三座而出入总汇集于中部，拥挤阻塞，于市政交通尤多窒碍。[2]

---

[1]《关于市交通行政事项》，京都市政公所编纂：《京都市政汇览》，北京：京华印书局，1919年，第95页。

[2]《关于市交通行政事项》，京都市政公所编纂：《京都市政汇览》，北京：京华印书局，1919年，第95页。

图3.13　北京城正阳门外街景
（资料来源　照片出自《北京城内外胜景写真帖》，为日人清末摄影集，时间约为1898年前后，拍摄者不详。）

正阳门作为明清两代北京内城的正门，被视作"国门"，1900年义和团火烧大栅栏时烧毁了正阳门箭楼，八国联军攻入北京时又烧毁了正阳门城楼上部，1902年两宫刚刚回銮立刻着手修复被烧毁的前门，并于1906年竣工，可见其意义重大。尽管如此，民国建立后，正阳门及瓮城丧失了其作为军事防御设施的意义。正阳门原有"四门三桥五牌楼"之说，"四门"是指正阳门、正阳门箭楼、瓮城东西两侧的闸门，均有门洞，但与其周边的月墙、护城河、石桥形成交通的阻塞。正阳门内外皆为北京最繁华的商市店铺，街道狭窄，人口稠密，19世纪末年，京汉、京奉两条铁路线修至正阳门外，拥堵更甚。梁实秋曾回忆他小时候经过前门一带的经历，"小时候坐轿车出前门是一桩盛事，走到棋盘街，照例是'插车'，壅塞难行，前呼后骂，等得心焦，常常要一小时以上才有松动的现象"[1]，说的就是正阳门一带的交通瓶颈。

---

[1] 梁实秋：《北平的街道》，选自《雅舍小品》，南京：江苏人民出版社，2014年，第276-287页。

北京以宫城和皇城为中心的城市平面布局，曾经是皇权秩序的体现和象征，进入民国之后，关注市政问题的先行者从现代城市规划建设和市政管理的要求出发，认为帝制时期遗留下来的平面布局已经成为北京现代化的障碍，必须加以改造。"整理市政修饰亦为一要件也，东西各国于市面之美丽装饰尝靡钜金而不惜，可知其关系于市政者重矣。京师正阳门宅中居正，万象具瞻，历代相承，本极崇闳，岁月代更，渐就颓弊。"[1]京都市政公所首任督办朱启钤就是这样的先行者，他认为近代北京城市的改造和建设，首当其冲就是正阳门。朱启钤在陈述改造正阳门的重要性时，说：

> 京师为首善之区，中外人士观瞻所萃，凡百设施必须整齐宏肃，俾为全国模范。正阳、崇文、宣武三门地方阛阓繁密，毂击肩摩，益以正阳城外京奉、京汉两干路贯达于斯。愈形逼窄，循是不变，于市政交通动多窒碍，殊不足以扩规模而崇体制。[2]

在朱启钤的思想里，正阳门所代表的体制已经落后，以前它是专为皇帝通行的大门，而新型市政规划与王朝都城的建设大相径庭，他对北京城进行的改造活动，很多都是以打破城市封闭格局、满足近代化交通需求为目的的，与此同时，不同于他的继任者，朱启钤在打通交通的前提下，最大限度地保护了北京城墙。1915年6月，正阳门改造工程正式动工，朱启钤启用德国建筑师罗思凯格尔（Curt Rothkegel）负责具体实施，正阳门的瓮城及东西月墙被拆除，在原来瓮城两侧与月墙交点处各新开了两座门洞，新筑南北向马路，新马路绕过原来的瓮城外侧，在箭

---

[1] 《关于市交通行政事项》，京都市政公所编纂：《京都市政汇览》，北京：京华印书局，1919年，第95页。
[2] 朱启钤：《修改京师前三门城垣工程呈》，崔勇、杨永生选编：《营造论——暨朱启钤纪念文选》，天津：天津大学出版社，2009年，第85页。

楼前交会。这样一来，内外城得以直接连通，不用先从东西南三处门洞进入瓮城，再仅由正阳门原门洞涌入内城，在不改变正阳门及箭楼的基本形制的前提下，消除了正阳门地区的交通瓶颈问题，这一工程在1915年年底即完工。梁实秋生于1903年，按他的年龄和记录推算，应当恰好经历了正阳门改造的全过程，他记忆里幼时动辄堵车一个小时的棋盘街，"这种情形后来改良了，前门城洞由一个变四个，路也拓宽，石板也取消了，更不知是什么人作一大发明，'靠左边走'"[1]。可见正阳门城楼的改造和新城门洞的开通，使得北京内外城之间南北交通得到改善，甚至诞生了更为有效的交通规则和秩序。

图3.14　20世纪30年代正阳门及箭楼全貌
（图片来源网络，应为20世纪30年代航拍正阳门影像。）

铢庵在《北游录话》里这样评述1900年至1928年的北京："这将近三十年中，北京是个新旧交争的时代。旧的一切还不肯完全降服，而

---

[1] 梁实秋：《北平的街道》，选自《雅舍小品》，南京：江苏人民出版社，2014年，第276-287页。

对于新的也不能不酌量的接收。"[1]朱启钤的理念体现了这一点，帝国都城的城市定位已经不能适应新政权的需要，城市管理和空间组织形式亟需更新，明清北京城的建造，以宫殿建筑为中心的平面布局宣扬帝王"唯我独尊"这个主题，体现了统治阶级的政治要求和意识形态。以帝王为中心，是北京旧城功能空间和社会空间的基本特征，城墙不仅是建筑形式上的隔离，更是社会阶层、民族之间的差异。民国初年，封建体系宣告解体，虽城墙又存在了相当长的时间，但它的封闭性和威严性得到了消解。

对正阳门的改造为后来的有轨电车修筑奠定了基础，1914年市政公所曾有电车"穿墙而过"这一动议，"由正阳门、宣武门之间，由南而北穿过城墙，开一条路通行电车"[2]，北京有轨电车的1路和2路车，正是从天桥出发向北，穿过前门新开的门洞一路进入内城的，改造正阳门所增添的通道，并非豁口而是门洞，尽管从技术上增大了难度，但是从景观上保持了城门的完整性。值得一提的是，电车开行之前，正阳门改造计划首先给了北京环城铁路的修建以契机，准确地说，环城铁路和正阳门改造的工程几乎是同时动工并竣工的，环城铁路只环绕内城之外，由西直门经德胜门、安定门、朝阳门四门连接京奉铁路，抵达正阳门。"环城铁路利用者，唯东北之朝阳、东直、安定、德胜四门。此四门城内皆街巷稠密，城外亦有大街、商场、马路。"[3]环城铁路的建设对加强北京内外城的联系及货物集散提供了帮助，使跨省铁路在北京的联结更合理，尽管它全然在内城之外环绕，与后来的有轨电车没关系，但是反映在城市规划和建设上，同样都是将封闭稳定的城市空间布局和传统风貌相结合相妥协的结果。

---

[1] 《北游录话》（七），《宇宙风》1936年第26期，第107—108页。
[2] 《改良市政经过之事实与进行之准备》，京都市政公所市政通告编辑室编：《市政通告》1915年第9期。
[3] 林传甲：《大中华京兆地理志》，北京：中国青年出版社，2012年，第183页。

（二）道路与沟渠修整

北京城共有千余条街道，七成位于外城，位于内城中心的皇城切断了来自各方的交通，尽管城市布局非常整齐，街道纵横交错，但是中心建筑的封闭和隔绝，成为整个城市通行的障碍。在漫长的前近代时期，人们的生活节奏慢，鲜少需要去到远离自己居住地的地方，交通方式也非常简单，所以这一问题并不构成出行的阻碍。朱启钤任京都市政公所督办期间，除正阳门的改造工程外，还主持了一系列项目：为方便东西一线交通，长安左、右门的石槛在1912年被拆除，天安门前的长安街被打通，成为贯穿东西的干道；南北池子、南北长街这四条大街也对京城交通起到了疏通的作用，方便市民出行；1913年皇城以北大高玄殿前跨景山前街的三座门被改建，景山前街也不再是禁区。梁实秋曾盛赞景山前街是北京"最漂亮的道路"，以前从东城到西城需要绕过后门（即地安门），但道路打通后，"经北海团城而金鳌玉蝀，雕栏玉砌，风景如画"，"向晚驱车过桥，左右目不暇给"[1]。这些工程极大地改善了北京的交通状况，但由于它们都涉及对北京，尤其是皇城原来的建筑和平面布局的改造，因而也引起了不少人的批评，认为破坏了古代的制度乃至风水。[2]

直至20世纪前，北京城内仅有几条大道是用石板铺筑的，绝大多数街道是土路，清末新政时工巡局对一些大道进行了维护，京都市政公所成立后特别致力于道路的进一步修整和铺筑，以方便市民出行。率先被修整的道路依然是原本等级较高、较宽阔的主干道，这当然有为将来铺设电车轨道考虑打算，但城市普通居住者的需求并没有在这番改造中体现出来，很难说破除了封建秩序的思维惯性，甚至可以说是一脉相承

---

[1] 梁实秋：《北平的街道》，选自《雅舍小品》，南京：江苏人民出版社，2014年，第276-287页。

[2] 季建青：《重写旧京——民国北京书写中的历史与记忆》，北京：生活·读书·新知三联书店，2017年，第77页。

的。由于更先进的柏油路造价昂贵,依然以石渣路为主,直至1915年,第一条柏油路在使馆区出现,1920年西长安街的一段也铺上了柏油路。至1928年迁都前,北京共修筑了近百公里长的碎石路[1],尽管依然不是一个很大的数字,但是对于20世纪以前全城土路的北京,梁实秋所写的"北平苦旱,街道又修得不够好,大风一起,迎面而来,又黑又黄的尘土兜头洒下,顺着脖梗子往下灌,牙缝里会积存沙土,咯吱咯吱的响,有时候还夹杂有小碎石头,打在脸上听疼,眯眼睛更是常事,这滋味不好受"[2],街道状况已经是大大改善了。

  京都市政公所通过所征税捐提供了道路建设所需要的大部分资金,在电车公司铺筑轨道期间,这成为沿街商铺抗议电车修筑的重要理由,他们认为自1908年6月至1923年12月底,十五年半间,除工巡捐局所收车捐外,仅铺捐一项最少当在190余万元,"原议以地方之财政办地方之事,用于建筑马路者,实居多数。今日之街衢平坦,实市民之膏血集成。不谓忽来一假市民之电车公司,不出一文一费,不须举手之劳,铺轨行车,坐享大利。"[3]值得一提的是,电车公司1926年与市政公所、京师警察厅签订了一份合同,合同的大致内容是,如果电车公司应纳捐税并担任马路部分修养费,市政公所赞助其建设计划,警察厅也保护其营业免致损失。[4]因此,电车公司成立后,为持续进行的铺设道路工作提供了大笔金额。这些金额除用于修建铺筑道路外,也大量用于道路的维护,当时北京最常见的碎石路清扫和维护都是相当困难的,这也为电

---

[1] 北平特别市工务局:《北平特别市工务局工务特刊》,1929年,第59页。

[2] 梁实秋:《北平的街道》,选自《雅舍小品》,南京:江苏人民出版社,2014年,第276-287页。

[3] 《京师总商会为电车流弊滋多请暂行缓办致步军统领衙门呈》(1923年3月28日),北京市档案馆、中国人民大学档案系文献编纂学教研室编:《北京电车公司档案史料》,北京:北京燕山出版社,1988年,第110-111页。

[4] 《市政公所京师警察厅与电车公司相互利益合同》(1926年3月31日),北京市档案馆、中国人民大学档案系文献编纂学教研室编:《北京电车公司档案史料》,北京:北京燕山出版社,1988年,第91-94页。

车公司经营不善埋下了伏笔。[1]

道路之外，民国初年市政公所对北京沟渠的改善工作也值得一提。元大都时，北京城地下即已有明沟暗渠的设计，朱棣建设北京城时也对这一系统进行了发展，明清时期北京城内下水沟贯通城内的大街，最后流入城外护城河。但是外城远远没有得到如内城同等程度的规划和开发，最主要的一条排污沟渠是嘉靖时修筑外城城墙时开挖的明渠，也就是后来的龙须沟，它流经北京外城的绝大部分地区，经过天桥之下，注入南护城河。但清末民初，由于沟渠滥用、年久失修、财政紧张等情况，北京城的排污系统已形同虚设。如果说北京道路掀起的风沙灰尘让人难忘，那么北京城沟渠的味道则是另一大难题。尽管市政公所发行的《市政通告》上有详细介绍西方的排水系统及其与市政及公共卫生的关系[2]，但是限于资金和技术，市政公所还是选择了翻修原有的沟渠系统，整个工程从1915年持续到1930年，修理和清淤的沟渠主要位于内城，依然是集中在社会中上层的住宅区。外城的龙须沟情况尽管更加糟糕，但是由于资金的缺乏，只进行了北段的清理，即天桥以西接通虎坊路一带，主要是出于对新建设的香厂示范区的环境考虑，但天桥以东，因为"工长费巨，款项支绌，仅能酌量掏浚，以维持现状"[3]。南端的糟糕情形一直维持到中华人民共和国成立后，老舍创作过《龙须沟》这一戏剧作品就反映了龙须沟周边的底层劳动人民的悲惨生活。1923年北京电车公司铺筑路轨筹建电车期间，因在外城建筑电车厂，曾经向京

---

[1] 关于民国初年京都市政公所整修内外城马路工程概况及所用款项，可详见吴廷燮：《北京市志稿·建置志》，北京：北京燕山出版社，1990年，第146—149页。

[2] 如：《柏林下水之设置》，京都市政公所市政通告编辑室编：《市政通告》1914年第15期，第3—4页；《下水工事与公众卫生之关系》，京都市政公所市政通告编辑室编：《市政通告》1914年第45期，第4页；《市政工程卫生汇编：交通之方法》，京都市政公所市政通告编辑室编：《市政通告》1917年第2期，第1—8页。

[3] 《市政公所致电车公司函》（1923年3月15日），《有关整修龙须沟排水工程的函件》，北京市档案馆、中国人民大学档案系文献编纂学教研室编：《北京电车公司档案史料》，北京：北京燕山出版社，1988年，第106页。

都市政公所要求修整龙须沟，因"龙须沟久经淤塞，……沟水泛滥，有碍交通……秽气蒸腾……附近居民均以为苦"，电车公司计算该工程需要9400余元，表示愿意承担5000元，其余由居民认捐，然而居民捐款数仅有71元[1]，饶是如此，尽管万分为难，电车公司依然准备"慨助巨款"，"实期改良该处市政及居民之公共卫生起见"，但是最终工程中超过原定预算数目过多，所以不了了之。

市政公所主导的城门改造、道路铺设等便利交通的工程，不仅在一定程度上改变了北京的城市风貌，而且是对封建王朝时期以严格的社会等级秩序为基础的空间格局的打破。然而抱怨幼时街道、交通的梁实秋却对大兴市政的"新"北京城有不满之处："北平的市容，在进步，也在退步。进步的是物质建设，诸如马路行人道的拓宽与铺平，退步的是北平特有的情调与气氛逐渐消失褪色了。天下一切事物没有不变的，北平岂能例外？"[2]这一"退步"在电车公司实施路轨铺设等正式通行前的筹建过程时，再次显现了出来。

（三）铺设路轨

1921年10月，电车公司开始根据轨道规划进行全城路线测量，当时设计了总计51里的4条电车线路，并着手铺设电车铁轨。要完成铺轨工作，就需要对规划线路所行经的街道、房屋等进行一定程度的改造，如拓宽路面、加固桥梁、挪移电杆、更改管道等。1922年6月，电车公司召开第一届董事会，报告书中对工程及筹备事项有较为乐观的估计，认

---

[1]《外左四区警察署复电车公司函》（1925年9月5日），《有关整修龙须沟排水工程的函件》，北京市档案馆、中国人民大学档案系文献编纂学教研室编：《北京电车公司档案史料》，北京：北京燕山出版社，1988年，第108页。

[2] 梁实秋：《北平的街道》，选自《雅舍小品》，南京：江苏人民出版社，2014年，第276-287页。

为即使考虑到冬季停工等事宜，预计转年6月，也有望开车营业。[1]然而实际操作中未能如愿，购自法国的钢材于1922年10月分批运抵北京，因电杆树立需要经过交通部批准，磋商三月才获得通过；铺轨工程开工执照与市政公所商议，又等待两月才得到发放；石料运送车辆则与铁路局交涉增加，也有所拖延；挪移电杆或水管也要与电话、电灯、自来水公司交涉，"文书盈箧，往返需时，各处开工，坐是延误"[2]，最后不得不"开车定期，当再布闻"[3]。1923年6月电车公司的第二届董事会报告书中记录："京城初次设立电车，谣疑迭起，困难滋多。本公司以事属公众交通，一切建设力求美备，与各方往返商榷，不厌精详。"[4]

1923年5月在签订合同、批准开工后，从法国运抵北京的钢材正式动工铺设，铺设轨道的工作包括刨挖路基、填铺石块石渣，滚轧路基，修复路面，钢轨的钻孔、切断，铺轨并连接等工作，轨间距为一米，双轨线路之间相距1.5米至2米，当时电车公司与益昌公司铺设轨道修筑路基的合同里写明了工作具体事项，但这一工程直至1924年12月通车时尚未完工。[5]两条双轨线路的规划为从天桥向北，至前门分向东西，经东、西长安街，东、西单牌楼，东、西四牌楼，分别到达北新桥和西直

---

[1]《电车公司第一届董事会报告书》（1922年6月），北京市档案馆、中国人民大学档案系文献编纂学教研室编：《北京电车公司档案史料》，北京：北京燕山出版社，1988年，第43页。

[2]《电车公司第一届董事会报告书》（1922年6月），北京市档案馆、中国人民大学档案系文献编纂学教研室编：《北京电车公司档案史料》，北京：北京燕山出版社，1988年，第44页。

[3]《电车公司第一届董事会报告书》（1922年6月），北京市档案馆、中国人民大学档案系文献编纂学教研室编：《北京电车公司档案史料》，北京：北京燕山出版社，1988年，第46页。

[4]《电车公司第二届董事会报告书》（1923年6月），北京市档案馆、中国人民大学档案系文献编纂学教研室编：《北京电车公司档案史料》，北京：北京燕山出版社，1988年，第44页。

[5]《修筑路基暨铺设轨道工程说明书》（1923年3月20日），北京市档案馆、中国人民大学档案系文献编纂学教研室编：《北京电车公司档案史料》，北京：北京燕山出版社，1988年，第78-80页。

门。但前门外至珠市口一段在修筑时遇到沿街商户的反对和警察厅的阻拦，无法与城内衔接。前门大街为北京城最繁华的商业街市，沿街商户对电车修通后可能带来的对营业的影响极为担忧，停工近一年后才经政府调处，以将前门外路线改为单轨为条件，才得以继续施工。电车公司面对各部门、企业、商户的阻挠，认为电车便利并不深入人心，只得渐进，"盖电车在京城为创举，地方人士囿于故见，一时未能明了，而公家设备尚欠完善，故于发轫之始，取渐进稳重主义，使人民耳目相习，感觉电车种种便利，则基础方能确立"[1]。电车通行后，带来人流增加，原先拦阻铺设轨道的前门外商户，又允许电车公司双轨道通行车辆，前门外的轨道1925年按原计划铺为双轨。两条单轨线路则是一起北新桥，经鼓楼、地安门、西皇城根至太平仓（护国寺西口），另一规划起于东单，经崇文门、磁器口、珠市口、虎坊桥、菜市口、宣武门至西单牌楼，但后者线路中珠市口至虎坊桥一段，至1931才铺成，同年铺就了和平门至虎坊桥一段，因乘客稀少，1943年又遭到拆除。虎坊桥至菜市口一段于1942年铺筑，菜市口至宣武门一段则

图3.15 北京电车之最后工程

（图片为电车轨道正阳门一段最后工程得到许可后抓紧施工的情形，来自新闻《北京电车之最后工程》，《图画周刊》1924年10月26日第223期。）

---

[1] 《电车公司第四届董事会报告书》（1925年9月），北京市档案馆、中国人民大学档案系文献编纂学教研室编：《北京电车公司档案史料》，北京：北京燕山出版社，1988年，第50页。

始终未铺就。

1906年开通的天津有轨电车与1908年开通的上海有轨电车的轨道修筑工程，从计划到开始运行前后不过一年，且开通后短时间又加开数条，究其原因，是北京的电车线路皆运行于老城之内，虽然已是选取主要干路，但依然阻挠重重，工程本身就费时费力，商户的反对、政府的衙门作风，使得电车公司感到处处掣肘。电车轨道铺筑期间，1923年2月，京师总商会曾向京师警察厅呈函反对电车修筑，函中将京、津、沪三地对比："窃维市政发达，固应尊重交通，而尊重交通，尤应洞察地势。我国天津、上海皆有电车，上海则路系新辟，天津则拆城旧址，既未拆毁民房，固无人民咨怨。此无他，盖由地势广阔也。"[1]这几句陈言可以说对当时北京筹建有轨电车的种种难处一语中的地阐明，津、沪二地的有轨电车线路，均起于租界，租界为开埠后新划定的区域，且按照西方近代城市规划，道路较为宽阔，既有欧美经验在前，又有外商资本支持，在此基础上修筑电车轨道并开行相对易行。

> 至京师并非通商口岸，而民房、商店又栉比繁多，各处大街狭窄者固无论矣，即其路径宽广者，亦不敷电车之用，若势必兴办，定需拆毁民房。一则多数之商家因被拆歇业直接蒙害者既巨；二则影响所及，致起营业之纠葛，发生诉讼，间接受损失者更在在皆是。是交通事业未蒙有发达之利益，而京师社会先受经济上重大之损失，利不敌害，益少损多，名为便民，实则害民。[2]

---

[1]《京师总商会为兴办电车危及全市生命财产请妥筹补救方法致京师警察厅呈》（1923年2月12日），北京市档案馆、中国人民大学档案系文献编纂学教研室编：《北京电车公司档案史料》，北京：北京燕山出版社，1988年，第104页。

[2]《京师总商会为兴办电车危及全市生命财产请妥筹补救方法致京师警察厅呈》（1923年2月12日），北京市档案馆、中国人民大学档案系文献编纂学教研室编：《北京电车公司档案史料》，北京：北京燕山出版社，1988年，第104页。

京师总商会对电车"危及全市生命财产"的指控相当犀利，其中固然有北京电车事业难以推进的合理原因如老城街道狭窄、商店繁多，也不乏对电车伤人、人力车夫失业、商贾利益受损等情形的担忧，"据此，查电车事业必须宽阔区域方可施行，然伤人生命之事尚不能免，况京师街道狭窄处甚多，不敷用时，必至令商民拆让房屋。商家以铺房为根据地，少有挫失，其危害不可胜言。"[1] 3月，京师总商会再次呈函致步军统领衙门，提出十六条抗议，其中第八条"缓急失当"指出："北京市政尚在萌芽，偏僻之区无论矣，即市政公所日言整理之区域，已整理者不及千一，决非津沪商埠可比。猥以街道参差、杂乱无章之都市，诸事一不就讲求，惟先之以轰轰动动之电车为壮门面观瞻耶？"[2] 这一问，颇有值得探讨之处，为什么北京非建电车不可，市政公所建立之初曾呈国务会议一份《筹议建设北京电车说帖》：

> 最近京师人口愈增，住户遍及四城……京师地面辽阔，交通不便，主张兴修电车者几于众口一词，上海租界电车年息至二分三厘，股票较原价涨三分之一。京城面积及住户数倍于上海租界，获利可操左券，惟议此，或虑人力车夫将因此失业，其实电车通行人力车并不减少，津沪前例可稽。[3]

---

[1]《京师总商会为兴办电车危及全市生命财产请妥筹补救方法致京师警察厅呈》（1923年2月12日），北京市档案馆、中国人民大学档案系文献编纂学教研室编：《北京电车公司档案史料》，北京：北京燕山出版社，1988年，第105页。
[2]《京师总商会为电车流弊滋多请暂行缓办致步军统领衙门呈》（1923年3月28日），《京师总商会为兴办电车危及全市生命财产请妥筹补救方法致京师警察厅呈》（1923年2月12日），北京市档案馆、中国人民大学档案系文献编纂学教研室编：《北京电车公司档案史料》，北京：北京燕山出版社，1988年，第110页。
[3]《筹议建设北京电车说帖》（1915年11月12日），《京都市政公所关于报送筹议北京电车说帖、电车公司合同请备案给国务院内政部等的资呈》，北京市档案馆馆藏，档号：J011-001-00006。

这份说帖里固然提出了急需改善交通不便，但对上海、天津电车公司成立之后所获经济利益的考量不容忽视。尽管抗议质疑不少，北京的有轨电车开通后，其运力与居民的实际需要相差甚远，最初仅通行一条线路，到1925年底开通四条线路，机车50辆，一度"乘客之数陆续增加，各街巷铺户及住民，纷纷来函要求增设车站或增加路线"[1]，但电车公司向国外购置车辆、器材费用巨额，北洋政府的捐税明目甚多，动工后各项费用远超预期，开行后又有外界的抵制，无票乘车者屡见不鲜，经营困难。如前所述，为便于经营、互惠互利，电车公司还于1926年与市政公所、京师警察厅签订合同，如电车公司拟开通新线路，或其他涉及道路、桥梁、城门等工程改造时，都承担一半的费用，此外电车公司还缴纳铺捐、市政捐、公益捐等，还需在夜间12时至5时承担运除内城秽土尘芥的工作。[2] 因此电车公司对于加开线路心有余而力不足。

（四）牌楼拆建

规划中的1路和2路电车线路，由天桥出发向北，至前门分别向东西行驶，经过东单、东西和西单、西四，终点分别为北新桥和西直门。在东单、西单之前，电车规划线路需要先穿越正阳门牌楼和东、西长安街牌楼，不过这三处牌楼规模较大，可容电车通过，以正阳门牌楼为例，正阳门牌楼因其面阔五间又称五牌楼，牌楼高11.5米，明间最大跨度8.75米[3]，《旧都文物略》里形容正阳门大街和牌楼道，"此处为北平

---

[1] 《电车公司第四届董事会报告书》（1925年9月），北京市档案馆、中国人民大学档案系文献编纂学教研室编：《北京电车公司档案史料》，北京：北京燕山出版社，1988年，第50页。

[2] 《市政公所京师警察厅与电车公司相互利益合同》（1926年3月31日），北京市档案馆、中国人民大学档案系文献编纂学教研室编：《北京电车公司档案史料》，北京：北京燕山出版社，1988年，第91—94页。

[3] 《北平市工务局关于寄送代办重修五牌楼油画工程规范、图样和监工、付工款与文物整理实施事务处的来往函及对承揽商天顺建筑厂的批》（1935年9月），北京市档案馆馆藏，档号：J017-001-01058。

市最繁盛适中之地，街衢广阔，直达天桥、永定门，是谓正阳门大街亦名五牌楼大街"[1]。事实上，20世纪30年代，由于五牌楼年久失修，工务局也曾进行过重修，但修建电车线路轨道之时，东单、西单牌楼给电车的筹建工作带来的实际阻碍最显著。

1922年，东单牌楼即已进行过整修，"东单牌楼年久失修，木柱歪斜，牌楼西端上顶向北倾斜，而木柱下端亦以糟朽，每遇大风，即行动摇，看着殊形危险，亟应重修"[2]，市政公所即刻派人勘查，并招工承修。但这次修整显然未能持久奏效，"东西两单牌楼年久失修，柱脚均已动摇，附近居民及行人车马，咸有戒心"[3]，电车公司在铺设路轨过程中，考虑到安全隐患及自身利益，主张拆除，市政公所则反对拆除，经几度交涉，市政公所做出让步，但要求电车公司拆毁牌楼后需另行重建。[4]1923年7月5日，东单牌楼首先动工拆除。[5]《故都变迁记略》里也记载了东单牌楼拆除一事，"内城各大街多建坊，牌坊年久失修，其

图3.16　20世纪20年代初，电车轨道修筑前的东单牌楼
（资料来源　《旧京图说》，《北京日报》2019年9月10日，第15版。）

---

[1]　汤用彬：《旧都文物略》，北京：书目文献出版社，1986年，第9页。
[2]　《请修东单牌楼》，《益世报》1922年3月29日，第7版。
[3]　《市政公所改建牌楼》，《社会日报》1923年7月7日，第4版。
[4]　《市政公所改建牌楼》，《社会日报》1923年7月7日，第4版。
[5]　《拆修东单牌楼开工》，《京报》1923年7月7日，第5版。

柱础多陷入土中,且檐桷腐朽,揹柱倚斜,故东、西单两牌坊先后拆毁"[1],其中"崇文门大街与东四牌楼之间,旧有牌坊一座,曰'东单牌楼',民国十二年拆毁"[2]。东单牌楼的拆卸引起市民的广泛关注和反响,其时电车尚未开行,在铺轨架杆过程中,已处处树敌,此番为修电车拆毁古迹,再次引起轩然大波。

1923年7月12日,北京电车公司再次致函市政公所请求拆卸西单牌楼,函内提道:"东单牌楼年久失修,易生危险……函由市政公所先将东单牌楼拆卸,现在业已竣事。惟西单牌楼前经本公司与市政公所商定,由市政公所先行拆卸,改建经费由本公司垫拨,拆卸一节,迄今尚未施工,不独与电车工程进行殊多窒碍,即就街面安全方面起见,与东单牌楼视同一律,亦似应赶速办理。"[3]电车公司希冀早日拆除牌楼当然有安全考虑,电车筑轨、通行都难免震动,如果牌楼未拆而倒掉伤人,还需承担更大的责任,电车公司主张拆卸牌楼并承担费用,主要目的是为电车的顺利、安全开行,以便早日开始盈利。

7月14日,北京市民秦子壮等人呼吁保护古迹,呼吁电车改变线路。在呼吁中指出:

> 近日阅各报,载有东西单牌楼行将被拆之事,然此不过于观瞻上稍受影响,尚不足以摧残文化,破坏古迹之罪状。可谓昨读市政要闻,内有电车路线一则,详记将来电车由天安门至东西单牌楼,又由天安门南至天桥。这是明明白白将天安门完全之古迹及文化建筑物实行消灭,使我数百年之古迹一旦为少数人之攫取金钱主张割成七零八落而后快……东西长安街、东西三座门内两

---

[1] 余棨昌:《故都变迁记略》,北京:北京燕山出版社,2008年,第35页。
[2] 余棨昌:《故都变迁记略》,北京:北京燕山出版社,2008年,第38页。
[3] 《北京电车公司函市政公所请从速卸改西单牌楼》(1923年7月11日),《北京电车公司关于改建修复:西单东四牌楼问题函及内务部、市政公所等单位的复函》,北京档案馆馆藏,档号J011-001-00041。

旁现已植树，何等清洁，而天安门外之文化美术建筑等物，宽阔空地，何等壮丽……设被电车往来，横穿直截……不知变成什么样子！[1]

除了讨伐毁坏古迹的行为，在此公启中还提出对修建电车的若干担忧，如街道较窄能否容四处经过无碍，沿线旧式房舍可否承受电车经过的震动，会否危及居民，另外还有人力车夫生计问题等。知识分子李伯玄也在《京报》发表谴责拆除牌楼的文章，阐述保护牌楼的意义，面对牌楼即将陆续遭到拆除的情形，从对文物保护和时局关切的角度，表达了对现状的担忧与愤怒：

保存古迹古物，并不是崇拜旧时代，因为我们的现在，就是我们的将来也是如此……由于古今这样密切的关系，我们不能不研究以前的历史……我国古迹古物近来被无识者的摧残，地方人的窃盗，外国人的诱买，恐这样下去，将来足供学者研究的所剩无几了，若是我们现在急急不暇及此，也须留下些，为后人有力研究时的材料，否则就是后人的罪人了。[2]

至于开行电车和牌楼的矛盾，文章也指出：

就近而论，北京在古都内独未遭兵火，近来似乎嫉妒它这个独份，对于它附产的古物大加残毁。前年东安门内的大桥也不见了，变成一个既丑且陋的小桥。今年东单牌楼也不见了，西单也

---

[1] 《市民秦子壮等呼吁保护古迹改变电车行经线路公启》（1923年7与14日），北京市档案馆、中国人民大学档案系文献编纂学教研室编：《北京电车公司档案史料》，北京：北京燕山出版社，1988年，第118页。
[2] 李玄伯：《保存北京的古迹古物》，《京报》1923年9月5日，第5版。

快了。东安门内的桥，据说是因为妨害交通，这话却也不错，但是何不在大桥旁边或两边加上一个或两个平桥，交通既不阻塞，古迹也可保存，岂不两全其美。至于东单牌楼，据说是因为电车不能通过，我想这也不是个不能两全的事情——比如巴黎新近多半改用的地下线——拆东单牌楼为修电车等于拆巴黎的凯旋门为修电车，真是一件怪事（我特举巴黎，因为单牌楼有五百余年的历史，凯旋门不过只百年，巴黎的大街因其为其名甚古，上次市议会且大反对易他名，何况拆凯旋门）！我甚希望北京保全古迹，以免后人怨我们。[1]

西单牌楼附近的商家多在此已经经营数代甚至十数代，不论是出于与牌楼天然的感情连接，还是担心电车经过门前对经营的影响，联合起来坚决反对牌楼拆除，"北京电车公司前次修建路轨，因查西单牌楼妨碍电车通行，曾呈请警厅，拟将该牌楼拆去，嗣为西单牌楼附近绅商所阻止"[2]，各绅商还向电车公司提出三条要求：

  1.电车公司拆卸牌楼，在旧地基立即重建，不得迁移，先行宣布开工日期，并由该公司绘具图说，究竟采用何式及应需估价若干圆，一并先行宣布；
  2.电车公司自拆卸之日，随卸随修，不得借词延迟，否则商民等阻其一切建设通车；
  3.电车公司备妥建设费后，由商民等指定银行存储，以昭信实。[3]

陆续有不同的报刊发声支援这场保卫牌楼的活动，在民众和舆论的

---

[1] 李玄伯：《保存北京的古迹古物》，《京报》1923年9月5日，第5版。
[2] 《拆毁单牌楼之条约》，《晨报》1923年9月19日，第6版。
[3] 《拆毁单牌楼之条约》，《晨报》1923年9月19日，第6版。

压力下，经警察厅出面调停，电车公司在市政公所的要求下，答应了上述约定，随后，西单牌楼由电车公司出资拆除，以便利交通，[1]并预存了六千大洋作未来重建牌楼之用。东单、西单牌楼拆除之后，市政公所在报纸上向市民公布了电车行车线路。后续虽有东西两牌楼将重建的新闻传出[2]，但重建一事迟迟未能提上日程，1927年，警察署致电车公司函说明，"……现在该处交通日繁，无重建牌楼之必要……查西单牌楼大街地当冲要，车马纷繁，若再修建牌楼，虽可藉壮观瞻，而于交通上实在多不便"[3]。警察署以西单一带交通繁忙为由说不需再重建牌楼，请电车公司将预存款项挪为其他用途，实则是希望电车公司用此笔款项购置载重汽车，将右一区内堆积的秽土运走，"公家无力筹措，无可讳言……拟请电车公司将该款移充购车费用，如有不足，再由住铺各户捐募"[4]。但这一要求并未得到电车公司的应允，电车公司担忧牌楼与城垣同为国家所有，属内务部管辖，万一时会变迁，或政府方面主张重修，如今擅移款项作别用，违背约定。1929年，工务局再次提出重修西单牌楼，向电车公司索要其之前的存款六千元，但此时电车公司因营业状况艰难，未能兑现。[5]直至1931年，北平市"文化城"的计划诞生，北平市长亲自召开市政会议，提议重建东西单牌楼，"以壮观瞻，以存古迹……告别多年之东西牌楼，又将重现于本市"[6]。

---

[1] 《拆毁单牌楼之条约》，《晨报》1923年9月19日，第6版。
[2] 《东西两牌楼将重行建造》，《晨报》1925年4月29日，第6版。
[3] 《北京电车公司关于改建修复西单东四牌楼问题函及内务部、市政公所等单位的复函》（1927年3月21日），北京档案馆馆藏，档号：J011-001-00041。
[4] 《北京电车公司关于改建修复西单东四牌楼问题函及内务部、市政公所等单位的复函》（1927年3月21日），北京档案馆馆藏，档号：J011-001-00041。
[5] 《北平特别市工务局、公用局关于催缴改建西单牌楼所用工料费给电车公司的训令》（1929年2月2日），北京档案馆馆藏，档号：J011-001-00102。
[6] 《重修单牌楼》，《北平晨报》1931年8月2日，第6版。

三、小结

清末民初是中国从传统社会步入近代社会的一个重要转折时期，近代城市规划与建设、城市管理理念被引入中国，公共交通近代化是城市由传统向近代演变过程中的重要一环，公共交通发展与城市空间演变相辅相成，也与城市生活密不可分。这一时期也是北京从传统的王朝政治中心向现代国家首都发展的重要阶段，在中国古代都城营建理论指导下建设起来的北京城，其城市空间与道路格局逐渐不能适应近代城市交通发展的需要，北京城市公共交通近代化发展举步维艰。由于北京传统城市空间格局对电车发展的限制，电车在选择线路、架杆铺轨的过程中处处掣肘，其筹办与修建过程是对北京城市空间的改造和景观的塑造。这些改造是对于北京城市既有的整体规划、城市空间格局逐渐打破的过程，也是技术进步不断作用于北京城市物质文化与精神文化的过程。

如前文所述，电车公司成立时的正式规划中，将电车轨道铺就在市内的几条通衢大道，首次规划线路为四条：第1路，由前门出发，经新华门、西单牌楼、缸瓦市、西四牌楼、红罗厂、护国寺、新街口，至西直门。全程14.04里，设14站，称为西线，改为天桥出发后，全程19.37里；第2路：由前门出发，经南池子、东单牌楼、灯市口、东四牌楼，至北新桥。全程11.03里，设11站，为东线，改为天桥出发后，全程15.88里；第3路，由北新桥出发，经鼓楼、地安门、皇城根至太平仓。全程8.12里，为北线；第4路，由崇文门出发，经东单牌楼、西单牌楼至宣武门，全程9.28里，设九站，为南线。

由于有轨电车筹建过程中的周折及改造，前门以南的路轨铺设过程中受到沿线商铺的较大阻碍，停工一年也未达成一致，直到电车开行后显示出优势，才得到商会首肯，1925年9月得以铺轨完毕，前门至天桥段才通车，因此第1、2两路首发时，起点为前门，后改起点为天桥。1924年12月18日，北京的第1路电车正式售票营业，各站乘客拥挤异常，正阳门内至西直门大街有许多人挨近车轨观看，"甚有久候，竟不能登车者"[1]。两天之后的12月20日，第2路电车通车，1925年第3、4路电车依次开通，并增开了加线，由东四牌楼经东单牌楼、西单牌楼、西四牌楼至西直门，长17.02里，为第3路，原第3路北新桥至太平仓的一线改称第4路。此时开行的第4路与电车公司规划轨道铺设时的第四条规划线路并不相同，原规划中的崇文门-磁器口-珠市口-虎坊桥-菜市口-宣武门因铺设轨道时的周折，珠市口与虎坊桥之间轨道迟迟没有铺通，至1930年才通行，于是形成了第6路，由崇文门出发，经磁器口、珠市口、虎坊桥至和平门，1943年，虎坊桥至菜市口一段通车，第6路终点站又改为虎坊桥。此外，1937年天桥至永定门一段通车，增加由崇文门经磁器口、珠市口、天桥至永定门的线路，称"新6路"或"第6路南行车"，此后又将这条线路改为只行天桥至永定门一段，并改称第7路。

北京有轨电车在开通之初，就有路线稀疏、车辆短缺，载客能力较弱的劣势。

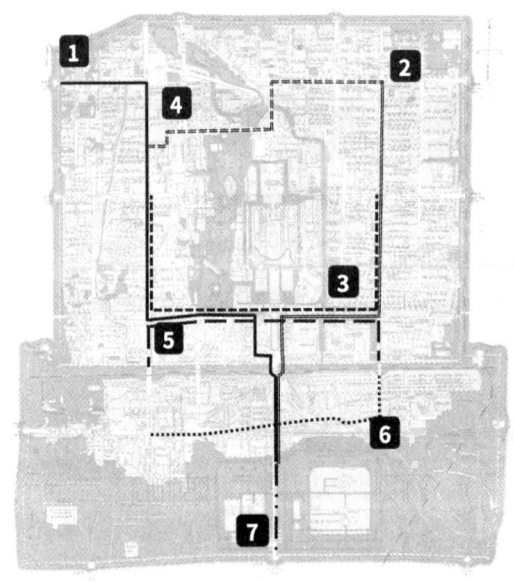

图3.17　1943年北平有轨电车全部7条路线示意图（根据美国国会图书馆藏1943年北京地图绘制）

---

[1]《电车昨日开始售票》，《晨报》1924年12月19日，第6版。

北京的电车乘坐率（riding habit）明显低于天津、上海，[1]一个重要的原因，就是北京的电车没有扩展至城外。尽管北京的手工业和商业较为发达，但是往往以前店后作坊的形式存在，不似津沪二地形成了需要规律通勤的工人群体。北京作为一个传统的步行城市，人口密集，商业区分布在城市的各个角落，往往在居住地附近就可以完成生活所需的事务，电车线路虽然串联起了繁华商业区，但是，北京的有轨电车始终仅仅局限于城墙之内，而没有向城郊扩散开来，北京城固有的空间结构非但并没有因电车的开行而瓦解，反而连接得更加紧密。

北京有轨电车开行20余年间，线路最多时7条，内城的线路始终围绕皇城四周，这些线路在选址时已是重要通衢，其他很多街巷由于狭窄或未在干道近旁，只能依靠灵活、方便的人力车前往。北京传统的街道、胡同格局，使得北京电车线路及站点的区位选择十分局限，仅能行驶于原有的通衢大道，无法体现其作为新式公共交通快速、通达的优势，不得不与更灵巧、及时的人力车长期并存、互补，共同构成了民国年间的公共交通系统。北京城市近代化过程中，有轨电车这一机械化的新式交通，运行于旧的传统空间内，形成了新旧比肩的近代北京城市公共交通与空间格局这个特别的案例。

（毛怡　集美大学文学院讲师）

---

[1] H. O. Kung（孔赐安）："An analysis of the tramway operations in Shanghai, Tientsin and Peiping"（《上海天津北平三市电车之分析》），《电工》1937年4月，第8卷第2期，第201-230页。在这篇文章中，孔赐安通过三市人口数据及电车经营状况，计算人均每年乘坐电车的次数，即乘坐率，或乘坐习惯（riding habit），乘坐率越低，即表明这一交通工具被城市居民接纳程度越低，1926—1935年，北京的电车乘坐率只有17，天津为52，上海为38。

第四节　教会中学空间问题研究

鲍　宁

教会学校是近代北京城新式学校的重要类别，关于教会大学，前人已有较多关注，其中不乏空间视角的研究。[1]在教育近代化过程中，教会学校出现较早，加之在经验和资源方面的优势，发展也比较迅速。至王朝末年，北京城中很多教会学校已发展至中等学校的规模，在清末及民国时期城市教育领域占据了重要地位，对于城市用地和景观改造，以及学生和市民的空间感受也产生了重要影响。然而，目前从空间视角对教会中学的研究还相当有限。[2]与教会大学相比，北京城教会中学的空间发展具有如下两点差异：首先，教会中学多位于城内，其校园建设与城市空间、社会存在更多的关联；其次，与教会大学的一次性规划建设相比，教会中学的空间发展过程更为漫长、曲折。因此，从城市空间与社会视角来看，教会中学建设问题具有其丰富性、复杂性，本文将从历史地理视角对这一问题进行系统的梳理和讨论。

---

[1] 一些学者重点研究了中国教会大学的校园及建筑问题，如唐克扬、舒衡哲对燕大校园历史的研究，前者关注地产获取和校园规划，后者关注园林变迁，均为空间视角的代表性成果，见唐克扬：《从废园到燕园》，北京：三联书店，2009年；舒衡哲著，张宏杰译：《鸣鹤园》，北京：北京大学出版社，2009年。另有姜玲对协和医科大学建筑的研究、李银忠对辅仁大学建筑的研究等，为本文教会中学的研究提供了一定的参考和启发，此处不再一一列举。

[2] 姬红、毕晓莹等学者曾对北京城的教会中学进行研究，但主要关注学校整体或个案的设置与发展，对空间方面关注较少。参见：姬虹：《北京地区美国基督教教会中学研究（1920—1941）》，《美国研究》1991年第4期；毕晓莹：《民国时期北京育英学校述略》，《北京社会科学》2012年第4期，等等。

一、北京城内教会的空间发展

北京城教会学校自清末出现，早期多附设于教堂或传教士家中，规模小且缺少相应设施，对城市景观的改造基本附属于教会对相应区域的改造之中。其后，伴随教会学校的发展和教会中学的设立，教会学校规模有所扩大，一些学校开始通过租用或购买民房改建学校。庚子事变中，北京教会中学多数被毁，其后利用庚子赔款和教会获得的地产展开重建，学校中出现一些西式风格的建筑和校园空间组成要素，由此形成了早期校园的雏形。民国时期，教会中学继续开展空间建设，伴随城市房地产市场的发展，其用地来源更为丰富，建设成效也较显著，一方面表现为校园空间的拓展和形态的演变，另一方面校舍建筑的风格也发生变化。

近代教会中学特别是早期学校的空间发展与教会的地产分布关系密切，这一部分首先对北京城内教会的空间发展问题展开讨论，并通过地图的绘制还原其在城内的主要机构和地产分布情况。

（一）教会空间发展的阶段与模式

近代基督新教自19世纪60年代进入北京城，城内的教会空间逐步建设。一方面不同时期在京教会的数量有所变化，教会地产逐渐增加；另一方面各教会所辖的教会区域经历了由点至面，逐步扩大、扩散的过程。在发展和建设的同时，各差会在北京城内大体以分区的方式存在。总体来讲，近代教会在北京城内的空间发展可分为如下几个阶段：

1. 19世纪60年代至20世纪以前的初创时期

19世纪60年代，随着禁令的解除，欧美各主要差会相继派遣传教士进京，由此拉开了近代教会在北京城内空间建设的序幕。这一时期的教会空间基本呈点状分布和发展，先由临时据点向固定的综合性地点过渡，再以点状形式向外扩散。各教会进京后，首先由传教士临时租用一两处民房，设立医院或礼拜堂，开展慈善和传教活动，如1861年伦敦会雒魏林在英使馆旁设立医疗室，1863年杜德珍于缸瓦市租用民房，将医疗室迁入并设立医院；另如丁韪良于1865年出任京师同文馆教习后，在东总布胡同租房设立长老会会所进行传教工作；圣公会包约翰利用在同文馆担任教习之便，租用民房进行布道，同时开办小学一处。[1]各教会最初的据点多为临时房产，规模较少，多位于内城，与使馆或同文馆毗邻。

其后，通过差会拨款，各教会陆续购买房产，逐步建立起固定的综合性传教地点。如1865年，伦敦会在米市大街（今东单北大街）东堂子胡同西口购买庙产一处，以此为基础建起医院、医学院及校舍、住宅和礼拜堂；1886年，长老会购买安内大头条胡同20号王玉麟房产，次年建成长老会教堂；公理会传教士柏亨利与已故传教士裨治文（E. C. Bridgman）的遗孀贝满夫人于1864年进京后，直接从英国福音会广传会差派到北京的司徒（J. A. Steward）手中弄到油房胡同（今灯市口北巷）一所大宅院做为公理会会所，以此为基础陆续建起小学、礼拜堂，此处会所在当时被百姓称为"鬼子府"。[2]这些由差会购买的房产一般规模较大，多为官员宅院或传统寺庙，传教士以此为基础改建礼拜堂、医院、学校等基础设施，北京城各教会中学大多由此起源。早期综合性固定据点的购买与建设初步奠定了清末各教会在北京内城的势力格局。除上述综合性据点以外，庚子事变以前各教会传教士还在北京城内建设了一些零散的福音堂，如1884年伦敦会传教士石敦豪（J. Stonehouse）发展崇外东柳树井堂、1873年柏亨利在油房胡同北口建福音堂，用作外堂布道处等，另有部分分散在城外的福音堂，此处不作讨论。

---

[1] 王毓华编：《北京基督教史（1863—1993）简编》，北京：北京市基督教教务委员会，1993年，第8、14、18页。

[2] 王毓华编：《北京基督教史（1863—1993）简编》，北京：北京市基督教教务委员会，1993年，第8、14、37页。

2.庚子事变至清末的扩建时期

19世纪末期,各教会在北京城内的空间建设已取得初步成果,主要表现为建成了综合性的教会据点,并粗略形成了各教派在城内进行势力划分的空间基础。然而,在1900年庚子事变中,已建成的各项教会建筑多被损毁。八国联军进入北京后,各差会利用赔款以及传教士在事变中或事变后抢夺和购买的各项房产、土地展开重建,不仅已有各类设施得以恢复,教会城内地产的规模更是成倍增长。总体来讲,自1900年庚子事变爆发至清末的十年中,北京城内教会的空间发展可概括为由点至面的空间扩张过程,教会景观成为城市空间的重要组成部分。

1900年庚子事变中,北京城内各差会传教士多数转移到东交民巷使馆区内,城内已建成的教会场所几乎全部被损毁。1900年8月14日,八国联军侵入北京,许多传教士走出使馆区,借机为所在差会抢夺土地和房产。如英军占领区为西单往南到宣武门大街以西一带,英国圣公会传教士鄂方智(F. L. Norris)乘机占领了象坊桥(后称南沟沿)南头刑部殷柯庭宅院,作为安立甘会会所[1]。绒线胡同原安立甘会会所旁的一座大寺庙被八国联军烧毁,也被安立甘会占有,后改建为崇德中学校舍及传教士住宅。1902年,安立甘会继续购买与殷宅相邻的张善增、董一斋等私人地基,于1907年建成新的救主堂。[2]其他教派的发展大抵与此相似,一方面由传教士出面抢掠相邻房地产,另一方面于事变后由差会向清政府索取赔款并为所谓受难教徒向中国百姓勒索赔偿和罚金,以此为基础重建医院、学校、教堂和传教士住宅等一整套基础设施,不仅教会附属设施的规模和数量成倍增长,且在空间上形成了一定范围内毗连的教会区域。如伦敦会占据北起东堂子胡同往南至外交部街的伦敦会大院,于院内建成双旗竿医院、医学院(后改为协和医院)以及可容纳

---

[1] 英国圣公会最初传入时被称作安立甘会。
[2] 王毓华编:《北京基督教史(1863—1993)简编》,北京:北京市基督教教务委员会,1993年,第19页。

八百人的米市教堂；长老利用赔款于1902年买下安内二条杨承禧和刘富志远堂等房产建成道济医院、道济肺病疗养院、崇实中学（含宿舍）和教堂，形成集医院、学校、教会于一体的包括安内大头条、二条、三条的偌大的教会区域。[1]事变后各差会的空间重建基本奠定了其在近代发展的基础，各处学校、医院、教堂大多一直存在并不断发展，而北京城内教会的格局也由此奠定。

美以美会是分布在北京内城东南部的主要教会，此处以其地产分布为例，简要阐释庚子事变前后教会地产的发展，从中也可看到清末北京城内部分区域由教会景观逐步替代周围传统城市景观的变迁过程。图3.18为1870年以前北京内城东南部空间格局及景观状况：

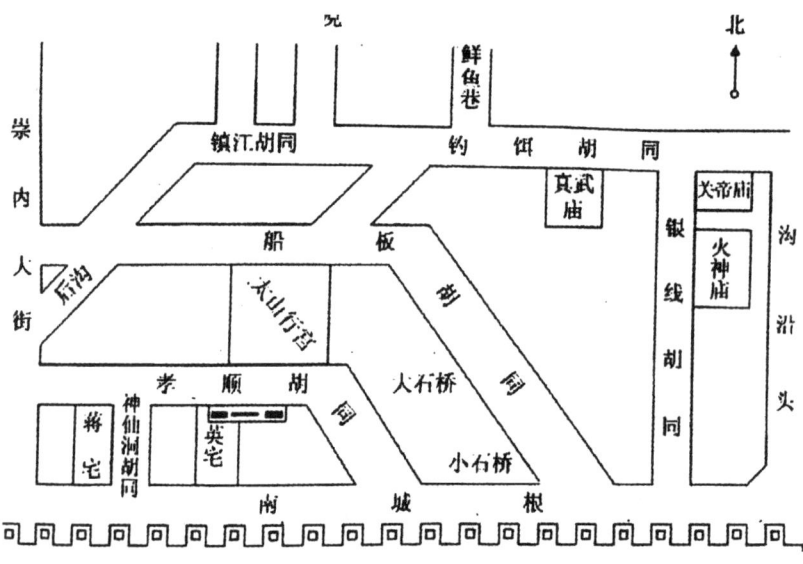

图3.18　1870年以前北京内城东南部空间格局及景观状况

---

[1] 王毓华编：《北京基督教史（1863—1993）简编》，北京：北京市基督教教务委员会，1993年，第9、14-15页。

[2] 王毓华编：《北京基督教史（1863—1993）简编》，北京：北京市基督教教务委员会，1993年，第31页。

1864年，美普会[1]传教士白汉理（Rev. Henry Blodget）来到北京，1865年富善（Goodrich）夫妇来到北京，1869年美以美会传教士卫维廉、刘海澜、达吉瑞、李安德等来到北京，1870年，由美以美会差会拨款于崇文门内孝顺胡同后沟2号购买一处房产作为会址，称美以美会布道年议会。同年，在会址上建立北京第一所卫理公会的堂会，即亚斯立堂。[2]1871年于船板胡同1号设立培元斋蒙学馆，1872年于孝顺胡同后沟1号设立慕贞书院。图3.19是1870年东南部地区空间格局和景观状况：

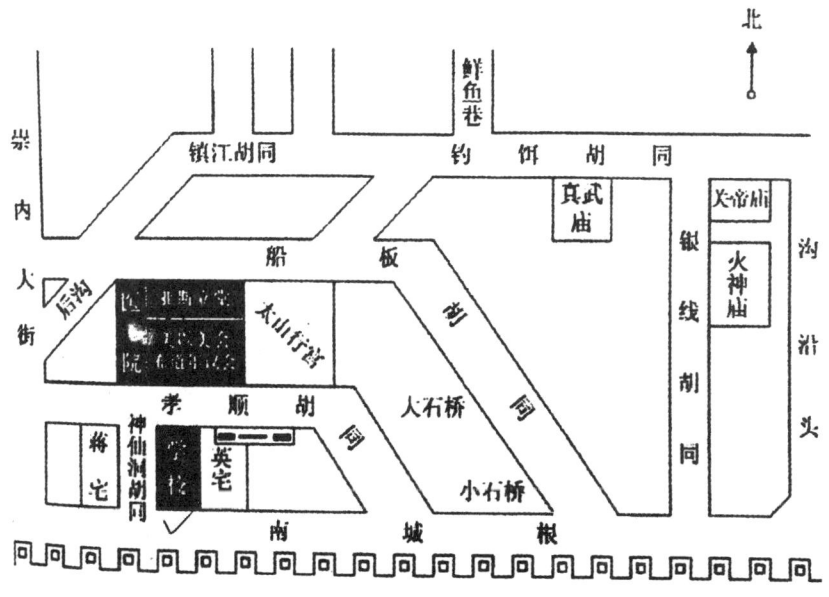

图3.19　1870年内城东南部空间格局与景观状况[3]

---

[1] 美以美会、美普会和监理会分别为美国卫理公会（Methodist）下属的三个派别，三大派分别到中国传教，其中在北京的主要为美以美会。
[2] 王毓华编：《北京基督教史（1863—1993）简编》，北京：北京市基督教教务委员会，1993年，第22页。
[3] 王毓华编：《北京基督教史（1863—1993）简编》，北京：北京市基督教教务委员会，1993年，第31页。

| 时代变革下的空间嬗变 |

庚子事变中，刘海澜等传教士参与地产争夺，先后占领了附近的清宗室英宅府院、太山行宫、真武庙、火神庙和关帝庙等，还强买附近民房，使九百多户居民被迫搬迁。由此崇内城根下的整条银丝胡同、三分之二的船板胡同、四分之三的孝顺胡同均为美以美会所有，土地面积达到268亩。其后被焚毁的亚斯立堂得到重建，还盖起了汇文书院校舍和大片传教士住宅楼区。直到1904年，美以美会还在强占民房。[1]图3.20是1900年以后内城东南部的空间格局与景观状况，可以看到教会空间范围大大增加，区域内原有的传统建筑多被教会建筑所取代：[2]

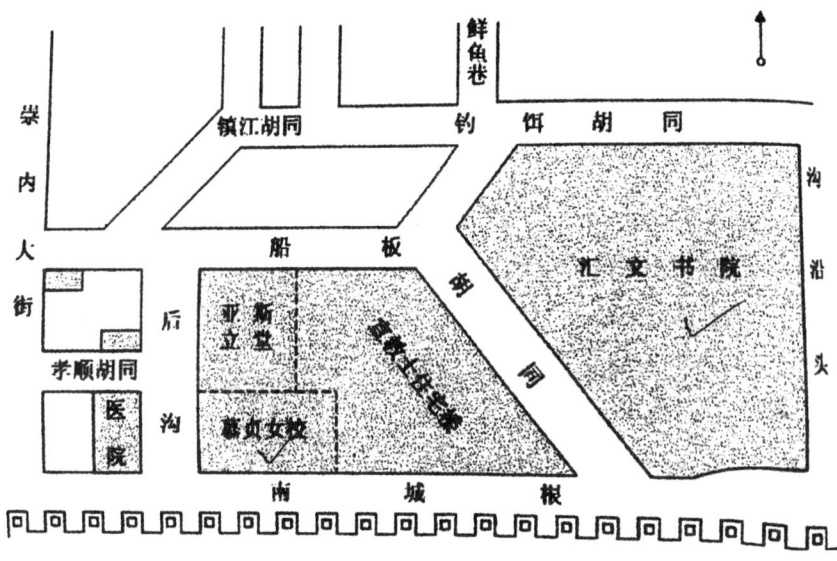

图3.20　1900年后内城东南部空间格局与景观状况

在庚子事变争地过程中，传教士不仅掠夺中方房地产，还与其他差会以及外国军队争夺地产。如下为《近代史资料》中记载刘海澜持枪抢地的情形及其后的建设情况：

---

[1] 王毓华编：《北京基督教史（1863—1993）简编》，北京：北京市基督教教务委员会，1993年，第25页。
[2] 王毓华编：《北京基督教史（1863—1993）简编》，北京：北京市基督教教务委员会，1993年，第32页。

1900年八国联军侵入北京，美以美会美帝国主义传教士刘海澜（H. H. Lowry）率信徒在崇文门内东面孝顺胡同和船板胡同一带圈地，以秫秸插标立界，界内有佛教寺庙一座。当时各帝国主义国家争相略地，扩充侵略势力。有一个法帝国主义分子也正好看中了这块地方，带领人来占地。刘海澜与之发生冲突，掏出手枪，进行威吓；结果法国人让步了。这以后，法国人在崇内路西同仁医院后身占了一大片空地，成为后日的法国营盘。刘海澜则在所占地方内建立了亚斯立堂（Asbury Church）、洋人住楼和博馆（大学和神学）、备馆（中学，即日后的汇文男校与慕贞女校）等一大片楼房，成为美以美会在北京进行侵略的中心基地。[1]

3.民国以后多教会发展时期

庚子事变以后，外国教会在北京城内的空间建设取得进展，此后，各海外差会开始筹划派遣更多传教士来到中国。民国时期北京城内教会空间的发展主要可概括为两个方面，一方面是已有教会空间的增长与扩大，另一方面是新的教会进入北京并开展空间建设。已有教会的空间扩张一种表现为点的增加，即在主区域外添设一些新的福音堂或教会设施，如美以美会于民国年间先后开设方巾巷堂、广安门关厢福音堂、白纸坊福音堂、和平门外小沙土园教堂、左安门外教堂、右安门关厢福音堂等；[2]另一种表现为点或面的扩大，即已有教会区域或设施规模的扩大，如教会学校校园的扩张等。

此外，民国时期还有一些新的教派传入北京，如神召会、救世军、基督复临安息日会等，这些教会多以先租后买的方式获取房产设立福音

---

[1] 张恩溥：《刘海澜持枪抢地》，《近代史资料》1964年总32号，第112页。
[2] 王毓华编：《北京基督教史（1863—1993）简编》，北京：北京市基督教教务委员会，1993年，第28-29页。

堂，其规模一般有限。除福音堂外，这些教会还以家庭会的方式进行传教，此外也会设立一些慈善机构，如救世军于东城烧酒胡同和报房胡同开办培贞、培德慈幼院，设立临时粥厂、暖厂等[1]，但除美国远东宣教会在东皇城根开办的圣书学院以外，民国时期这些新的教会一般并未设立学校，更无普通教会中学的设置。

近代教会依管辖范围的变化，多采取分等级设置的管理模式，各教派之间虽名称叫法不同，但设置方法基本相似。如按照圣公会的制度，一个教区下设若干牧区，牧区下有若干教堂，其中主教所在称座堂，每个牧区设有牧区主任。例如华北教区下设北京牧区、永清牧区、天津牧区等，北京牧区主任同时为座堂主任。[2]除上述由差会制定的纵向上与管辖空间对应的管理等级划分外，在北京城范围内，还存在着横向上由各教会自发形成的教区划分和势力格局。如前文所述，伴随各教会在清末特别是庚子以后的空间扩张，在北京城内逐步建成了多处范围较大的综合性教会区域，这些区域一般包括多条胡同，同时在区域外零散分布一些教堂、学校等相关建筑。清末各教会综合性区域的边界虽然不是彼此相邻，但这些区域的形成大体确立了教会的势力范围和空间格局，目前虽尚未见到关于城市内不同教会教区划分的明确记载，但有说法认为在不同教会之间确实存在着明确的教区划界。[3]图3.21是民国年间悉尼·甘博所著《北京的社会调查》一书中绘制的教会工作示意图，可看到图中标注了教区边界，其空间格局比较清晰：

---

[1] 王毓华编：《北京基督教史（1863—1993）简编》，北京：北京市基督教教务委员会，1993年，第70-71页。

[2] 王毓华编：《北京基督教史（1863—1993）简编》，北京：北京市基督教教务委员会，1993年，第20页。

[3] 据香港岭南大学历史系张雷博士介绍，曾在美国所藏古旧英文图书中见到关于清末北京教区划界的分布图，此处本应引用，但由于张雷博士翻拍的地图照片暂时遗失，只能留待日后补充。

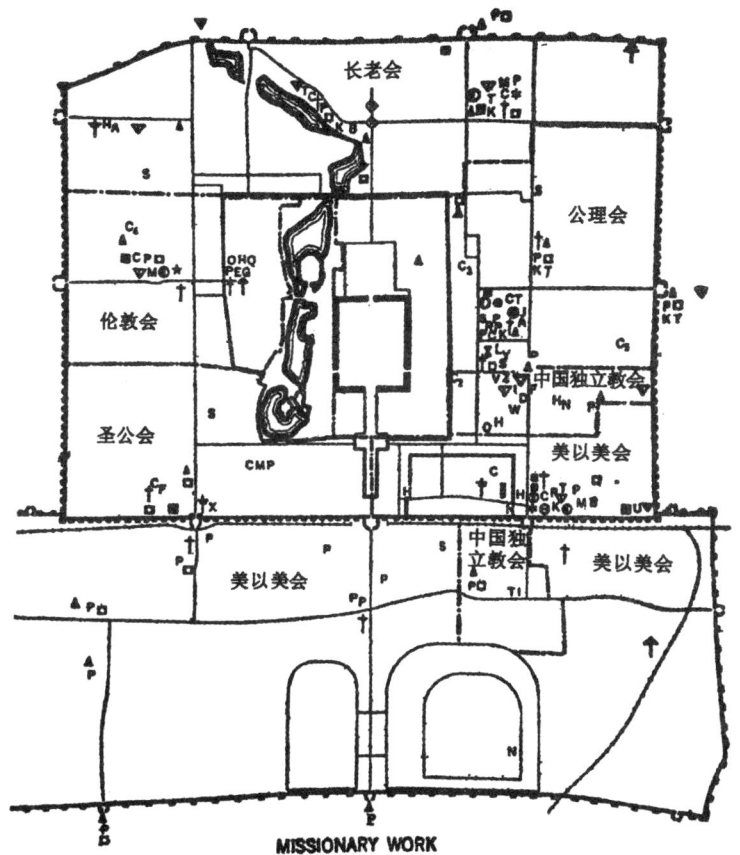

图 3.21 悉尼·甘博所绘北京城内教会分布示意图

由甘博所绘地图的情况结合前文提到的美国所藏英文书中教区地图的情况，可初步判断，近代北京城内不同教会之间存在着分区建设的情况。这种分区或许是随教会建设而自发形成，但已出现了比较明确的界限划分。

（二）教会地产的相关问题

前文对清末以来教会在北京城内的空间发展过程进行了梳理，此处再就空间现象背后的房地产来源、获取方式、产权等问题做简要分析，

179

由此一窥近代内城部分房产和土地使用的丰富面貌。

1.相关政策

近代不平等条约的签订是教会在华购置地产的主要法律依据，近代不平等条约赋予了外国教会在五口、内地乃至北京城租用和购买土地房产进行建设的权力，如1844年中美《望厦条约》中规定：

> 合众国民人在五港口贸易，或久居，或暂住，均准其租赁民房，或租地自行建楼，并设立医馆、礼拜堂及殡葬之处。必须由中国地方官会同领事等官，体察民情，择定地基；听合众国人与内民公平议定租息，内民不得抬价掯勒，远人勿许强租硬占，预须各出情愿，以昭公允；倘坟墓或被中国民人毁掘，中国地方官严拿照例治罪。[1]

表3.12是依据王中茂研究总结的与教会购置地产相关的主要条约、协议及相关状况：

表 3.12 近代教会在华购置地产之法律依据

条约名称	签订时间	重要内容
中法《黄浦条约》	道光二十四年（1844年）	在通商口岸可自由地永租土地、建设教堂
中法《北京条约》（中文本）	咸丰十年（1860年）	在各省租买田地、建造自便
《柏尔德密协议》	同治四年（1865年）	经报官酌定于内地置产
《教会置产协议》	光绪二十一年（1895年）	享有内地自由置产权

资料来源：王中茂：《近代西方教会在华购置地产的法律依据及特点》，《史林》2004年第3期，第71-72页。

---

[1] 王铁崖：《中外旧约章汇编》第1册，北京：三联书店，1957年，第54页。

通过上述条约的签订和相关协议的补充，教会在20世纪以前基本享有了在中国内地自由购置地产的合法权益。进入民国以后，北洋政府一方面从法律上承认教会等公私团体对房地产的所有权，同时对广泛分布的寺庙和教堂等特殊房地产进行了大规模的登记调查。1912年，内务部下令各省对境内之寺庙和教堂进行清查，并制作了调查表格。教堂方面，要求将其自置地、租赁地的地亩数与价格、附属房产间数等详细填报，市政部门对于教会房地产的管理和监督较之清末有所加强。[1]1928年7月12日，国民政府内政部颁布《内地外国教会租用土地房屋暂行章程》（后简称《暂行章程》），成为自清末条约及协议后对内地教会租用土地房屋进行管理的主要法律依据。《暂行章程》中明确指出"凡外国教会，在内地设立教会、医院或学校，而为该国条约与中国条约所许可者，得以教会名义，租用土地建造，或租买房屋。"此外，在民初调查基础上形成规范，对教会租赁和使用中国房地产的面积、用途、管理方式等问题做出严格规定，如关于租用方式及合法性，《暂行章程》规定教会在内地租赁土地建造或租买房屋，不仅"应服从中国现行及将来制定之法令及课税"，而且"须由业主与教会会同呈报该管官署核准，其契约方为有效"；关于建造标准和使用途径，规定"其面积超过必要之范围，该管官署不得核准"，如有将上述违规土地与房屋"作收益或营业之用者，该管官署得禁止之，或撤消其租买"。[2]此后，北平市政府等城市管理机构先后转发《暂行章程》及相关训令[3]，但据研究其实际执行效果并不理想。[4]

---

[1] 《内务部通咨各省都督民政长调查祠庙及天主耶稣教堂各表式请查炤遵文附表》，《政府公报》1912年第171号。

[2] 《内地外国教会租用土地房屋暂行章程》，《近代史资料》1964年总32号，第214页。

[3] 《北平市政府转发内政部解释内地外国教会租用土地房屋章程条文的训令和行政院关于外人在通商口岸以外租用土地应严令拟销的密令》，北京市档案馆馆藏档案，全宗号J017-001-00714。

[4] 唐博：《清末民国北京城市住宅房地产研究（1900—1949）》，中国人民大学博士学位论文，2009年，第104页。

2.教会地产的获取与使用

如前文所述,近代教会在拥挤的北京城内开展建设,对各类传统房地产的获取和使用是其基础。总体来讲,近代教会使用的房地产以私产为主,包括民房、旗房、王府、民间寺庙等多种类型,其获取途径大体可概括为租用、借用、捐献、购买和掠夺等不同方式。租用民房、旗房是教会进入北京初期最主要的房地产获取途径,多数教会以此获得落脚点,举办慈善机构的同时开展传教工作。早期教会租用的房屋均分布于内城,规模较小且常靠近使馆区域。民国年间,尽管出现了比较活跃的房地产市场及各种交易途径,但由于资金、发展策略等因素限制,部分教会在进京后很长一段时间里仍以租用形式获得房产,甚至出现福音堂多次搬迁的情况,如美国神召会自1914年派遣传教士韩森(Harold E. Hanson)进入北京开办教会以来,先后于南池子马嘎啦庙、后门内四区小茶叶胡同回子营一号民房、锦什坊街内巡捕厅胡同、水车胡同东口等多处租用房产,开设福音堂及开展工作,直至1926年才以永租名义向官产处购置西四北大街111号和112号铺面房,于1934年改建为楼房。[1]除租用外,有时教会以不支付费用的方式借用房产,包括临时借用和定期使用等不同形式,定期借用多见于开办家庭会的情况。在少数情况下,教民会将自己拥有的房地产或地皮赠予教会,或筹集资金捐献给教会用于购买房产。

购买是近代教会获取房地产的最主要途径,其对象包括寺庙、王府、民宅等多种类型。寺庙作为传统信仰空间在北京城内分布广泛,伴随清末庙产兴学等运动的兴起,一些传统寺庙趋于衰颓甚至废弃,由于规模较大且改造便利,成为教会收购的对象。民初旗产私有化以后,一些王府和贵胄府邸陆续进入房地产市场,成为教会追逐的对象,并以之为基础建造了一些重要的教会机构,如购买豫王府改建协和医科大学。

---

[1] 王毓华编:《北京基督教史(1863—1993)简编》,北京:北京市基督教教务委员会,1993年,第28—29页。

清末教会享有自由置产权,官方并不参与其买卖过程,价格由买卖双方协商并由中间人参与订立字据,如下为庚子事变中公理会购买灯市口民房、民庙的两则契约文书,其中房地产的定价虽带有掠夺性质,但总体上反映了清末房地产买卖的一般流程:

> 立字人希敬荃今因教堂扩充地界,凭中人说合将灯市口中间路北铺面房地址卖于大美国公理会,言明市平足银二百五拾两正。其银笔下交足并无欠少,自立字之后,如有人争论,均有旧业主一面承管,恐口无凭,立字为正(证),外有红契二张白契一张跟随。
>
> 中保人　杜春圃
> 立字人　敬希荃
> 光绪二十八年四月二十三日　立
>
> 立卖庙房字人富德民因孤寡无倚,情愿将自置福德庵庙一座,山门一进,南门一进,正殿角瓦房三间,上下土木相连,一切门窗户壁俱全,代架钟一口,大小树三棵座落在灯市口路北,一间楼胡同内,今凭中人说合,卖与大美国公理会梅牧师名下为业,永无反悔。恐口无凭,立字为据。价银壹百贰拾伍两,当面交清,限一年内交房。又据外有庙执照一张相连。
>
> 立字人　富德民
> 代字人　杜
> 光绪二十七年正月十九日　立[1]

民国时期,教会对王府的买卖同样由双方协商定价,从相关记载中可看到定价会受到当时城市房地产价格上涨的影响。如据当时在京的美

---

[1] 王毓华编:《北京基督教史(1863—1993)简编》,北京:北京市基督教教务委员会,1993年,第39-40页。

外交官保罗·S.芮恩施（Paul S. Reinsch）记载洛克菲勒基金会购买协和医学堂的相关情况：

> 中国医学会得到了一个满族亲王的宫殿。当他们还在制订初步计划的时候，宫殿的主人刚去世，用七万五千块墨西哥银元就可以把这座宏伟的建筑买到手。当时我打电报给纽约洛克菲勒医学研究所，建议它迅速购买，但该组织当时还不够完备，未能购买。四个月之后等它要购买时，要价却提高到二十五万块墨西哥银元了。一个有钱的机构想要得到这块房地产，这无疑是促使要价提高的一个因素；但是当时在整个北京，尤其是市中心，不动产的价格都上涨得很快，事实上，上述要价并不算太高，类似这样一块房地产少于这样的价钱是买不到的。此后不久，市中心的房地产价格又上涨了。实际上在中国许多地方就像美国的新兴城市一样，房地产都涨价了。[1]

掠夺作为房地产获取途径，主要见于庚子时期，前文对此已有记述。庚子事变中及事变后，各教会传教士借机掠夺土地、民房、店铺以及贵胄和官员府邸，部分为强占，部分为低价购买。如据叶昌炽《缘督庐日记》描述英国圣公会强占刑部殷柯庭宅院及近邻房产情形："殷柯庭刑部宅，洋人据之，改为安立甘教堂。城门失火，殃及池鱼。"庚子事变中，教会贱买民房或铺户房等一般备有地契执照，如前文所引契约文书；而强占房产有些直至民国以后才得到正式凭证，如英国圣公公以殷柯庭宅所建成的救主堂（宣内佟麟阁路66号），至袁世凯当政时才向

---

[1] 保罗·S.芮恩施著，李抱宏，盛震溯译：《一个美国外交官使华记》，北京：文化艺术出版社，2010年，第143页。

验契机关取得契纸凭证，成为中华圣公会的永久产业。[1]近代教会获取的房地产除用于建造教会机构外，很多还用于出租或二次买卖。在《近代史资料》中曾登载一份根据教会"订正不动产清单"和"各区草单"整理的"收租账单"，从中可看出，清朝末年教会在西单牌楼以南、宣武门附近拥有多处房产，并出租给铺面房收取租金，其中大部分房产直至1925年仍在出租。[2]

二、教会中学的空间建设与景观改造

与教会空间的逐步发展相似，近代北京城内教会学校也经历了从附属到独立、从小到大、从集中到分散的空间变化过程，通过用地的获取和景观的改造逐步在古老的北京城内建设起现代的校园空间。近代北京教会中学校园一般规模较大，部分学校具有多个校区，学校中较早出现了校门、操场、教学楼、绿地等新式校园空间要素和校舍建筑，伴随校园规模和景观、设备的发展，学生的空间感受和生活方式也随之改变。

（一）教会中学用地与空间格局变迁

近代教会中学多选址内城，其空间分布格局与教区分布密切相关，同时伴随不同时期教会和教会中学获取房地产的情况而有所改变。庚子事变前后，伴随教会用地的发展，教会中学的空间格局也由变动趋向稳定，民国后又添设了少数教会中学，已有学校的分布范围逐渐扩大。这一部分首先以时间为线，梳理北京城内教会中学的空间发展过程、复原其分布格局。

---

[1] 王毓华编：《北京基督教史（1863—1993）简编》，北京：北京市基督教教务委员会，1993年，第19-20页。
[2] 《收租账单》，《近代史资料》1964年总32号，第83-89页。

1.庚子事变以前教会中学的空间建设

庚子事变以前是北京教会中学的初创时期，这一时期不仅完成了由蒙学堂到教会中学的初步过渡，而且各教会学校大多实现了空间上由附属到独立的转变，初步形成了教会学校空间分布格局的雏形。

教会学校草创时期主要作为教会的慈善性教育机构，附设于教堂或传教士家中。如前文所述，近代教会进京后，首先租用民房暂时设置，其后陆续购买房地产建成综合性教会据点，教会学校大多建成于这一时期，或附设于教会据点当中，或于附近租用民房设置。如公理会将油房胡同（今灯市口北巷）宅院改造为公理会会所后，贝满夫人在其中创办女子小学，即贝满女中的前身；另如崇实中学年刊记载丁韪良"创立北平长老会时，见夫京内失学儿童众多，心焉伤之，乃出资租赁东城总布胡同民房，设立蒙学一所定名为崇实馆"[1]。教会学校草创时期无人来学，主要招收附近乞儿或贫困子弟，规模极小，其后伴随教育的开展和影响的扩大，就学人数逐渐增加，附设空间开始不敷应用，因而产生了另建学校的需求。如崇实学校沿革中记载："公历一八八五年来馆求学者日众，旧舍不敷应用，乃由长老会西差会出资购置安定门二条胡同民宅，起建规模较大之馆舍。"[2]各校情形大抵相似，早期教会学校选址一般与教会核心区域邻近，很多可能是教会将其购买房地产的一部分空间划拨给学校使用。其后，各教会学校陆续添设中学，规模有所扩大，庚子事变以前北京城内教会中学（学校）的空间分布格局及其与所属差会综合性据点的位置关系如下图3.22所示：

---

[1] 《本校沿革》，北平私立崇实中学校：《北平私立崇实中学校七十周年纪念刊》，北平：北平私立崇实中学校，1935年。

[2] 《本校沿革》，北平私立崇实中学校：《北平私立崇实中学校七十周年纪念刊》，北平：北平私立崇实中学校，1935年。

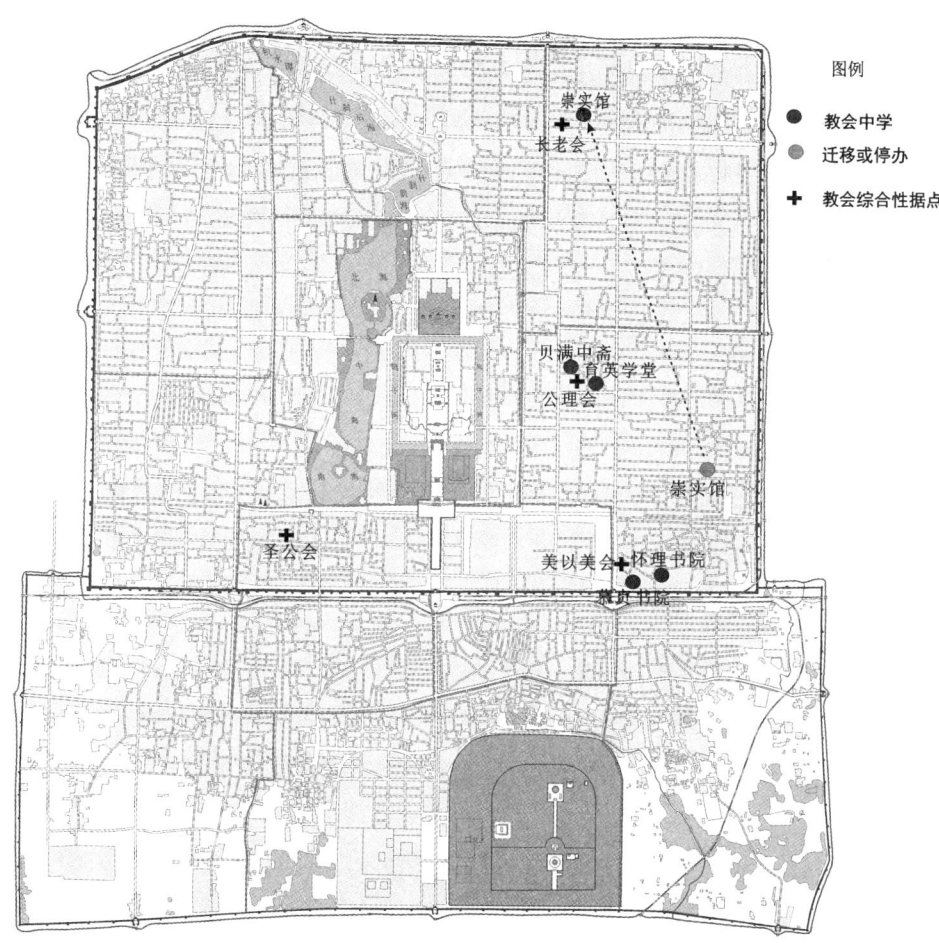

图3.22 庚子事变以前北京城内教会中学空间分布格局
（注：由于缺少这一时期崇德学校的准确位置信息，故未在图中标出。）

2.庚子事变后教会中学空间格局的奠定

庚子事变是北京教会中学空间发展的重要转折点。庚子事变中，北京城内已有的教会中学多数被毁，此后各校利用事变中及事变后抢夺的房屋土地以及教会获得的赔款展开建设，进入了教会中学空间建设的复兴时期。自庚子事变爆发至清王朝结束，北京城内教会中学的空间发展主要表现为两个方面：首先是已有学校得到重建，学校规模明显扩大；其次添设了部分女校，基本形成了每差会下辖一男校一女校的设置方式，北京城内教会中学的空间格局由此奠定。

| 时代变革下的空间嬗变 |

庚子事变中教会对于房屋土地的掠夺成为清末教会中学空间建设的基础，学校规模由此扩大。庚子事变中，北京城教会中学多数遭到焚毁与破坏，各校校刊、纪念刊对此多有记载。如前文所述，八国联军进入北京城后，各教会开始参与到对周边土地、房屋的争夺当中，抢掠活动一直持续到庚子事变后，部分教会中学的师生也成为重要的力量，如据已故燕京协和神学院院务委员会副主席李荣芳博士回忆庚子事变后刘海澜带领汇文学生抢占民房的情形：

> 1904年，我到北京汇文书院备学馆读书。那时，亚斯立堂是新盖起来的。洋人大院、汇文大院、慕贞书院都是新建筑。听说扩张地基占了许多老百姓的房屋，老百姓敢怒不敢言。有一次，校长刘海澜派我们一班的学生去占据坐落在孝顺胡同路南的一所民房。我们就去住在那房子里面。那所房子从此就算是学校的产业了。[1]

经过庚子事变中及事变后对房地的抢夺，各教会中学空间规模有所扩大，具体来讲，其扩建方式分为两种：一种是在被毁的学校原址基础上复校，同时将教会抢掠的周围房地纳入其中，从而使学校规模扩大。如汇文中学的发展即属此类，据学校沿革记载："乱甫定，刘公自美归来，重新建设，焕然一新，较前更有过之者。由是增购校址一顷有余。"[2]另一种情况是另择一处宽敞处所，重新改建新的校址，此类情况中用于改建学校的房地产来源又可分为两种：一种是在事变中抢掠的房地产，如绒线胡同原圣公会会所旁的一座大寺庙被八国联军烧毁，后

---

[1] 王毓华编：《北京基督教史（1863—1993）简编》，北京：北京市基督教教务委员会，1993年，第25页。
[2] "清明、汇文等中学关于报送学校立案事项表的呈文及京师学务局的指令（附：私立汇文中学一览表）"，北京市档案馆馆藏档案，全宗号J004-002-00370。

被圣公会占有，其后用于改建崇德中学校舍；[1]另一类情况是利用教会获得的庚子赔款另行购买房地产，经改造作为学校新址，如崇实馆在事变发生后暂借碾儿胡同民房作为临时馆址，其后购买新址并改造迁入，学校纪念刊中记载了相关情形："公历1900年（光绪二十六）拳匪变乱，馆舍被焚，馆务遂形停顿，迨至1902年始于安定门大三条胡同购买庙宇一所，即今日之校址。当将殿宇重加修葺，改建教室宿舍二十余间。继续开学。"[2]

除已有学校的复校与扩建外，庚子事变后还添设了部分新的学校，如已开设男校的长老会、圣公会分别添设崇慈、笃志两所女校，伦敦会于缸瓦市开办萃文、萃贞男女中学等。[3]经过清末的建设和补充，北京城内各差会所办中学均形成一男校一女校毗邻设置的形式，奠定了近代北京城内教会中学分布的主体格局，如萧乾回忆录中曾描述民国时期北京城内教会学校的空间布局，即为上述清末格局的延续：

> 以北京而论，当时就有好几所这样的洋学堂，各有男女两所学校，每所都由一家教会开办。西城有英国圣公会办的崇德和笃志，东城有美以美会办的汇文和慕贞，公理会办的育英和贝满。我进的是长老会在北城办的崇实——另外还有座女校叫崇慈。[4]

图3.23为清末北京城内教会中学分布格局及其校址变迁情况：

---

[1] 王毓华编：《北京基督教史（1863—1993）简编》，北京：北京市基督教教务委员会，1993年，第25页。
[2] 《本校沿革》，北平私立崇实中学校：《北平私立崇实中学校七十周年纪念刊》，北平：北平私立崇实中学校，1935年。
[3] 萃文、萃贞两校最初设于西单刑部街一处教会宅院当中，起初为小学；1903年伦敦会于缸瓦市置房地产建立教堂，将原刑部街教堂迁回，将两所小学迁入并改为中学。参见王毓华编：《北京基督教史（1863—1993）简编》，北京：北京市基督教教务委员会，1993年，第11页。
[4] 萧乾：《未带地图的旅人萧乾回忆录》，南京：江苏文艺出版社，2010年，第11页。

| 时代变革下的空间嬗变 |

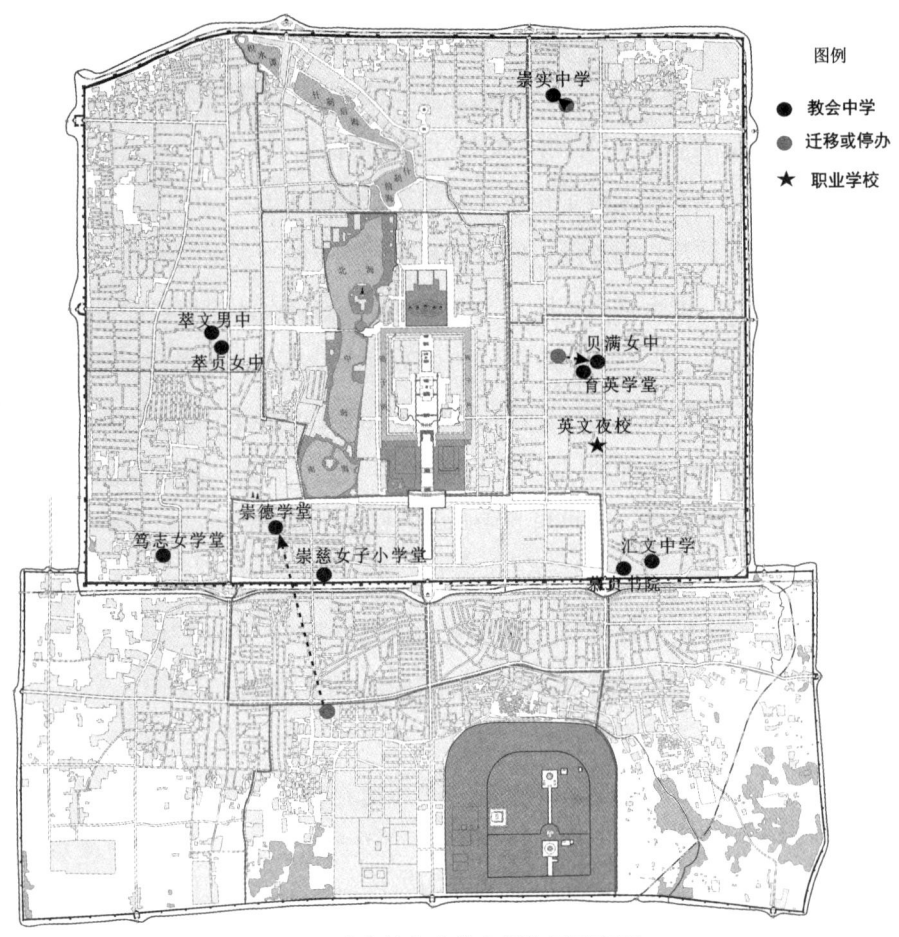

图3.24 清末教会中学空间格局示意图

3.民国时期教会中学空间格局的发展

民国时期，北京城内教会中学在清末基础上经过数十年发展，各校空间设置以及学校总体的分布格局发生诸多变化。总体来讲，民国时期北京城内教会中学的空间发展可概括为三个主要部分：首先是学校规模的变化，民国时期教会中学的扩建不仅表现为校址范围由小到大，同时表现为校址数目的增加，即由集中分布的校园发展为分散多处的校区；其次是校址迁移，伴随近代房地产市场的形成和发展，民国教会中学获取房地产的途径更加多样，许多学校通过选择新校址来满足其空间需求；最后是学校数量的变化，民国时期同样新建部分教会中学，另有少量学校在这一时期停办，学校的变动进一步带动了北京城内教会中学分布格局的变化。

育英中学的校园建设和校址变化是这一时期教会中学由集中到分散格局演变的代表。下表3.13是对民国时期育英中学几次扩建中校址变动以及地产来源和用途的总结：

表 3.13 民国时期育英中学扩建情况一览[1]

校址	位置	建设时间	房地产来源与规模	获取方式	用途
第一院	灯市口大街路北门牌26号	1864	公理会大院	公理会拨用	初中部
第二院	油房胡同	1923	近邻曾氏房舍百余间	购买	小学部
	一二院之间	1924	与第二院毗连之空地	公理会拨用	饭厅
第三院	东安门骑河楼16号	1930	原清朝御马圈面积宽26亩	购买	运动场、宿舍
第四院	灯市口大街东口路北门牌14号	1935	原盐务学校校址及盐务稽核所所址	财政部划拨	高中部
相关设施	不详	1926	西式楼房一座	公理会拨用	教室
		1929	西式楼房一座	公理会拨用	宿舍
	灯市口街路北	1925	铺面房	公理会拨用	图书馆

从上表3.13可以看出，民国时期教会中学获取房地产的途径主要为购买周边民房和公理会拨用会内已有房产两种，同时，在20世纪30年代立案后，教会中学成为北平市正式的私立中学校，如财政部等中方政府机构也会划拨房地产供教会中学建设使用。

---

[1] 《本校沿革志略》，育英学校年刊委员会：《育英年刊》，1929年；育英学校年刊委员会：《育英年刊》，1930年；《本校沿革志略》，育英学校年刊委员会：《育英年刊》，1936年；张保谨：《本校沿革志略》，育英学校年刊委员会：《育英年刊》，1932年。

民国时期北京城内教会中学的数量和类别均有一些变化,这一时期新建的中学不再以一男校一女校毗邻的方式设置,学校的增设均为零散的个体行为。一般来讲,民国时期新增学校的选址多靠近其主管机构,如基督教青年会设立之三基初中初设于青年会内,后迁移至青年会对面梅竹胡同;护士职业学校一般附设于所属医院等等。下图3.24为民国时期北京城内教会中学的空间分布与新办、迁移、停办等变动情况示意:

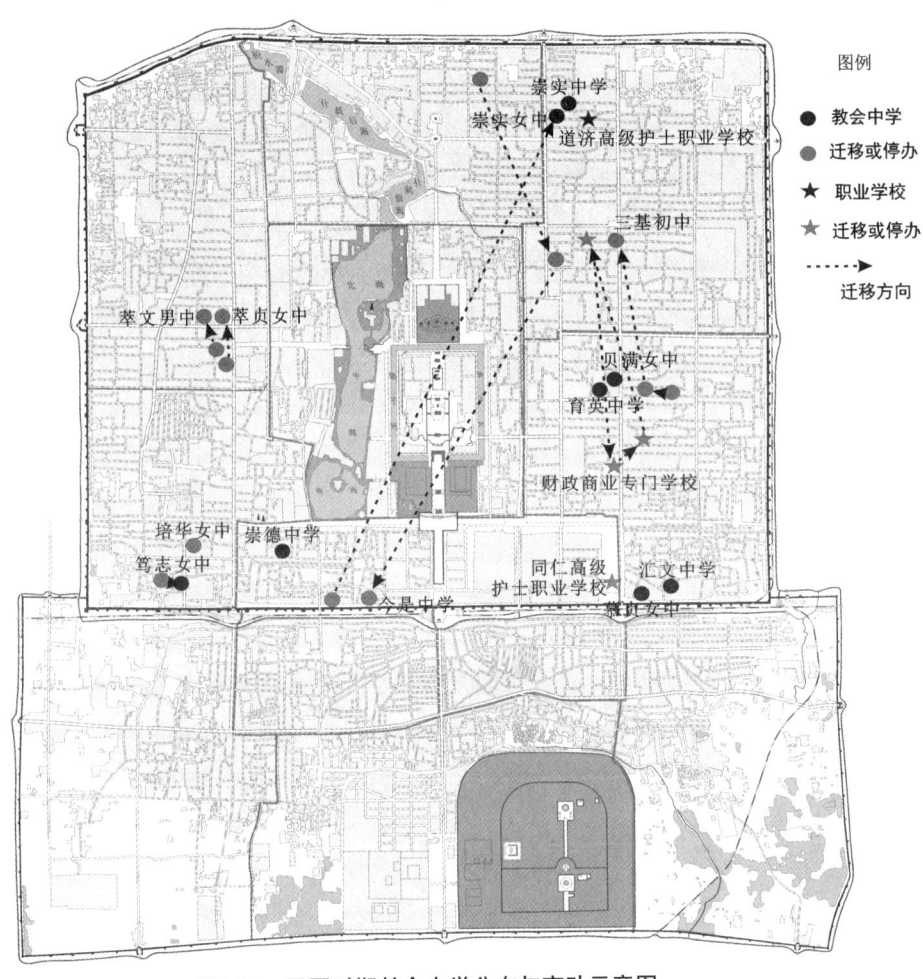

图3.24 民国时期教会中学分布与变动示意图

（二）校园形态演变与景观改造

校园及其组成要素的出现是近代新式学校建设的重要内容，在获取所需房地产的基础上，对原有房产的改造和对校园的规划建设使学校的空间发展更加完备，校园景观逐渐取代了城市中部分传统景观。校园作为近代舶来之新式景观，其建设与改造是逐步发展的过程，在此过程中，北京城内的教会中学再次充当了先行者的角色。庚子事变后，北京城内教会中学通过重建与扩建，在清末形成校园的雏形，民国时期经过不断改造与扩建，各处教会中学校园达到相当规模，在北京城中学中居于前列。与此同时，校舍建筑的样式和风格也不断丰富，体现了背后建筑思想的变化。

1.房地产原始形态举例

近代教会中学校园多自传统空间改造而来，如王府、寺庙、宅院等等，其获取途径与产权变化在前文已有论述。此处从一二事例出发，结合史料记载与历史地图的情况，尝试梳理和复原在改造教会中学以前原始房地产的空间规模与形态。

王府及贵胄府邸是近代教会中学进行空间改造的重要基础之一，如前文提到的育英中学第四院为盐务署划拨的盐务学校，其前身为盐务署购买的贝子府，据《宸垣识略》记载："张贝子府，在灯市口东。"《光绪顺天府志》记载："熙贝勒府，在灯市口，相传为明相严嵩故宅。"后据育英校友考证，"所谓张贝子府熙贝勒府者，实即明之戎政府也。"据《春明梦余录》记载："戎政府在皇城之东灯市大街。永乐间，设二帅府于都城内之东西，以为会议之所。后因敝坏，嘉靖二十九年，立戎政府，统以勋臣一员，曰总督京营戎政，佐以文臣一员，曰协理京营戎政。营制有三：中曰五军，东曰神枢，西曰神机。"由此可知，明代京营起自成祖，初分二帅府于都城内之东西，以为会议之所，至世宗朝将西所归并东所，即为灯市口大街之戎政府。至清代，戎政府已失去京营重地之空间职能，因而改为贝子府，下图3.25为《乾隆京城全图》中第七排相关区域，图中标注了油房胡同，其东部规模较大的建筑应为贝子府：

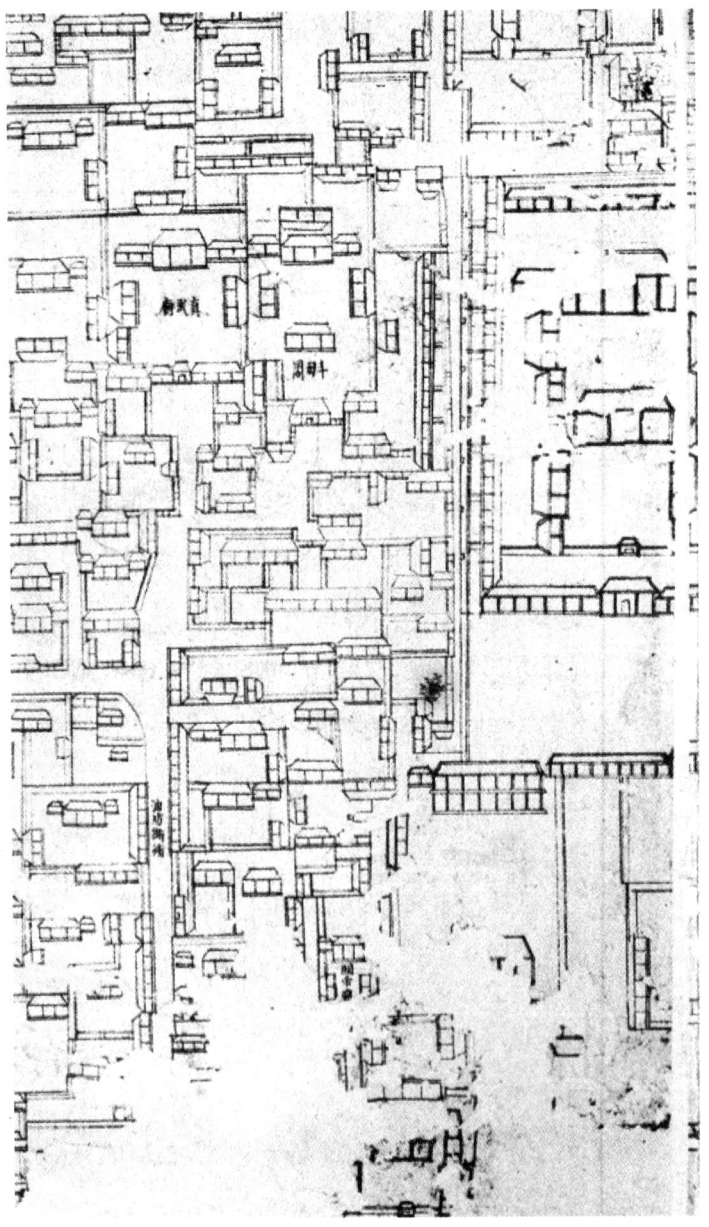

图 3.25 《乾隆京城全图》中贝子府附近区域

另一处由贵胄府邸改办的学校是由佟府改办的贝满女中高中部。庚子事变中，公理会传教士梅蚯良等人曾强占东邻佟府，民国初年华北协和大学出资正式购买此处房产。据《京师坊巷志稿》记载其沿革："佟府夹道，顺治时孝康章皇后之兄，安北将军佟国纲，康熙时孝懿仁皇后之父，内大臣佟国维，皆封一等承恩公。后并袭，其赐第在此，故名。"下图3.26为《乾隆京师全图》中佟府附近区域，图中东夹道应为后来的同福夹道，北部有箭厂胡同，夹道以东、胡同以南部分应为佟府建筑：

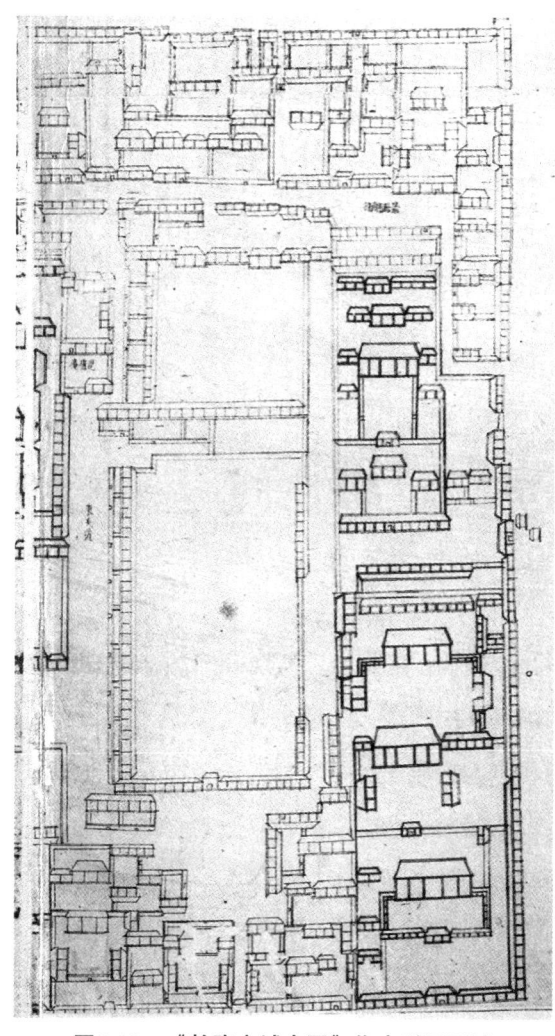

图3.26 《乾隆京城全图》佟府附近区域

195

从以上3.25、3.26两图可以看出，清代夹道两侧不仅有大规模的府邸建筑，同时在建筑周围还密集分布着民房与寺庙，为典型的北京内城传统景观。下图3.27是1913年《实测北京内外城地图》中灯市口地区的相关状况，已标出公理会大院和教堂，未标注教会学校，景观和建筑状况较之乾隆朝已发生明显变化：

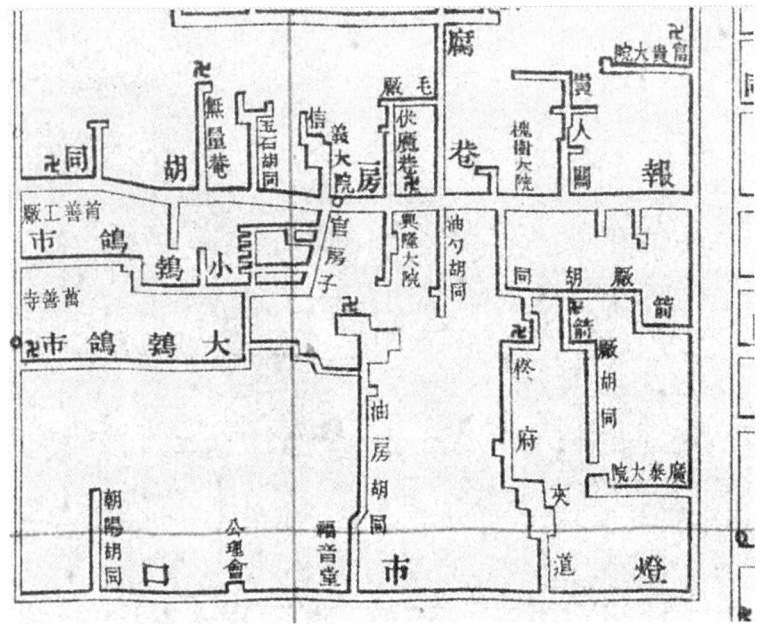

图3.27　1913年北京城图中灯市口一带

下图3.28是1928年《京师内外城详细地图》中灯市口一带地图，可以看到，图中油房胡同自西向东依次为贝满学校、公理会教堂和育英学校，同福夹道西侧为贝满学校，东侧为盐务学校，地图中的记载体现了这一时期各教会机构的分布，由此可以想见，区域内的建筑分布和文化景观较之乾隆朝已发生了本质上的变化：

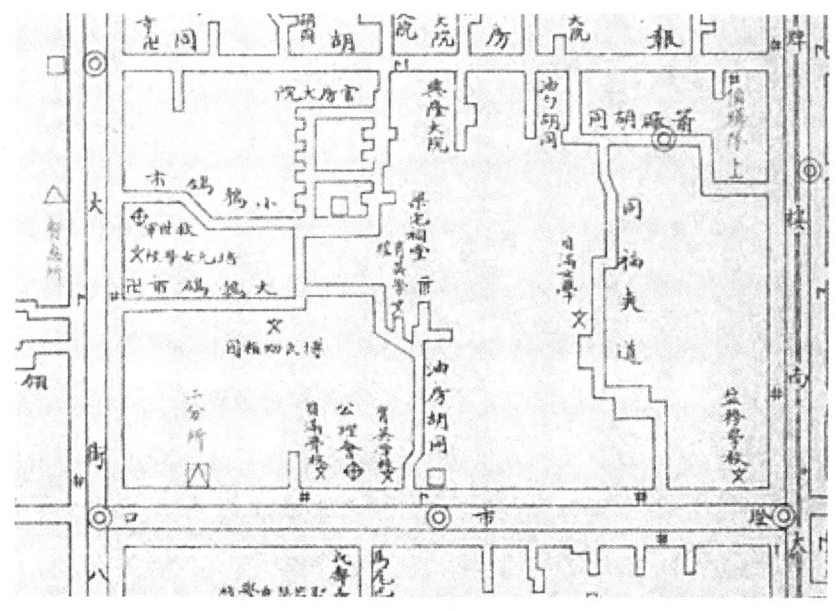

图3.28　1928年北京城图中灯市口一带

2.教会中学校园形态与景观改造

近代校园的形成并非一蹴而就，而是一个自观念层面到实践层面不断摸索、调整、逐步发展的过程教会中学的校园建设同样如此。

清末尚未形成现代校园的概念，新式学校的景观改造首先自各类空间要素（如操场、校门等）的建设开始，在这一过程中，教会学校充当着先行者的角色。教会学校创办早期多以附设形式存在，规模较小，尚未出现新式要素，其景观多维持建筑传统样式。据邵作德记载育英前身男蒙馆创设时的情形："学校最初的地址，是中国旧式的广宽的一块地方。"另据其转述全耀堂回忆："西历一千八百六十四年，我到灯市口男蒙馆的时候，该馆地址，就是现在贝满学校以南公理会网球场所在的地方。该地以北，有高墙一座，那一边就是女蒙馆（贝满学校）。高墙底下有一方洞，两校的厨役给学生所备办的食物，就是由这个方洞输送。"此后，随着教会学校相继独立并开始添设中学，其建筑式样和要素组成开始发生改变，如汇文书院在庚子事变以前开始添建宿舍，由美国德本先生捐筑，为三层楼房，名曰"德本斋"；另据崇实学校沿革记载学校迁至安定门内二条胡同民宅后，"起建规模较大之馆舍。"

庚子事变后，各教会中学利用赔款及掠夺的房地进行重建，学校规模有较大发展，不仅添建各类新式空间，且校舍建筑的设备和样式更加丰富。如汇文学校沿革中记载庚子后学校建设情况：

> 旧有德本斋楼房一座，为学生之宿舍，系美国德本先生所捐筑，已付一炬。遂于二十八年（1902）重新建筑，一复旧观。三十年（1904）学生人满为患，遂又建筑安德堂楼房一座，此为讲堂，取名安德所以纪念前校长李安德博士也。三十一年（1905）又有美国德厚先生捐筑楼房一座，用为学生宿舍，名曰德厚斋。

据民国时期学校出版物记载，德本斋共有房屋50余间，除学生宿舍外，"上层东手为生物实验室，二层为青年会所与阅报室，下层有沐浴室，理发所及食堂"，"并设有暖火炉电灯等设备设施"。德厚斋之规模设置与德本斋相似，1913年，"又有美国高林先生捐筑楼房一座，寄宿学生名之曰高林斋"。据记载，高林斋"位于讲堂西偏，正门东向，内分四层，对面列屋，东西启窗，中有南北通道，房间凡一百六十余号，十分轩敞。可容学生四百余人"，"下层有食堂及沐浴室，室内设有新式澡盆及沐器，以合于卫生。二层设有学生会会所、青年会会所、阅报室、公用室及学生来宾招待室"。建成后成为当时北京城内"最大最新之寄宿舍"。讲堂、宿舍、操场等均为新式学校重要的空间组成要素，清末民初北京城内其他教会中学的重建与发展大多围绕这些空间要素的建设而展开，如崇实中学"1905年建筑宿舍楼房一所，共计二十余间，翌年复建楼房一所，以充礼堂课室，当时在校学生已达百人，校舍仍见狭小，复于邻近购置民宅数所，拆除房基，充作运动游戏场所。"

育英学校"自清末以迄民初,规模渐备,梅贻良、田和瑞、费慕礼三君,先后来长是校,悉心规划,力图发展,添盖楼房二座,并把灯市口大街临街的福音堂改为礼堂,将几家圣经书店迁移,改成教室。"经过这一时期的空间改造与建设,附近之民房或宗教景观部分为学校景观所取代,近代教会中学校园雏形由此形成。下图3.29、3.30为老照片中的德本斋、高林斋:

图3.29　汇文学校德本斋　　　　图3.30　汇文学校高林斋

民国时期,各教会中学继续建设,这一时期教会中学校园的发展不仅表现为空间要素日渐丰富,校园形态渐趋完备,同时还表现为校园规模的扩大和校园形态的演变。其中,育英中学的建设很具代表性,此处以其为例,简要梳理民国时期教会中学校园的发展变迁。

育英中学第一院设立于清末,于庚子事变后得到扩大与发展。1918年夏,李如松出任育英中学校长,学校人数已达400余人,经董事部商议由两年制中学升格为四年制中学,"益感原有校舍不敷应用,遂汲汲焉以扩充校址为务"。学校沿革中记载了扩建第二院及进行相关空间改造的过程:

| 时代变革下的空间嬗变 |

　　1923年冬，购置紧邻曾氏房舍百余间，稍事修理，得教室十余，宿舍四十余间。1924年春，公理会将与本校第二院毗连之空地一段，拨归本校使用；第一院与第二院，乃得连为一气。于第二院东旁旧址，改筑饭厅一所，同时可容二百余人；并辟球场操场各二。1926年复由公理会拨给西式楼房一座，教室亦较宽裕；以前种种计划，乃得次第实现。

　　由上述记载可知，学校在扩充校区的同时，仍设法通过各种空间改造使新建的第二院与原有的第一院相互毗连，同时在校园中添设了教室、宿舍、操场等各类要素，形成完整、完备的校园区域。

图3.31　育英中学第一院运动会（1928年）
（资料来源　刘志毅主编：《育英史鉴1864—2004》，第36页。）

　　下图3.32为经过20世纪20年代一系列空间改造后，育英中学校园平面图：

第三章 其他专题研究

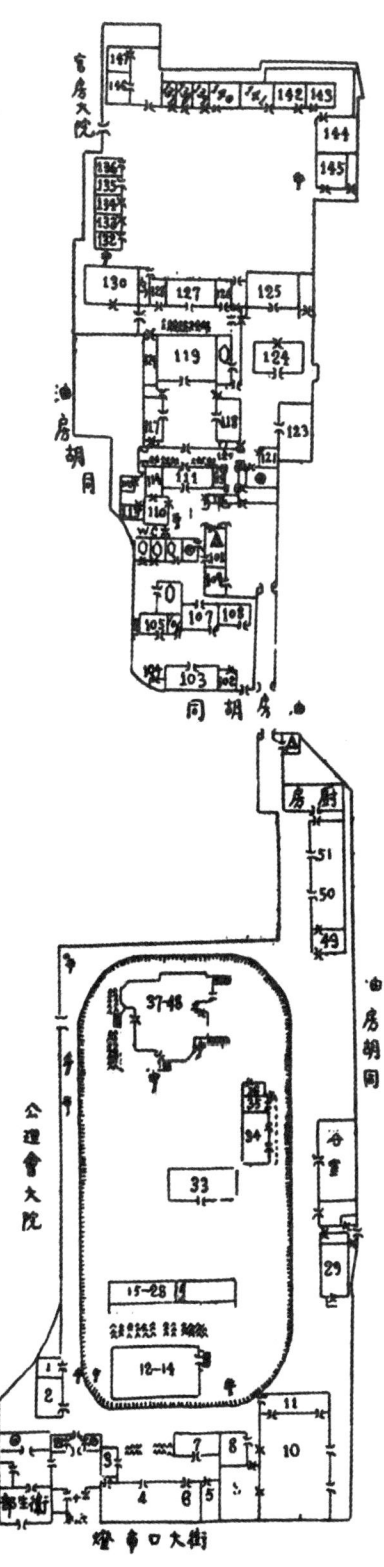

育英学校校舍平面图说明：

1校长室	101第三院斋夫宿舍
2第一院客厅	102教师宿舍
3饮茶室	103小四课室
4、6图书馆	104堆物室
5副校长室	105教师宿室
7工业室	106教师宿舍
8课室	107、108小四课室
9史地课堂	109车夫休息处
10大礼堂	110印刷部
11算学课堂	111第三院客厅
12课室	112堆物室
13理化课室	113教师宿舍
14西楼上	114堆物室
15、28寄宿楼	118小二课室
29厕所	117小一课室
33游艺室	119小三课室
34贩卖部	121茶炉
35宿舍	122学生宿舍
36堆物房	123小五课室
37体育部	125小六课室
38课室	126教员宿室
39课室	127小三课室
40课室	128教员宿室
41教员休息室	129学生宿舍
42教师宿室	130小五课室
43课室	131教师宿舍
44照相黑室	132、136学生宿室
45训育室	137、139教师宿室
46楼上浴室	138、学生宿舍
47北楼办公处	140、143宿舍
48课室	144堆物室
49青年会办公处	145厕所
50、51饭厅	146、147学生宿舍

图3.32 育英中学第一院、第二院校园平面图

（资料来源 龚国粹、王宝初合绘：《育英学校校舍平面图》，育英年鉴委员会：《育英年鉴》，1929年。）

| 时代变革下的空间嬗变 |

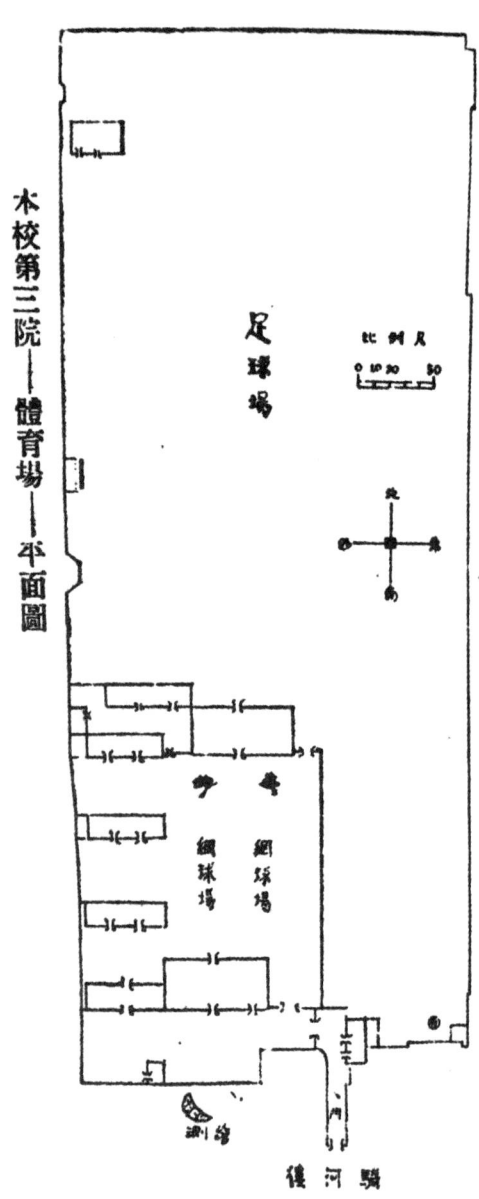

图3.33 育英中学第三院校园平面图
（资料来源 《三院地形图》，《育英年刊》，1930年。）

20世纪30年代，育英中学规模继续扩大，据1930年年刊记载："本校年来声誉日隆，来学人数，年年增加，计今已达八百五十余人；因之校舍及其他设备，亦有亟待发展之势。"[1]1930年春，经李如松及邵作德等人悉心筹划，购得骑河楼原清朝御马圈旧址26亩，经整理改造为新的运动场，据年刊记载"因设足球场篮球场各一，网球场三，圈球Quoi tennis场二"[2]。后又于第三院中添盖宿舍楼，图3.33为1930年育英中学第三院校址平面图：

1935年夏，财政部将位于灯市口大街的盐务学校校址及盐务稽核所所址拨归育英中学使用，经整理得到房屋200余间，定名育英学校第四院。1935年秋季开学后将高中部迁入，据1936年统

---

[1] 《育英年刊》，1930年。
[2] 《育英年刊》，1930年。

计，学校学生总数达1600余人。[1]第四院与第一院、第二院在空间上彼此邻近，与第三院形成分散分布的形势，据民国时期校友记载其校园分布形态："育英学校，位于灯市口中间路北公理会之东。大门南向，是为第一院。第一院之北，大门南向，通油房胡同，房门西向，通为第二院。第三院在官房大院，是北河沿骑河楼东口内路北，不与此毗联。第一院之东，仅隔油房胡同一条，大门南向，是为第四院，又开旁门于油房胡同，此三院往来甚便。"[2]下图3.34为育英中学各校区位置关系示意图：

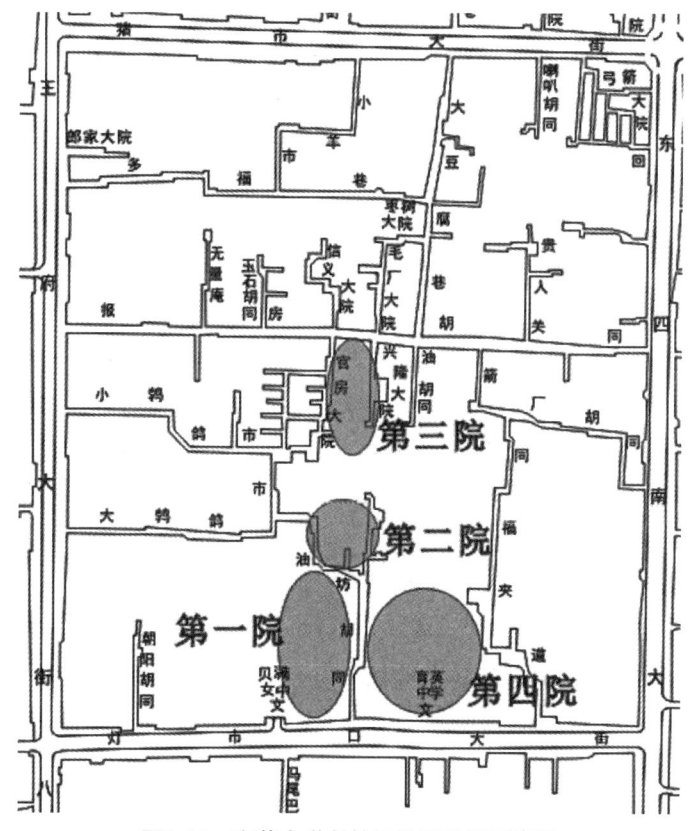

图3.34 育英中学各校区位置关系示意图

---

[1] 《本校沿革志略》，《育英年刊》，1936年。
[2] 管窥天：《育英学校第四院地址考》，《育英年刊》，1936年。

| 时代变革下的空间嬗变 |

下图3.35—3.38为《育英史鉴》中登载的育英中学第一至第四院鸟瞰图[1]，从图中可感受到此时校园空间要素不仅种类丰富、数量可观，且已形成了彼此关联的景观整体：

图3.35　育英中学第一院鸟瞰图（1932年绘制）

图3.36　育英中学第二院鸟瞰图（1932年绘制）

---

[1] 刘志毅主编：《育英史鉴1864—2004》，第60、84页。

图3.37 育英中学第三院鸟瞰图（1932年绘制）

图3.38 育英中学第四院鸟瞰图（1935年绘制）

教会建筑是近代北京城市建筑的重要组成部分，清末民国时期，北京城教会建筑在风格上呈现一个从西式到中国化的转变趋势，这一特征在教会中学校园建筑中也有所体现，如下图3.39分别为育英中学第一院早期校门、1929年改建校门和第四院校门的比较：

| 时代变革下的空间嬗变 |

（第一院早期校门）

（1929年改建之一院校门）

（第四院校门）

图3.39 育英中学校门比较

（资料来源　刘志毅主编：《育英史鉴1864—2004》，第1、6、84页。）

下图3.40育英中学清末校景，可以看出主要建筑均属西式风格：

图3.40　育英中学清末校景

（资料来源　刘志毅主编：《育英史鉴 1864—2004》，第4页。）

下图3.41为1935年拟建的教学楼设计图，从中似可看出梁思成所批评的将"四角翘起的中国式屋顶，勉强生硬的加在一座洋楼上"[1]的教会建筑典型风格：

图3.41　1935年育英中学拟建之教学楼

（资料来源　刘志毅主编：《育英史鉴 1864—2004》，第81页。）

---

[1] 梁思成曾探讨民国时期教会学校建筑中国风格的特征及其思想根源："前二十年左右，中国文化曾在西方出健旺的风头。于是在中国的外国建筑师，也随了那时髦的潮流，将中国建筑固有的许多样式，加到他的新盖的房子上去。其中尤以教会建筑多取此式，如北平协和医院，燕京大学，济南齐鲁大学，南京金陵大学，四川华西大学等。这多处的中国式新建筑物，虽然对于中国建筑趣味精神浓淡不同，设计的优劣不等，但他们的通病则全在对于中国建筑权衡结构缺乏基本的认识一点上。他们均注重外形的摹仿，而不顾中外结构之异同处，所采用的四角翘起的中国式屋顶，勉强生硬的加在一座洋楼上；其上下结构划然不同旨趣，除却琉璃瓦本身显然代表中国艺术的特征外，其他可以说是仍为西洋建筑。北平协和医院，就是其中之尤著者。"参见梁思成：《梁思成文集》（第2册），北京：中国建筑工业出版社，1984年，第221页。

中式校舍建筑的出现一方面体现了教会中学建筑与北京城教会建筑风格的统一，从另一个角度来讲也是其在20世纪二三十年代中国化发展的一种体现。正如郭伟杰从传教士融入中国文化角度对教会建筑中式风格做出的解释："当时许多传教士建筑师都有意识地在各自的建筑设计中，尽力去或多或少地表现'中国本土式'风格，而不是'西方式'的风格。怀着教化中国人、使他们改变信仰的目的，他们试图在建筑上奏响一个文化和谐的和弦。"[1]

（三）使用感受与空间影响

1.空间感受与校园生活

城市物质空间与城市居民文化之间存在着互动与影响，周锡瑞曾讨论二者间的关系。他认为，对近代中国城市空间的改造同时也是对城市居民生活和互动空间的重塑，新的空间促进了新形式的人际交往和新型的社会关系的出现，从而形成了各种新形式的城市文化。思考近代城市空间转变如何对城市生活产生影响，是近代城市史研究中一个富有意义的命题。[2]

近代学校作为城市内一种新的文化景观和基础设施，其空间建设与改造同样会引起城市生活和文化的改变，学生群体的出现及其在校园中的生活和体验可谓上述互动关系的生动体现。在一些回忆录和回忆性文章中曾记载教会中学新式空间与景观对学生观念和生活的影响，如萧乾回忆他就读崇实中学时所感受到的触动以及对校园的观察：

> 这可是个新天地。课堂是在一幢五层的洋楼里。土台子换了带抽屉的小木桌。抬头是大玻璃窗，顶棚上吊着电灯，脚下踩着

---

[1] 郭伟杰：《谱写一首和谐的乐章——外国传教士和"中国风格"的建筑，1911—1949年》，《中国学术》2003年第1期，第68页。
[2] 周锡瑞：《重塑中国城市：城市空间与大众文化》，《史学月刊》2008年第5期，第13页。

光滑的地板。

……学校那时共有两座五层大楼。北楼是学生宿舍。冬天，暖气只能上到一二层，三楼就温吞吞的了。四五层楼冷得像冰窖。[1]

民国时期，《崇实季刊》中曾登载一些描述学生们初入校园感受的文章，如下为其中一篇文章的相关内容，从中可看出学生由传统学校转入新式校园时，其内心的欣喜与憧憬：

一九二五年九月，由p先生底介绍，考入了本校。按我年纪虽然不算太小，可是住惯中国式的屋子，坐惯了灰色墙的教室，忽而来到了偌大的洋楼中念书、住宿，我的心中不知怀着多少美慕它的心意；虽然m先生派我住与厕所临近的十八号宿舍——大半是住宿生过多的缘故——可是我心仍然是美慕那洁白的墙色呢。[2]

学校的空间改造会引起学生和市民生活方式的变化，例如宿舍的出现便改变了北京城传统官学随旗分布、就近入学的组织模式，学生的就学方式和生活安排、同学间的人际关系和交往模式均随之改变。校园中不同职能空间的分布与安排使校园生活中时间、秩序等新型观念落实于空间物质层面，构成一种全新的纪律训练，这种生活方式的改变又进一步融入对学生精神、品质的培养当中。如以育英中学回忆文章中的片断为例，简要展示校园功能分区对学生生活的重新组织以及其中所蕴含的秩序精神：

两下钟声开始了一日的行程，离开了无人不恋的床，赶快去洗脸；因为时间不能久待，早堂钟立刻就打。早堂不到，那可是

---
[1]　萧乾：《未带地图的旅人 萧乾回忆录》，哈尔滨：北方文艺出版社，2014年，第12—15页。
[2]　林春蘅：《我底崇实生活》，《崇实季刊》1929年第8期，第18页。

件了不得的罪，罪！

> 王师夫一打钟，看堂先生一摆手，学生们就拥出早堂门口。不是为吃，是为了升旗，大家全站在院中心，中四中三的军训生排在最前，由王教官叫了一声"立正"，大家都哑雀似的无了声；再一声"敬礼"，大家眼睛全钉在国旗的白日上，看着他缓缓飘扬到太空，鼓号当然是有的。现在他们走了，暂由童子军代职，可是威风也不减当初。唱完国旗歌，吃饭，吃！
>
> 就在这个时候，走读学生也都陆续来了，大多数是骑自行车，坐洋车——天津话叫膠皮，的也不少；他们可不是胖子就是小孩，不信请看本校门口中的洋车队。（其实，那里的三分之二是属于我们的隔壁——贝满同学）
>
> 每天下午四点，排球场，篮球场，足球场，网球场，棒球场，没有一处不满了人。甚至院角楼傍全有打墙球的！不仅平常如此，就是"堂堂"考试期间，也是如此！星期六，童子军可以扎野营，球队可以远征，旅行是常事，赛船也是有的，田径对抗在育英更是司空见惯。总之，育英学生，没有一个书呆子，呆得像只木鸡！[1]

在生活方式改变的同时，学生作为城市中的新兴群体，又会将新式的生活方式和文化观念引入城市生活之中，促进城市文化的改变。如慕贞校友回忆学校"名门淑女"在城市中的影响：

> 一部分学生是所谓"名门淑女"，其中有的人，在校也守校规，走出校门就涂脂抹粉，穿上华丽的时装，出入电影院、咖啡馆。例如段祺瑞之女段世岩，张学良之女张××（名不详），替前清皇上管米仓的祝某的后代视山、祝遂姐妹，都是当年的风流人物。[2]

[1] 《中学学生生活素描》，《育英中学校年刊》，育英学校年刊委员会事务部，1935年。
[2] 马燕：《记慕贞女校》，《文史资料选编》1985年第24辑。

2.对城市空间的意义与影响

近代教会中学空间改造不仅引起校园生活与城市文化的变迁，其建设对于城市空间本身也具有重要意义。一方面，教会校园构成了北京城市文化景观的组成部分，与利用城外空地或园林改建的教会大学不同，教会中学多居城内特别是内城部分，其建设从一个侧面推动了城市传统空间的改造以及职能空间结构的变化。近代教会中学校舍历史悠久，样式丰富，在城市近代建筑史上占据着一定的地位，一些教会中学校园主体和重要建筑得以保存至今，成为今日城市内重要的物质文化遗存。

此外，近代教会中学的空间建设对于同时期城市中等学校建设产生影响。近代校园改造可区分为规划和实践两个不同层面，在规划层面，通过近代学制的颁布，对新式校园的建设和改造方法进行了详细的筹划安排，并伴随校园观念的发展对其建设理论不断进行调整；然而，在实践层面上，由于经费、土地等诸多限制，近代北京城内新式校园的实际建设与规划相去甚远，特别是中等学校数量和规模均十分有限，如清末中学堂中一般没有宿舍，操场、教学楼等设施建设水平在各校之间参差不齐。而教会中学自清末学制颁布以前即开始建设各类空间要素，此后其校园不断建设，渐趋完备。若将前文提到的教会中学校园规模与清末学制中的规划进行比较，可以看到虽然学制要求十分详尽，但近代教会中学在较早的时期即基本达到了学制中的各项要求，如下为清末《奏定中学堂章程》中对于中学堂空间要素种类和设置方式的有关规划：

屋场图书器具第四章

第一节　设置中学堂，当择地方面积适合学堂规模，且无碍于品行及无妨于卫生之地。

第二节　学堂内当按学科之门类设诸堂室如下：

一、通用讲堂；二、物理、化学、博物、图画等专用讲堂；

三、图书室、器具室、药品室、标本室；四、礼堂；五、管理员室及其余必需之室。

礼堂与通用讲堂，可便宜兼用；博物、物理、化学专用讲堂，可便宜兼用；图书室、器具室、标本室与管理员室，或可便宜兼用；然物品较多较精，断不宜并为一室。

第三节 学堂操场必宜分屋内屋外二处。

第四节 除以上堂室外，必应于学堂内或学堂附近设学生斋舍；舍中分自习室、寝室二式。其他监学室、会食堂、盥所、浴所、养病所、厕所、应接所，均宜备之。自习室、寝室，可便宜兼用。

第五节 各种堂室及学生斋舍，均以适于教授管理及卫生为主，惟取质朴坚固，不必华美，惟万不可涉于狭隘黑暗卑湿。

第六节 学堂中应备几案、椅凳、黑板，须取深合法度者。

第七节 凡教授物理、化学、图画、算学、地理、体操等所有器具、标本、模型、图画等物，均宜全备，且须合教授中学堂程度者。[1]

近代教会中学的景观改造与校园建设不仅为本校教育的开展和学生的生活奠定了物质基础，也为同时期和后来北京城内其他中学的改造提供了一个学制以外的现实参照和效仿对象。很多清末民国年间的教会中学一直使用至今，成为今日北京市重要的中学校，很多校园建筑保存至今，成为重要的物质文化遗存。近代北京城的教会中学，自出现起延续百年，可以说记载了一部完整的教育改革篇章，也承载了新旧交叠、中西辉映的城市建筑乐章。

---

[1]《奏定学堂章程·中学堂章程》，朱有瓛、高时良主编：《中国近代学制史料》（第2辑上），第392页。

表3.14 近代北京城内教会中学信息表（不含职业学校）

序号	校名	曾用名	地址	变更时间	校长	备注
1	育英中学（Yu Ying School）	男蒙馆	灯市口大街路北门牌26号	1864.8	柏亨利（Henry Blodget）	公理会设立
		育英学堂		1900		庚子事变后重修并更名，往通州、保定、张家口等地发展分校
		育英学校		1912		
				1918	校长李如松，副校长邵作德	设四年制中学
		京师私立育英中学校		1927.6		北京政府立案
			高中部位于灯市口东口路北门牌14号，运动场位于东安门骑河楼原清朝御马圈（现北京六十五中学校址）	1930		添设高中，设三三制中学，于国民政府教育部备案
				1938	校董张横秋	
		市立第八中学		1942.1	李如松	
		私立育英中学		1945.10	校董纲起鹏	
				1949	年景丰	
		北京市第二十五中学	灯市口大街55号	1952		

续表

序号	校名	曾用名	地址	变更时间	校长	备注
2	贝满女子中学（Bridgman Girls' School）	女蒙馆	大鹁鸽市	1864	贝满夫人（Elizabeth Bridgman）	公理会设立
		贝满书院	东四南灯市口前佟王府旧址（今同福夹道3号）	1890		
		贝满中斋		1892		四年制女中
		贝满女学校		1912		
				1922.9	管叶羽（字韵清，华北协和大学毕业）	
				1923		设三三制中学
		私立贝满女子中学		1927.6		北京政府教育部立案
			校本部为高中部，初中部设于灯市口27号（今景山学校位置）	1930.3		国民政府教育部备案
				1938	于汝淇	
		市立第四女子中学		1942		
		私立贝满女子中学		1945		
				1946	校董凌其峻	
				1949	校董王琇瑛，校长陈哲文	
		五一女中		1951		
		市立第十二女子中学		1952		
		红卫中学		1968		男女合校
		北京市第一六六中学	灯市口同福夹道3号	1971		

续表

序号	校名	曾用名	地址	变更时间	校长	备注
3	汇文中学（Peking Academy）	培元斋蒙学馆	崇文门内船板胡同1号	1871	贾腓力（Gamewell, Frank T）	美以美会设立
		怀理书院		1884	白雅格	中学程度
		汇文书院		1888	李安德	
				1893	刘海澜（Lowry, Hiram Harrison）	
		汇文大学堂		1904		
		汇文大学校		1912.7	高凤山	
		汇文学校		1918		含大学预科和中学
				1921		仅存中学
		京师私立汇文中学		1927.6	高凤山	北京政府教育部立案
				1930.3		国民政府教育部备案，三三制中学
		市立第九中学		1942.1	蒯超	
		私立汇文中学		1945	校长高凤山，校董李荣芳	
		北京市第二十六中学		1952		
			迁崇文门外培新街，原址后改为第一二六中学（今为丁香胡同小学）	1960		
		汇文中学		1989		

续表

序号	校名	曾用名	地址	变更时间	校长	备注
4	慕贞女子中学校（Mary Porter Gamewell School）	慕贞书院	崇文门内孝顺胡同后沟1号	1872	博慕贞（Mary Porter Gamewell）班美瑞（Maria Brown）	美以美会女布道会设
		慕贞女学校		1912		
				1918		四年制中学
				1927	高凤山	改三三制中学
		私立慕贞女子中学		1930.7		国民政府教育部立案
				1931	郑乃清	
		市立第五女子中学		1942.1	校长郑乃清，校董施锡恩	
		私立慕贞女子中学		1945	校董王廖奉	
		育新女中		1950		
		北京市第十三女子中学		1952		
				60年代		改为男女合校
		北京市第一二五中学	东城区后沟胡同乙2号	1972		
5	崇德中学校	崇德学堂		1874	史嘉乐（Scott, Charles Perry）	中华圣公会设立，美英圣公会出资
				1897		停办
		虎坊桥中华圣公会院内	1903		复校	

续表

序号	校名	曾用名	地址	变更时间	校长	备注
5	崇德中学校	崇德学校	宣武门内绒线胡同路北门牌79号（现址）	1908		
		崇德中学		1912		兼含小学与中学
				1926.9	凌贤扬	
		京师私立崇德中学校		1928.5		北京政府教育部立案
		北平市私立崇德中学校		1930.3		国民政府教育部备案
				1939		停办
		崇德中学		1945	校董史多玛，校长凌贤扬	复校
				1946	校董王锡炽	
		北京市第三十一中学	绒线胡同29号	1952		
				60年代		改为男女合校
			西绒线胡同门牌33号	1965		
6	笃志女子中学（St. Faith Girls' School）	笃志女学堂		1901		中华圣公会华北教区创办，美英基督教圣公会出资
		笃志女学校	宣武门内前王公厂（今光彩胡同）6号	1913.9		中学性质
				1914	校长徐璘清	
		京师私立笃志女子中学校		1928.4	常泽如（金陵女子大学毕业）	北京政府教育部立案

续表

序号	校名	曾用名	地址	变更时间	校长	备注
6	笃志女子中学（St. Faith Girls' School）			1929		添设高中
				1930.3		国民政府教育部备案
				1939.8		停办
		笃志女中		1945	校董史多玛，校长常泽如	复校
			迁西城象坊桥北前王公厂东口承恩寺（今承恩胡同）7号	1946	校董王锡炽	
			初中部设承恩寺，高中部迁石驸马大街（今新文化街）前北京女师大旧址	1951		
		北京市第八女子中学	全部迁新文化街45号	1952		
		鲁迅中学		60年代		男女合校
		北京市第一五八中学		1972		
		鲁迅中学		90年代		
7	崇实中学校（Truth Hall Academy）	崇实馆	东总布胡同	1865	丁韪良（Dr. William A. P. Martin）	长老会传教士丁韪良开设
			迁安定门内二条胡同（北门）	1885		
				1891		添设相当于中学的教学班级

续表

序号	校名	曾用名	地址	变更时间	校长	备注
7	崇实中学校（Truth Hall Academy）		暂借碾儿胡同作临时馆址	1901		
		崇实书院	迁安定门内大三条胡同中间路北门牌5号（南门）	1903		过渡到以中学为主
		崇实中学校		1916	罗遇唐（字熙如，华北协和大学毕业生，美国哥伦比亚大学硕士）	
				1923		由四年制改为三三制
				1927		添设职业科
		私立崇实中学		1929		国民政府教育部立案
				1930		备案为初高两级普通中学加高中职业班
				1938	校董郭敬源	
		市立第十中学校		1942.1		
		北平私立崇实中学		1945	校董陆崇玮，校长罗遇唐	
		北京市第二十一中学		1952		
				60年代		改为男女合校
			迁东城交道口北三条57号	1967		

续表

序号	校名	曾用名	地址	变更时间	校长	备注
8	崇慈女子中学校（The School of Gentleness/Chung Tze Girls' School）	女子小学堂	化石桥（今和平门内）	1901	高博恩女士	长老会
		崇慈女学校		1921		改建中学
		崇慈女子中学	迁安定门内二条胡同20号（今交道口北二条43号）	1923		由中国人接办
		私立崇慈女子中学		1930.8	李华春（华北协和大学毕业）	国民政府教育部立案
				1931.8		高中备案
				1935	罗遇唐	
				1938	校董齐树芸	
		市立第六女子中学		1942.1	邓萃芬	
		北平私立崇慈女子中学		1945	校董李淑成，校长袁永贞（燕京大学毕业）	
			迁东四北马大人胡同21号（今育群胡同45号）	1949	张陶玲	
		北京市第十一女子中学		1952		
				60年代末		改男女合校
		第一六五中学		1972		

续表

序号	校名	曾用名	地址	变更时间	校长	备注
9	今是中学校	今是中学校	北京西苑	1925	宝广林（伦敦大学毕业）	为收容"五卅"动动中从欧美教会学校退学学生，由中华圣公会创办
			迁城内安定门内棉花胡同（今东棉花胡同）16号和净土寺（今净土胡同）6号			
			迁大佛寺东街1、3、4号	1930.3		国民政府教育部立案
				1931	陈国梁	
			迁和平门内西顺城街（今宣武门东大街）60号			
				1935		暂时停办
				1936	罗庆山（北平大学毕业）	复校
				1939		仅有初中，无高中
				1940		停办

续表

序号	校名	曾用名	地址	变更时间	校长	备注
10	三基初级中学	三基初级中学	青年会内（东单北米市大街路西，今东单北大街）	1927.7	王育俊（燕京大学毕业）	基督教青年会设立
			迁内务部街10号青年会对过梅竹胡同（今并入东单北大街）	1930.2		
				1931.7	蔡维新（字达轩，直隶第二师范学校毕业）	国民政府教育部备案
			迁东四南内务部街10号	1935		
			迁东四北马大人胡同今育群胡同）	1939		同年8月停办
11	萃文中学校和萃贞女子中学	萃文中学和萃贞女中	缸瓦市	1903		伦敦会
				1914	萃文中学校长金真修，萃贞女中校长吴穆兰	
			迁西四北礼路胡同（今西四北头条）29号	1917		萃文中学在西楼，萃贞女中在东楼
				1925		萃文中学校停办
				30年代		萃贞女中停办。两校校址先后转让给私立平民中学

续表

序号	校名	曾用名	地址	变更时间	校长	备注
12	潞河中学（Jefferson Academy）	小学堂	通州城内北后街教堂	1867	江戴德、都春甫	公理会
		协和书院		1902	谢子荣	公理会、伦敦会、长老会合办
		华北协和大学		1912		
		潞河中学		1918	田和瑞	
				1923		改三三制中学
				1926		京兆公署立案
				1927	陈昌祐	
				1929		河北省教育厅立案
13	富育女中（Goodrich Girls' School）		通州城内南地	1904	富善、富轲慕德	公理会
14	培华女中	培华中西女校	宣武门内石驸马大街（今新文化街东段）	1914		伦敦会
		私立培华女子两级中学		1928.5	周淑清	北京政府教育部立案
		私立培华女子中学		1930	邝瑞英	国民政府教育部备案
				1930.10	许瑞圭（纽约大学毕业，福建闽侯人）	
				1937.8		停办

续表

序号	校名	曾用名	地址	变更时间	校长	备注
15	燕京大学附中	燕大附属女子高级中学	西郊海淀镇北	1926	李铭忠	
				1928		停办
		燕大教育系附属初级中学		1929		男女合校
		私立燕京大学附属初级中学		1932		国民政府教育部备案
				1934	郑国梁（福建仙游人，燕大毕业）	
				1939	武占元	
				1943		停办
				1946	校董陆志韦，校长薛鸿达（江苏江阴人，燕大毕业）	复校
				1948	张鸣岐	
				1952		并入清华附中
16	培元初中	培元初级中学	西郊海淀南大街20号	1944	校董石雨农	伪北京特别市政府教育局立案
				1946	校董曹敬盘（河北束鹿人，汇文大学毕业）校长祁国栋（河北霸县人，燕大毕业）	同年9月停办
				1947		复校
				1952		并入北京市第19中学

第五节　历史建筑空间的改造与再利用——以钟楼电影院为例

张纾苒

北京的钟鼓楼位于旧城中轴线北端，即今日地安门外大街北起点。两楼相距约百米，中间有小广场相隔。钟鼓楼始建于明永乐十八年（1420），与明北京城同时建成。钟楼在建成后不久遭遇火灾，清乾隆十年（1745）重建，由原来的木结构改为砖石结构，两年后落成。今钟楼前立有石碑，上书清乾隆年间《御制重建钟楼碑记》，其称："皇城地安门之北，有飞檐杰阁翼如焕如者为鼓楼。楼稍北，崇基并峙者，为钟楼……二楼相望，为紫禁后护。"[1]

明清两代，钟楼和鼓楼一直是北京城重要的报时装置，因此也有"晨钟暮鼓"之说。久而久之，钟鼓楼也成为北京地标性的建筑，成为重要的文化景观，前人的一些文

图3.42　北平钟楼与鼓楼
（资料来源　1929年的钟楼与鼓楼远景。照片《北平钟楼与鼓楼》，《旅行杂志》1929年第3卷第1期，第45页。）

---

[1] 李路珂等编著：《北京古建筑地图（上）》，北京：清华大学出版社，2009年。

章中也多有提及。[1]民国时期，随着钟表的普及，钟鼓楼逐渐失去了它们的报时职能。因此当时的京都市政公所决定对其功能进行改造，将鼓楼改为民众教育馆，钟楼改为教育馆附设的电影院，用以教育民众。关于这一改造过程，之前的研究中只是粗略概括。[2]因此本节将详细梳理这一改造过程，并分析这一改造对城市遗产保护和公众娱乐的意义。

一、草创之初（民国初年—1937年）

近代以来，连年的战争使北京的一些文物建筑遭到了毁坏，钟鼓楼也难以幸免。八国联军入侵北京时，鼓楼上的文物遭到严重破坏。现今鼓楼的展览中，依然可见当时破坏的痕迹。京都市政公所成立后，对一些文物建筑进行了修缮，其中也包括钟鼓楼。如在1921年修缮了鼓楼外墙，并"将鼓楼东西外墙向里收缩四公尺四寸"[3]。1924年鼓楼被改为明耻楼，以使民众勿忘八国联军入侵之国耻，后来又恢复原称"齐政楼"。

钟鼓楼被正式改为京兆通俗教育馆是在1925年。6月，京兆尹公署准备将钟鼓楼改为通俗教育馆：

> 拟以地坛改作公园，钟鼓楼改作通俗教育馆……通俗教育馆内分设图书、博物、游艺等部，并拟培养各种动物、植物。总期于公共游息之中，寓发扬文化、补助教育之意……[4]

并在开馆前向社会各界征求图书字画、历史古物等用以展览。经过

---

[1] 王铭珍：《北京钟楼和鼓楼》，《北京档案》2012年第12期，第34—35页；王京、雁丁：《北京的鼓楼和钟楼》，《建筑工人》1999年第12期，第48页。
[2] 张纾苒：《民国时期的钟楼影院》，《北京档案》2016年第6期，第48—50页。
[3] 《京都市政公所第三处请四处测勘鼓楼外墙收缩工程的函及图纸》（1921年12月1日至1921年12月31日），北京市档案馆馆藏档案，档号J017-001-00163。
[4] 《京兆尹公署关于通俗教育馆征求展览物品及该馆开幕日期的函》（1925年6月1日至1925年10月31日），北京市档案馆馆藏档案，档号J004-001-00252。

一系列的准备工作，通俗教育馆于1925年10月4日（星期日）上午10时正式开幕，开幕式上大家齐唱国歌，并有京兆尹等领导讲话。下午一时起，民众可自行游览。[1]

关于通俗教育馆何时开办电影院一事，似乎很难得出确切的结论，但我们可以从档案记载中寻找到一些蛛丝马迹。1928年春节前，京兆通俗教育馆给警察局的一封公函中记载，"敝馆商场、电影院及文明剧社等春节游人倍增，深恐有匪人藉端滋扰妨害秩序"，希望警察局派人"前往该馆接洽"。[2]这一记载说明在1928年初教育馆已经开办了电影院，甚至还有商场、剧社，而且光顾的民众也很多。一说是1928年5月钟楼开办了中华电影院。[3] 1929年6月，电影院和文明戏院还就捐税一事与北平市政府进行协商。公文中提及电影院为通俗教育馆自办，不属于营业性质，纯粹是为了在资金上补助教育馆的运转，因此可以免税；而文明戏院属于承包营业性质，因此应照例缴纳捐税。[4]但到了1946年，教育馆馆长罗维勤给警察局陈局长的公函中回忆道："本馆为推广电影教育，曾于民国十九年间在钟楼内开办民众电影院。"[5]即馆长认为，民众电影院开办于1930年。作为教育馆的馆长，应该对该馆的事务十分清楚。即使1930年馆长并不是罗维勤，在正式公函中也不至于弄错了时间。所以笔者认为，在1928年到1930年之间，教育馆附设的电影院有可能经历了从自营到承包或是更名或是关闭重开张的过程，因此罗馆

---

[1] 《京师警察厅行政处关于送京兆通俗教育馆阅览证四张请查收的函》（1925年1月1日），北京市档案馆馆藏档案，档号J181-018-18314；《京兆尹公署关于通俗教育馆征求展览物品及该馆开幕日期的函》（1925年6月1日至1925年10月31日），北京市档案馆馆藏档案，档号J004-001-00252。

[2] 《北平市警察局内五区署关于禁售私历、德胜门荒草铲除教育馆请派警等呈》（1928年1月1日），北京市档案馆馆藏档案，档号J183-002-31594。

[3] 田静清：《北京电影业史迹》，北京：北京出版社，1990年，第15页。

[4] 《教育·命令·训令：令通俗教育馆准公安局函开通俗教育馆电影院暂免纳捐文明戏园仍应照章缴纳等因仰知照由》，《北平特别市市政公报》1929年第5期，第3-4页。

[5] 《钟楼电影关于开张歇业的呈》（1946年1月1日），北京市档案馆馆藏档案，档号J181-016-03182。

长所说的"民众电影院"开办于1930年,但在此之前,教育馆已经有了无独立名称或叫"通俗电影院"的影院。

根据当时清华大学社会学系学生刘昌裔在1936至1937年间对北平市电影业的调查,民众电影院"创办约于民国十五年"(1926)。[1]德国大使馆在1936年对全市电影院的调查中也显示,"北平市第一社会教育区民众教育馆钟楼民众影院"开办于民国十五年(1926),起初为无声电影,后改组为有声。[2]事实上,早在1925年,即通俗教育馆开办的当年,可能就已经有了影片的放映。1925年警察局的一条档案中显示,通俗教育馆怀疑一名叫康子珍的馆役偷了电影胶片,因此向警察局报案。[3]虽然最后未寻获赃物,但这一记载说明了在1925年教育馆可能已经在放映影片,否则不会存放电影胶片。开馆之前京兆尹公署就拟在教育馆成立后设"游艺部",可能就与放映影片有关。但由于资料缺乏,目前还无法得知究竟是像一般影院一样放映电影,还是只是与教育相关的宣传短片。并且放映的具体地点也未提及是钟楼内还是鼓楼内。但我们可以推测,该处的影片放映与教育馆几乎同时起步,后来逐渐发展成了挂靠于教育馆的承包式半独立电影院。

钟楼影院开张之前,内城南部的内一区和内二区,以及外城大栅栏、香厂一带,已有诸多影院营业,其中内城影院档次普遍高于外城。但内城北部由于经济文化较为落后,几乎看不到有关电影院的记载,因此新开张的钟楼电影院成为这一区域几乎是唯一的电影放映场所。[4]从这一时期电影院的分布图3.43上可以得到更为直观的印象:

---

[1] 刘昌裔:《北平市电影业调查》,葛兆光选编:《学术薪火——三十年代清华大学人文社会学科毕业生论文选》,长沙:湖南教育出版社,1998年,第352页。

[2] 《德国使馆调查本市电影事业的调查表及市政府的指令》(1936年1月1日至1936年12月31日),北京市档案馆藏档案,档号J001-003-00091。

[3] 《北平市警察局内左三区警察署关于京兆通俗教育馆控馆役康子珍窃去电影片的呈》(1925年1月1日),北京市档案馆藏档案,档号J181-031-02993。

[4] 《北平市立第一民众教育馆关于该馆地址迁移和第五区执行委员会在鼓楼影院讲演的呈及教育局的令》(1946年6月1日至1946年10月31日),北京市档案馆藏档案,档号J004-004-00212。

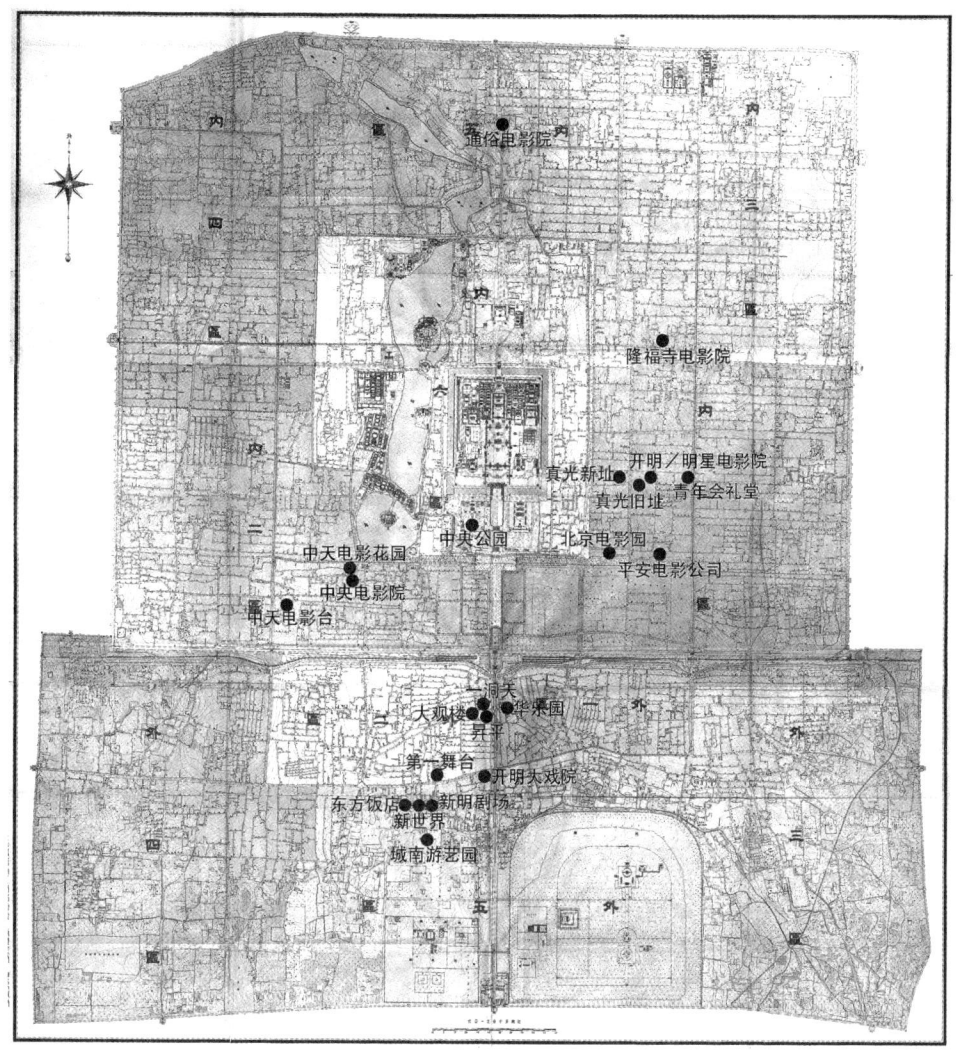

图3.43 1928年之前北京的电影院分布[1]

钟楼的功能改变之后，原本悬挂于钟楼上部的大钟被弃置不用。1929年和1930年的刊物中都有照片显示，通俗电影院开办后，大钟被挪出，移到了钟楼院落入口处的地下，露天存放。因此不久之后，由于风雨的剥蚀，大钟上铭刻的经文字迹已变得模糊。

---

[1] 张纾苪：《近代北京电影院的历史地理研究》，北京大学硕士学位论文，2017年，第23页。

| 时代变革下的空间嬗变 |

北平鐘樓現改爲通俗電影院其古鐘移置於門首地上（胡稚卿）

The bell turret in Peiping has now changed into a Public Cinema and the bell was placed in the front of its entrance.

图3.44　钟楼古钟移至于门首地上

（胡稚卿摄："北平钟楼现改为通俗电影院，其古钟移置于门首地上"，《图画时报》1929年第567期，第1页。）

不加保管之故物——北平地安門外之鐘樓自改通俗電影院後將大鐘移置樓後柵外任風雨剝蝕該鐘鐵鑄高丈餘周有經文現字跡已漸模糊（李堯生）

A large bell about 12 ft. in height, which was formerly hung in the bell tower outside the Te an Men, Peiping, has been exposed in the air since the tower was reformed into a cinema.

图3.45　钟楼古钟任风雨剥蚀

（李尧生摄："不加保管之故物——北平地安门外之钟楼自改通俗电影院后将大钟移置楼后栅外任风雨剥蚀，该钟铁铸高丈余，周有经文现字迹已渐模糊"，《图画时报》1930年第635期，第1页。）

30年代初，通俗教育馆有一些关于管理和维修的记载，如在1931年明耻楼（鼓楼）进行了一次维修[1]，并制定了一些管理规则[2]。当年的一篇关于北平各电影院的文章中提到钟楼电影院"系古物陈列之处，为保护古物计，现已停映"。[3]经过维修之后，电影院似乎又重新开业。1933年，电影检查委员会调查了全国各地影院状况，提及了北平的民众

---

[1] 《北平市政府关于修理通俗教育馆明耻楼工程应重行查勘详拟工料规范报府核定的训令及市工务局办理情形的呈（附该工程工料规范和承揽商号合同书）》（1931年12月1日至1933年9月30日），北京市档案馆馆藏档案，档号J017-001-00649。

[2] 《北平市市立通俗教育馆呈该馆各处标语一览表及市立第一普通图书馆概况》（1931年9月1日至1931年10月31日），北京市档案馆馆藏档案，档号J004-004-00041。

[3] 影光（寄）：《记北平电影院》，《影戏生活》1931年第1卷第28期，第23页。

教育馆电影院，开办年月是1929年4月，经理人为戚彬如。[1]但此时的民众电影院经营不善，导致观众颇为抱怨。1933年，有民众写信反映：

> 敝人为平市公民一份子……鼓楼民众电影院……弹压不力。影院虽云人员复杂良莠难分，而办理得法，弹压有方，不该有意外之虞。而该影院对待观众蛮横异常，一如专制之衙役。地痞光棍均与该院买票照坐人等肆意调笑，丑态百出，有碍观瞻，且复怪声叫好拍掌，赤背袒胸，胆敢于演映黑暗之中任意摸索良家妇女手足，以致良家妇女裹足不前，以顾颜面忍气吞声。且时有小偷混入其间，观众损失财物。昨有某官家妇被小偷窃去金首饰一只，自己指认喊叫，该院竟不之理，以致夺门跑出……未见警察一人到场排解……[2]

由此可见，观众对影院的服务态度和治安状况都颇为不满，怨声载道。当时报刊中的文章也提及钟楼影院"平民化十足"，顾客多为商人、工人之流，中产阶级鲜有问津。[3]到了1934年4月间，承包人郑英甫"因与民众教育馆合同期满，又兼生意不佳停演"，由新承包人张子祥、韩尧臣出资接办，到8月仍尚未开演。[4]

其停办期间，钟楼似乎疏于管理，甚至出现了附近地痞偷拆院墙砖的事件，还有儿童爬进爬出。因此1934年5月，北平市政府颁布训令，令公安局对此处多加管理：

---

[1] 《全国电影院调查表》（续第二卷第八期），《电影检查委员会公报》1933年第2卷第10期，第18-21页。

[2] 《北平市公安局关于鼓楼民众电影院经营不善问题的训令》（1933年9月1日），北京市档案馆馆藏档案，档号J181-031-01262。

[3] 云子（寄）：《北平影院现状一瞥》，《风月画报》1934年第4卷第21期，第2页。

[4] 《北平市公安局关于民众教育馆为铲除劣警刘荣勋的函》（1934年8月1日），北京市档案馆馆藏档案，档号J181-031-04088。

| 时代变革下的空间嬗变 |

据报钟楼北面围墙，缺有数处。据民众教育馆称，此墙缺处，皆由附近地痞，将砖偷拆而去，致有小孩常于此等缺处，爬进爬出，屡经修补，迄难遏止。且该处僻近城根，离鼓楼虽止一箭之路，而馆役有限，实觉兼顾不及。前曾致函该管派出所，请饬警注意协助，亦毫无效果等语。职查该馆长所言情形，尚属实在。钟楼北面围墙缺处，离地最低者又不下二三尺，适见有小孩由此爬而进出，虽无极大危险，万一失足跌伤，亦属可虑。除商由该馆长从速设法修补外，拟请令饬公安局转行内五区署严饬该管派出所随时注意，不得再任地痞偷拆该处墙砖，以壮观瞻而免危险。[1]

更换承包商后何时开业以及经营状况如何并未找到明确的记载。但关于民众教育馆的记载还零星地出现在档案中。1935年6月，因为鼓楼内部图书馆光线太暗，教育馆请求在附近建五间瓦房作为阅览室。[2]卢沟桥事变前不久，即1937年5月15日至29日，民众教育馆还举办了卫生展览会，"在本馆大门悬挂红布匾额，并在影院放映银幕广告以广招徕"[3]。可见教育馆附设的电影院对教育馆举办的活动也起到了一定的宣传作用。

总体而言，1937年以前的民众电影院关于放映电影或举办活动的记载甚少。1928年春节前还有一幅游人如织的景象，而在迁都之后，到了30年代，关于钟楼影院的记载就几乎只剩下经营不善或是偷拆墙砖之类。刘昌裔的调查中也提及民众电影院"因地址偏僻，营业一向平

---

[1] 《北平市政府关于查禁盗窃钟楼图墙砖的训令》（1934年1月1日），北京市档案馆馆藏档案，档号J181-020-18949。

[2] 《第一社会教育区民众教育馆关于建筑房屋的呈文及市政府、社会局的指令》（1935年6月1日至1936年3月31日），北京市档案馆馆藏档案，档号J002-003-00298。

[3] 《第一社会教育区民众教育馆关于举办卫生展览会和年画、唱本、儿童玩具展览会经过情形及呈报该馆改进计划书的呈文及社会局的指令》（1937年3月1日至1937年6月30日），北京市档案馆馆藏档案，档号J002-003-00668。

平"[1]。但除了地址偏僻这一因素外，承包者经营不善和1928年迁都之后的社会大环境变化恐怕也是影院萧条的重要原因。

二、沦陷停办（1937—1945年）

七七事变之后，北平被日军占领，钟鼓楼的民众教育馆和电影院也一并被接管。1938年7月有一次对钟楼影院调查的记载，当时影院的全称为"北京市第一社会教育区新民教育馆附设新民电影院"，创办时间是1937年12月1日，可见其在被占领之后经历了更名和重新改组的过程。新的经理人为靳松山，其"承租钟楼映演影片，每日售票营业，并受新民教育馆指导"，楼上楼下共有三百个座位。影院附设有食堂，售卖点心等小食。[2]

然而影院举行的卫生宣传运动似乎并未停滞。1938年3月，在全市各影院举办春季卫生运动周活动。[3] 7月，卫生局发函给警察局，请派人照料"夏季卫生运动周"活动，警察局事后记载：

> 令开准卫生局函本局办理夏季卫生运动周，兹定于七月一日及二日每日上午九时至十二时，在钟楼电影院放映卫生影片两天。届时由率长警四名妥为照料……开始映演伤寒及赤痢之症发生原因等片，至十二时余演毕。观众男女幼孩计约四百余人，于二日……三百余人，均无事故。[4]

---

[1] 刘昌裔：《北平市电影业调查》，葛兆光选编：《学术薪火——三十年代清华大学人文社会学科毕业论文选》，长沙：湖南教育出版社，1998年，第352页。

[2] 《北平市警察局关于电影院调查表》（1938年7月1日），北京市档案馆馆藏档案，档号J183-002-30743。

[3] 《卫生·文电·公函：函各电影院：函送本届春季卫生连动周分区讲演广告稿请予免费放映以广宣传由》（1938年3月4日），《市政公报》1938年第9期，第110-111页。

[4] 《北平市警察局关于督察处密送特别警备勤务配备、学校名单、卫生局办理夏季运动周在钟楼电影院放映有关卫生常识影片派员照料等问题的文件》（1938年5月1日至1938年6月1日），北京市档案馆馆藏档案，档号J183-002-28199。

这一系列卫生教育宣传影片不仅在钟楼放映，也在全市其他影院放映：

> 向友邦征得有关卫生常识之各项影片若干卷，拟假本市各电影院轮流放映，并免费任人参观，用广宣传。[1]

卫生知识的宣传最为隐晦地与殖民者的权力意图相关联，其中散播着隐藏在卫生知识中的现代性诉求。[2]它是殖民者在其占据的国家与城市中催生"帝国想象"的重要步骤。[3]通过这一宣传，让人们构想出一个清洁、卫生、美好的日本，从而使人们对其占领与殖民行为表示认同。

除此之外，日本占领者当然不忘借此场所宣扬其所谓"新民主义"，甚至成立了专门的"新民宣讲班"来教育沦陷区的民众，民众教育馆也改名为"新民教育馆"。从1938年夏季开始，伪政府多次在教育馆礼堂举行了"宣传游艺大会"。例如，7月29日，伪北京市第一社会教育区新民教育馆致函伪北京市警察局内五区署：

> 迳启者查本月三十一日下午二时至五时（旧时间）新民宣讲班在本馆礼堂举行宣讲游艺大会，相应函请贵署届时派员到馆照料维持秩序。

事后记载：

---

[1]《北平市警察局关于督察处密送特别警备勤务配备、学校名单、卫生局办理夏季运动周在钟楼电影院放映有关卫生常识影片派员照料等问题的文件》（1938年5月1日至1938年6月1日），北京市档案馆馆藏档案，档号J183-002-28199。

[2] 张一玮：《空间与记忆：中国影院文化研究》，北京：中国传媒大学出版社，2015年，第87-88页。

[3] ［美］罗芙芸（Rogaski Ruth）：《卫生的现代性——中国通商口岸卫生与疾病的含义》，南京：江苏人民出版社，2007年，第272页。

……于下午十五时开会,由新民宣讲班宣讲员王增惠、李圣海等讲演新民意义,继由宣讲班表演游艺,计到男女民众二百余人,至十九时闭会,民众相继散去。[1]

另一档案中记载了1938年9月、10月、12月分别举行的三次宣讲游艺大会,其中12月14日活动是"为庆祝临时政府成立周年"。举行的开会仪式还包括"唱国歌""向国旗会旗行最敬礼"等。[2]由此可见日本占领者深知占领之后对民众思想控制的重要性,因此不遗余力组成宣讲队宣传其殖民思想。在这些事件中,影院空间、日伪政府,以及殖民活动之间发生了关联,电影院作为被占领区的公共场所,被赋予了特定的殖民规训功能。此时围绕电影放映活动形成的电影院建筑元素和视觉形态,也被殖民者的宣讲活动所利用。[3]

以上这些宣传活动是在新民教育馆举行,而其附设的新民电影院于1939年5月25日正式开幕,由汪奎明任经理。内五区警察署记载了开幕的场景:

迳启者查本馆附设新民电影院于五月二十五日重张开幕,是日上午新十时举行开幕典礼,并佐以游艺……

……十一时余举行开幕典礼,并表演天然戏唱大鼓书演电

---

[1] 《北平市警察局关于新民教育馆举行宣传游艺大会派员照料、北海公园中元节游人繁多派员照料等问题的文件》(1938年7月1日至1938年8月1日),北京市档案馆馆藏档案,档号J183-002-28197。

[2] 《北平市警察局内五分局特务股关于新民教育馆为举行宣讲等会请派员维持秩序的来函》(1938年9月1日至1938年12月1日),北京市档案馆馆藏档案,档号J183-002-34444。这组档案中,9月和10月的文件稿纸抬头本为印刷的"北京市第一社教区民众教育馆公用笺","民众"二字被毛笔改为"新民";12月的文件稿纸即为"新民"。可见,日军占领北平后初期教育馆并未改名(此时北平已改为北京),不久以后教育馆被改名为"新民教育馆",改名初期文件还在用旧的信笺纸。

[3] 张一玮:《空间与记忆:中国影院文化研究》,北京:中国传媒大学出版社,2015年,第85页。

影，计到各机关新民会中央指导部宣传科科长警防司令……至二时完毕照料并无事故。[1]

开幕之后，"自五月二十七日起每日下午派员赴新民电影院在开演前轮流讲演新民主义及普通常识等"[2]。此时的影院和教育馆一样，完全沦为了日本占领者的宣传工具。

新民教育馆不仅附设了电影院，还有附设的商场。在电影院开张之后不久，教育馆又将商场进行了一番整修：

> 迳启者查本馆附设商场年久失修，场内外凹凸不平，商人设摊凌乱异常，四周墙壁招贴殆遍，对于市容不无滞碍。本馆从新整理，根据《周易》所载"日中为市……交易而退，各得其所"之意义，更名为日中市场，并函请工务局平垫场地及道路，现已完竣，划分区域制定设摊，并颁发登记证，又令摊贩于每日早晨入本馆商业补习班，授以新民主义及普通学科，其无登记者禁止入场营业，以便保证正当之商贩取缔不良商业。在鼓楼及钟楼两侧设牌标明"日中市场"以正观瞻而资区分。[3]

整修之后的市场取名"日中市场"，表面上引自《周易》，但实际恐怕也暗含了其所谓的"大东亚共荣"政治思想。

---

[1] 《北平市警察局关于北京辅仁大学报冬赈筹款举办游艺会北京市第一社会教育区新民教育馆设新民电影院及讲演等材料》（1939年1月1日至1939年5月1日），北京市档案馆馆藏档案，档号J183-002-27369。

[2] 《北平市警察局关于北京辅仁大学报冬赈筹款举办游艺会北京市第一社会教育区新民教育馆设新民电影院及讲演等材料》（1939年1月1日至1939年5月1日），北京市档案馆馆藏档案，档号J183-002-27369。

[3] 《北平市警察局内五分局关于北京日本警察署检查出入城门日本人、新民教育馆附设商场、女子中学停办及召集警士会议的呈》（1939年6月1日至1939年9月1日），北京市档案馆馆藏档案，档号J183-002-27404。

到了1942年，新民教育馆最终被伪政府教育局关闭，令其3月底结束一切馆务：

> 该馆即行停止馆务，应将所有物品、书籍分给第二、三、四馆保存，并限三月底结束办理完竣，具报全馆职员均于本月底终止职务……[1]

4月初所有物品搬运完毕，鼓楼暂由教育局派守卫看管。[2]至此，开办十余年经历众多波折的教育馆及其电影院一并结束。钟鼓楼中有用的物品也都被搬走，只剩一些残破的器物。后来钟楼内的一些木料被强行运走，还引起过一些纠纷。[3]

沦陷时期的钟鼓楼教育馆和当时北京大多数机构一样，和入侵者进行着一系列的"合作"，入侵者利用其场所宣传其统治思想，并同时给这些机构提供"保护"。最终，在其没有价值时，将其彻底关闭，或者挪作他用。钟鼓楼的命运与当时的战争、政治局势和国家命运是密不可分的。

三、重办之艰难（1945—1947年）

抗日战争后期，钟鼓楼教育馆和影院一直处于关闭状态。到了1945

---

[1] 《北京市教育局关于第一新民教育馆停止馆务并结束办法的呈和有关该馆的接交问题的训令》（1942年3月1日至1942年3月31日），北京市档案馆藏档案，档号J004-004-00109。

[2] 《北平市警察局关于违章建筑缴纳罚金、配米办法、新民教育馆停止馆务、风筝比赛等训令》（1942年2月1日至1942年4月1日），北京市档案馆藏档案，档号J183-002-28005。

[3] 《北京特别市教育局报送第一、三社教区民教馆关于残破器物处理问题的呈文及市公署的指令（附：教育馆呈请注册器具清单）》（1941年8月1日至1942年6月30日），北京市档案馆馆藏档案，档号J004-001-00508。

年底光复之初，钟鼓楼已是一副萧条荒废状态，甚至成了周围儿童的游乐之地。12月，有市民向市长上书反映了钟鼓楼的情况：

> 市长先生：本市地安门外钟鼓楼在七七事变前归内务部所管归教育馆，事变后被伪建设总署要去，修饬一新，而今不知归何处所辖。近日偶有盟军登楼瞻眺，因而钟楼门大开，一般游手之人及学生住户儿童不分早晚登楼撞钟，人民闻之，疑有警报，故时有警扰不安。此楼石梯过高直，恐日久丛生跌毙人命之危险，是以请禁止市民登上以防危险。[1]

在经历了十四年的战争之后，人们终于获得了久违的和平。忽而听闻这不合时宜的钟声，必然会感到惶恐不安。因此当地居民建议市政府禁止市民任意登楼，以安定人心且保证市民的安全。

不久之后，社会教育科科长姜文锦和科员视察了此时已被闲置的钟鼓楼，认为有必要恢复战前的第一民众教育馆。

> 查鼓楼及钟楼原系通俗教育馆，民国二十七年始改为第一民众教育馆。该馆地当通衢，关系民众教育至深且巨。敌伪对于平市教育竭力摧残，该馆遂被停办。本月二十一日，职偕同本科科员萧先礼前往该馆原址视察，见房舍敞洞，而图书仪器及家具均无所有。据查各物系分存第二、三、四民众教育馆。按教育部训令，《收复区整理社会教育机关注意事项》第二条规定，收复区原有各种社会教育机关，经敌伪停办或归并者，应先追查其房屋财产及设备，再斟酌实际需要，予以恢复或调整归并。该地为城中心，

---

[1]《北平市警察局关于禁止人民攀登钟楼石梯、军事会报报告事项、军工车辆夹带私货处理办法及保护运输救济物资车船的训令》（1945年12月1日），北京市档案馆馆藏档案，档号J183-002-38164。

观瞻所系，极有恢复之必要。兹拟将该馆物品追回，恢复第一民众教育馆，藉以推行民教，而符中央整理社会教育之计划。[1]

次年1月，第一民众教育馆馆长罗维勤致函北平市警察局内五区分局，提及在1942年教育馆被伪政府关闭后由警察局派人看管。此时教育局已下令民众教育馆筹备恢复，暂时借用东西演乐胡同63号，第三民众教育馆馆址办公。此时的钟楼正在进行修理，打算在将来接收第二、三民教馆后，将搬来的家具、图书、陈列品暂时存放在钟楼内，再呈请修理鼓楼。而在搬迁期间，则需要警局派人看守。[2]

1946年2月，接收工作正式完毕，原来的二、三民教馆合并入一馆，改称市立第一民众教育馆，罗维勤代行馆长职务。[3]但钟鼓楼的维修工作还在继续，三月初，还有关于钟鼓楼内所存木料被用来修理教育馆一事的记载。[4] 5月间，据馆长罗维勤所称，教育馆仍然在进行重建和内部装修的工作：

> 本馆为推广电影教育，曾于民国十九年间在钟楼内开办民众电影院，十数年来除上映教育影片外，并举办通俗讲演，对于一

---

[1] 《北平市教育局关于收原市立第一、二民众教育馆合并为市立第一民众教育馆原第四民教馆改为市立第二民教馆的签呈、训令以及第一民教馆报送接收、筹办经过情形的呈》（1945年1月1日至1946年3月1日），北京市档案馆藏档案，档号J004-004-00409。

[2] 《北平市警察局内五分局关于参观实习一案的查照民教楼家具图书暂存钟楼内随时警卫填报教职员、学生调查表查照、有关制度文件》（1946年2月1日至1946年9月1日），北京市档案馆藏档案，档号J183-002-34427。

[3] 《北平市教育局关于收原市立第一、二、三民众教育馆合并为市立第一民众教育馆原第四民教馆改为市立第二民教馆的签呈、训令以及第一民教馆报送接收、筹办经过情形的呈》（1945年1月1日至1946年3月1日），北京市档案馆藏档案，档号J004-004-00409。

[4] 《北平市警察局内五分局关于修理民众教育馆、第二组负责职雇员衔名开单及查明属境并无美籍失踪及存殁人员的材料》（1946年3月1日至1946年12月1日），北京市档案馆藏档案，档号J183-002-38137。

般民众常识之介绍与新知识之灌输不遗余力。嗣以敌伪窃政，对本馆肆意摧毁，乃于三十一年三月间迫令停办，该院亦一并结束。当兹国土重光，本馆在积极复原工作中从事该院之修建加紧整饬内部，以期此具有教育意义之事业早日实现。[1]

另一条档案中也有类似的记载：

本馆于民国十九年间曾开创钟楼民众电影院，旋于三十一年间备受敌伪摧毁，遂于三月迫令停办。兹值国土重光，本馆在复员工作下积极从事，于该馆之重建及装修内部工作……[2]

到了6月，钟鼓楼的装修工作完成。[3] 6月17、18日左右，第一民众教育馆由演乐胡同迁回鼓楼办公。[4]

除了场馆的准备工作，重开业前还有一系列的准备工作需要一一筹办。其中钟楼影剧院的交税问题就是需要交涉的事项。6月，钟楼影剧院认为自己"旨在推广电影教育，与一般营利影院不同，请免娱乐税，及营业牌照税各等情"。而财政局认为，"娱乐税系征之于观客，与该

---

[1] 《钟楼电影院关于开张歇业的呈》（1946年1月1日），北京市档案馆馆藏档案，档号J181-016-03182。

[2] 《北平市警察局内五分局关于为庆祝胜利陈设水灯展览会核发职员枪证、民众教育馆开演影片湘灾筹委会募款等材料》（1946年2月8日），北京市档案馆馆藏档案，档号J183-002-38874。

[3] 《北平市立第一民众教育馆报送隆义木厂承修鼓楼馆经过详情和包工合同等的呈及教育局的指令（均为抄件）》（1946年10月1日至1946年10月31日），北京市档案馆馆藏档案，档号J004-004-00209，合同中提及，工程于3月1日开工，6月27日交工。

[4] 《北平市警察局关于民众教育馆迁入新址、警备司令部组长王海明到差视事、第二稽惩所所长到差及日侨集市管理处移交警备局处事科办理的训令》（1946年4月7日），北京市档案馆馆藏档案，档号J183-002-38830。《北平市立第一民众教育馆关于该馆地址迁移和第五区执行委员会在鼓楼影院讲演的呈及教育局的令》（1946年6月1日至1946年10月31日），北京市档案馆馆藏档案，档号J004-004-00212，两条记载中搬迁日期分别是6月17日和18日。

馆本身并无负担，所请限于定章，碍难照办"，因此娱乐税并不能免除。但对于营业牌照税的问题，因为《营业牌照税征收细则》中没有类似的规定，所以财政局局长傅正舜只得请示市领导。最终市领导批示，"营业牌照税准予免征"，因此钟楼影剧院可以免除营业牌照税。[1]从刘昌裔的调查中也可以看出，该影院在战前即是由市政府特意办理免除捐税的。[2]

经过一系列的筹备工作，第一民众教育馆和其附设的钟楼影剧院于8月正式开幕。开馆日期定于8月1日，而教育馆和钟楼影剧院的开幕典礼于8月4日同时进行。

> ……内部业已筹备就绪，兹定于八月一日先行开馆，至于举行开幕仪式一节，拟与附设钟楼影剧院开映之日同时举行……[3]
>
> 敝馆附设钟楼影剧院已筹备就绪，兹定于八月四日正式开幕。除函请贵局届时派员参加指导外，该院每日开映三场，星期日加演一场……[4]
>
> 每日的第一场从下午三点半开始，最后一场到晚上十一点半结束，每场为两个小时。周日加演场为一点至三点。[5]

---

[1] 《北平市财政局呈钟楼影剧院应否免征营业牌照税及市政府的指令》（1946年1月1日至1946年12月31日），北京市档案馆馆藏档案，档号J001-005-00271。

[2] 刘昌裔：《北平市电影业调查》，葛兆光选编：《学术薪火——三十年代清华大学人文社会学科毕业生论文选》，长沙：湖南教育出版社，1998年，第333页。

[3] 《北平市立第一民众教育馆关于该馆地址迁移和第五区执行委员会在鼓楼影院讲演的呈及教育局的令》（1946年6月1日至1946年10月31日），北京市档案馆馆藏档案，档号J004-004-00212。

[4] 《北平市警察局内五分局关于为庆祝胜利陈设水灯展览会核发职员枪证、民众教育馆开演影片湘灾筹委会募款等材料》（1946年2月8日），北京市档案馆馆藏档案，档号J183-002-38874。

[5] 《钟楼电影院关于开张歇业的呈》（1946年1月1日），北京市档案馆馆藏档案，档号J181-016-03182。

8月4日下午1时，开幕典礼正式召开。

> 由该馆长罗维勤报告教育馆历史经过情形，次由教育局王局长训词，毕至十六时余散会，男女来宾六十余人。[1]

这次重开幕似乎并不是一帆风顺。开幕仅不到两个月，影院的放映机就多次出现故障需要修理。外加入秋之后天气渐冷，影院需要添加防寒设备，因此于9月27日暂时停演，定于11月8日继续开演。[2]停演期间，鼓楼的教育馆应该还在正常运行。10月，佛教经像法物馆请求借用钟鼓楼为临时陈列办公地址。此时，"钟楼内有方木三块，鼓楼内有方木二块，长约二丈余，并有石头麒麟碑一座，自来水龙头一回，余无别物"[3]。似乎也显示出此时的钟鼓楼空空荡荡，颇有萧条之感。警察队从八月底开始奉命在馆内驻守，"维持市内治安，夜间则派一二人在楼上瞭望，遇特殊纪念日则临时增加人数，平时有一班人或八九人轮流换班"[4]。可见特殊纪念日该馆会举办一些活动，吸引附近民众，这与其创办宗旨也是相一致的。

1946年11月，北平市警察局对全市的影院、戏院进行了一次整顿，召集电影院业公会等，要求其成员自1947年元旦起做到以下几点：

---

[1]《北平市警察局内五分局关于为庆祝胜利陈设水灯展览会核发职员枪证、民众教育馆开演影片湘灾筹委会募款等材料》（1946年2月8日），北京市档案馆馆藏档案，档号J183-002-38874。

[2]《北平市警察局内五分局关于辅仁大学学生因年刊筹款公演话剧民众教育馆与钟楼影院同时开幕、停演及东和顺茶社约请名票与日消遣评剧清唱的呈》（1946年3月1日至1946年11月1日），北京市档案馆馆藏档案，档号J183-002-36279。

[3]《北平市警察局关于请恤金如有冒领应检举、乘车部队不得任意殴打带队官及佛教经像法物馆借用钟鼓二楼陈列等问题的训令》（1946年10月12日），北京市档案馆馆藏档案，档号J183-002-38867。

[4]《北平市立第一民众教育馆关于该馆地址迁移和第五区执行委员会在鼓楼影院讲演的呈及教育局的令》（1946年6月1日至1946年10月31日），北京市档案馆馆藏档案，档号J004-004-00212。

> 工役一律穿着白色长袍式号衣，左胸前以红线绣明各该戏影院名称及号码，场内门前禁止摊贩，在冬防期间晚场散戏时间不得超过十一时，附有调整电影票价核定表一纸，如有违反依法惩处停止营业。……通饬本管钟楼影院经理并随时督同……[1]

除了一系列的规定，警察局在1946年12月下发公文，通知钟楼影剧院按照《管理公共娱乐场所规则》办理相关手续。而到了次年2月，钟楼影剧院仍没有办理，其时已经逾期一个多月。因此警察局下发最后通牒，要求钟楼影剧院于两日内办理完手续，否则即刻勒令停业，手续未办理完则不能复业。[2]办理情况不得而知，但之后未见停业信息，并且警察局又催促钟楼影剧院办理别项业务，因此我们推测钟楼影剧院在最后通牒的逼迫下终于办完了所需要的手续。

接下来，警察局又认为钟楼影剧院的设备不完善，因此下发通知列出所需整改的各项，限十五日内办理完毕。其中包括增设消防设施、售票室改建等工程。消防设施包括蓄水池等，但该院认为，观众中有许多儿童，设立蓄水池可能会发生危险，因此在东西两侧设两个太平水缸用以灭火。售票室的工程也因过于浩大请求宽限。[3]

整改之后的钟楼观影条件似乎也并不是很好：

> 该影院位于地外钟楼下籍楼洞而成，场内设六人椅七十个，

---

[1] 《北平市警察局关于界内并无求社营业整顿戏剧办法辅仁大学函本院演剧售票请准举行及有民报称民众教育馆在钟楼院内演露天电影的呈报》（1947年1月1日至1947年7月1日），北京市档案馆馆藏档案，档号J183-002-39177。

[2] 《北平市警察局关于球社应依照本局管理公共娱乐场所规定申请特种营业执照、钟楼电影院应封日办理手续及呈请马戏团续演请恩准一事的训令》（1947年6月1日至1947年12月1日），北京市档案馆馆藏档案，档号J183-002-39246。

[3] 《北平市警察局内五分局关于本市电影检查实施办法调整国剧等价目表、禁止营业性舞厅及鼓楼影院应改善事项的呈报》（1947年6月1日至1947年9月1日），北京市档案馆馆藏档案，档J183-002-39245。

> 共四百廿座位，太平门一，直通钟楼大街……惟消防设施不佳，场内窗户太少，致空气污浊……[1]

笔者曾于2016年春去钟楼调查。[2]钟楼下部为砖砌台基，并无窗户等通风、采光设备。若四百余人在其中同时观影，必然是空气污浊，环境不佳。因此钟楼影院属于针对下层百姓的"三等影院"，入场费也较为低廉。[3]正是由于其平民化的定位和地理位置，钟楼影院也成为当时"本区民众唯一娱乐场所"。[4]

4月初，一则关于儿童节[5]庆祝活动的内容成为该时段为数不多的关于钟楼影剧院举办活动的记载。

> 本月四月四日为儿童节，本馆于是日上午九时假钟楼影剧院举行纪念仪式，招待附近各校学生参加，并有各项游艺表演以资庆祝。[6]

民众教育馆因为属于社会教育机构，因此给一些相关人士发放了入场优待券。但事实上钟楼影剧院为招商承办，类似于别的商业机构，承包人需考虑其获利情况。因此一些持优待券免费入场的人士损害了影院

---

[1] 《钟楼电影院关于开张歇业的呈》（1946年1月1日至1946年1月1日），北京市档案馆馆藏档案，档号J181-016-03182。

[2] 今钟楼下部台基内为茶馆，不开放，因此笔者并未进入其中观察实际面积及高度。

[3] 刘昌裔：《北平市电影业调查》，葛兆光选编：《学术薪火——三十年代清华大学人文社会学科毕业生论文选》，长沙：湖南教育出版社，1998年，第327页。

[4] 《北平市立第一民众教育馆关于该馆地址迁移和第五区执行委员会在鼓楼院讲演的呈及教育局的令》（1946年6月1日至1946年10月31日），北京市档案馆馆藏档案，档号J004-004-00212。

[5] 民国时期儿童节为每年4月4日，又称"双四节"。1949年后改为6月1日。

[6] 《北平市警察局关于进德中学举行该校成立二十周年游艺会取缔华北学生联合会组织及民众教育馆为儿童节举行游艺表演的呈报》（1947年4月1日至1947年10月1日），北京市档案馆馆藏档案，档号J183-002-39180。

承包商的利益,引起了钟楼影剧院的不满,因此希望教育局能取缔或限制优待券的发放。

> ……经查有无票妇女四人,询据该妇女称,因持有民众教育馆所发优待券,故未购票等语。经函询该馆覆称该剧院系招商承办,受本馆监督,曾经签订合同……优待券每月由馆核定需用数目分赠有关方面,惟每场发行额最多不得超过全场座位总数百分之五等,由准此查优待券流弊甚多,影响税收至巨……令取缔……[1]

到了1947年5月,钟楼影剧院无法继续维系经营,承包人焦佩琴等九人只好将承办权出让给张中普:

> ……北平市立第一民众教育馆附设钟楼影剧院原有承办人焦佩琴自因营业不佳,无力承做,自愿将本院承办责任出兑与张中普维持继续承做,遵守以往院方在案规约,服从指导,共做推进民众教育职责……[2]

至此,钟楼影剧院重开幕仅不满一年,但却因种种原因而告以失败。

四、最后的繁荣(1947—1949年)

1947年6月11日起,钟楼影剧院正式完成了交接,新承包人张中普

---

[1] 《北平市教育局关于第一民众教育馆附设钏楼影院免费优待券影响税收请予取缔和准阳更换承办商人将民国三十五年该馆附设钟楼影院办理情形具报的指令、训令》(1947年4月1日至1947年9月30日),北京市档案馆馆藏档案,档号J004-004-00274。
[2] 《北平市教育局关于第一民众教育馆附设钏楼影院免费优待券影响税收请予取缔和准阳更换承办商人将民国三十五年该馆附设钟楼影院办理情形具报的指令、训令》(1947年4月1日至1947年9月30日),北京市档案馆馆藏档案,档号J004-004-00274。

接管了一切事务，并在14日由《新生报》登载声明。[1]易主之后的钟楼影剧院似乎有了一些变化。此时正进入夏季，天气渐热，人们更愿意晚饭后在室外活动。因此钟楼影剧院借此机会放映露天电影，以吸引民众。

>本月二日即星期三有管界北平市第一民众教育馆为电化教育起见，定于是日在钟楼影院内地方演露天电影……因是日雨落地湿，未能演映，复展至本日由该馆主人章湘元及北平美国新闻处技师六名在钟楼前院由九时开演至十一时，露演片名为《新邻居》，美国战役及清洁健康等五片，当由该段警长代同警士二名及本分局骑车队二名在场维持秩序。参观市民约四千余人，至十一时演毕，观众散去，并无事故。[2]

可以看出，此次露天放映有大约四千人参加，超过了之前记载的任何一次活动的人数。究其原因，一方面是战后人们生活较为稳定安逸，另一方面是露天电影容量远超过室内电影，也更能赢得市民的欢迎。

之后由于世界教育考察团要来北平参观，将钟鼓楼教育馆定为了参观点之一。但是，"馆址鼓楼暨钟楼年久失修，外观多已圮废，且各处油饰部分脱落甚多，匪但有损古迹，且与馆容有碍，影响国际观瞻，贻笑外方颇巨"。因此请求故都文物整理委员会派人修理。[3]文物的修理虽然和钟楼影剧院的经营没有直接关系，但当钟楼从破旧衰败的老建筑

---

[1] 《钟楼电影院关于开张歇业的呈》（1946年1月1日），北京市档案馆馆藏档案，档号J181-016-03182。

[2] 《北平市警察局关于界内并无求社营业整顿戏剧办法辅仁大学函本院演剧售票请准举行及有民报称民众教育馆在钟楼院内演露天电影的呈报》（1947年1月1日至1947年7月1日），北京市档案馆馆藏档案，档号J183-002-39177。

[3] 《北平市立第一民众教育馆关于修缮故都文物及修整费计划、预算书的呈和教育局的指令训令以及教育局给市文物整理委员会的公函》（1947年7月1日至1947年8月31日），北京市档案馆馆藏档案，档号J004-004-00271。

变为焕然一新的文化景观之后，从感官上来说，对人们也具有了更大的吸引力，甚至能吸引到更多市民来这里观影、参加活动。这对钟楼影剧院本身来说也是一件莫大的幸事。

年底，警察局对钟楼影剧院进行了一次检查，列出了其需要整改的问题。1948年1月时，影院的机器房存在一些问题。2月，警察局巡官又检查了影院的消防设施：

> 一切防火设施兹已将放映室消火液两桶按于墙壁上，砂土两桶，蓄水池只有太平水缸一口盈满水。现已设备完竣……[1]

认为设备都已经合格。不久之后，机器房的问题也已经得到改善：

> 钟楼影院前以内部设备多有不合，经饬改善业于三十六年十二月三十一日呈报在案……该院机器房业经改善，计装设消火液二桶、砂土二桶，门外设有太平水缸一口……报请鉴核。[2]

从这些记载中也可以感受到，影院的设施比起一年前有了很大的改善，不论是设备还是经营方式都在逐渐步入正轨。

到了4月，如同前一年一样，1948年的儿童节钟楼影剧院也举办了庆祝活动：

> 四月四日为儿童节纪念日，本馆于是日下午一时起举行庆祝大会，会后表演各项游艺、电影，招待附近保国民学校学生免费

---

[1] 《北平市警察局公演督查钟楼影院改善情形及限制演映、准举行音乐、同乐游艺晚会等训令》（1948年2月1日至1948年8月1日），北京市档案馆藏档案，档号J183-002-37635。

[2] 《钟楼电影院关于开张歇业的呈》（1946年1月1日），北京市档案馆藏档案，档号J181-016-03182。

参观。[1]

接下来的几个月中，钟楼影剧院举办了一系列的讲演大会和庆祝活动，这些活动几乎都是任由民众免费入场。例如：

> 本月（五月）二十日为庆祝蒋大总统到总统府就职典礼，本馆于是日上午九时在钟楼影剧院举行庆祝大会，并放映电影招待各学校学生及附近民众免费参观，以资庆祝。
> 本月（七月）十一日下午二时，本馆为社会教育促进会曲艺组主办社会教育通俗讲演大会，在钟楼影院举行，招附近民众参加。[2]

另一条档案中记载了社会教育通俗讲演大会的景况：

> 该馆于十四时开会，由馆长何继麟讲演一切社教礼节，并加演单弦、相声、电影等节目助兴，参加附近民众计有五百余人，至十七时散会，秩序良好，并有保警总队及北区宪兵队到场协助照料。[3]

从这些活动的记载中可以看出，1948年的钟楼影剧院运行良好，甚

---

[1] 《北平市立第一民众教育馆关于纪念儿童节举行庆祝大会的呈》（1948年4月1日），北京市档案馆藏档案，档号J181-016-00470；《北平市警察局内五分局关于教育馆举行庆祝大会、送新兵入营筹备会铁路管理局成立北平办事处球赛请查照等呈》（1948年3月1日至1948年12月1日），北京市档案馆藏档案，档号J183-002-37719。

[2] 《北平市警察局内五分局关于教育馆举行庆祝大会、送新兵入营筹备会铁路管理局成立北平办事处球赛请查照等呈》（1948年3月1日至1948年12月1日），北京市档案馆藏档案，档号J183-002-37719。

[3] 《北平市警察局内五区分局关于市立第一民众教育馆在钟楼电影院开社会教育通俗情况的呈》（1948年7月1日至1948年7月1日），北京市档案馆藏档案，档号J181-016-00555。

至可以说是其开办若干年来最顺利的一年。除了一系列的活动外，很少能看到有关于各种事故、波折的记载。

1948年8月，钟楼影剧院向警察局呈报，"拟自八月中旬起改演杂技游艺，不得加映电影，以免紊乱秩序"[1]。警察局也将此事备案。[2]影剧院的性质本来应该是影剧兼营，记载中也并未说明钟楼影剧院为何要求改演杂技游艺而不得放电影。因此笔者只能从其他材料的记载中进行推断。

1948年4月，国剧面临电影的冲击，从业者生计艰难，因此北平国剧公会向社会局上书，希望能禁止剧院改映电影，并陈其利害：

> 国剧为中国国粹，而北平由称发祥地区，会员均系自幼学艺，最低须有十年至二十年以上之磨练，依作终身职业，别无一技之长。现有艺术与人材仅存早年百分之四十，弱而常川演国剧剧院只有三庆、华乐、庆乐、华北市立等四五家（其中和戏院业已改映电影，至长安、吉祥虽偶演国剧，而兼营电影）。上列数家勉维三千众会员之生计。除往他埠出演者外，在平班社每星期只能轮流一二场出演机会，尚有三分之一班社苦无出演处所。平市各戏院演国剧多有百年以上之历史，其一切建筑财产均由演剧而所获。再国剧对于社会矫风正俗、宣扬道德、倡导伦理、增缴国课捐税、繁荣市面不为无功。例如，慈善救济与学慰劳等项向由我界义演筹措，有例可考。近阅报载以及据闻庆乐、华乐将改映电影，预备装置影机之议。查平市影院约有三十家之谱，虽亦有宣传文化之力，而影片多系舶来品，更使金融外溢。现存数家

---

[1] 《钟楼电影院关于开张歇业的呈》（1946年1月1日），北京市档案馆馆藏档案，档号J181-016-03182。

[2] 《北平市警察局公演督查钟楼影院改善情形及限制演映、准举行音乐、同乐游艺晚会等训令》（1948年2月1日至1948年8月1日），北京市档案馆馆藏档案，档号J183-002-37635。

戏院仅谋本身之利，弗顾国剧危境。若成事实，匪特摧残国剧之发展，抑且三千众同业并两万左右之眷属立即有断绝生活之患，难免误入歧途，致使社会不安。现值戡乱建国时期，安定民生为首要之图，况处于生活高涨、物价飞腾之际，为此呈请钧局予以援助，对于平市剧院限制改映电影，纠正业务之识别不得相混，保持政府分业组织法令，维护影剧两业分多润寡之不足，对于剧院申请改映电影之请求勿予核准，以拯国剧业之危机，免使剧界失业而安社会。[1]

可以看出，国剧公会认为，如果北平的剧院都改映电影，那么这三千从业者将面临失业的危险，这不仅使他们和家属难以生存，也会对社会造成潜在的威胁。

而在一年多以前，即1947年的3月，教育馆成立了国剧研究会，"定于三月二十五日（星期日）下午二时在本馆戏剧研究室举行成立仪式，并聘请剧界名流何正庭担任指导以资研究而便推行民众教育"[2]。因此教育馆作为国剧研究的领头机构，不能对国剧面临的危境袖手旁观。因此很可能是其带头改演国剧，以帮助国剧从业人员度过这一危机。但目前的材料还不足以证明这一推测，具体情况还有待更多资料的发掘。

解放战争开始之后，钟楼影剧院或多或少受到了战争局势的影响。1948年8月，军队甚至直接进驻到了钟楼电影院内：

---

[1]《北平国剧公会请求制止剧院改映电影的呈文及市党部的公函、市政府的代电、社会局的训令（附影剧院调查表）》（1948年4月1日至1948年7月31日），北京市档案馆馆藏档案，档号J002-002-00338。

[2]《北平市市立第一民众教育馆申请成立国剧研究会报送该会计划、简章的呈及教育局的指令》（1947年3月1日至1947年5月31日），北京市档案馆馆藏档案，档号J181-016-03182。

> 有中国伞兵搜索营机踏车连连长何立人率官兵二百零二人，来管界娘娘庙胡同二号宏恩观及钟楼电影院内分驻……又管界鼓楼民众教育馆亦于是日来有伞兵司令部北平招考委员会上尉连长叶飞率官兵二百二十一名，来此驻守办公。[1]

此时钟楼影剧院室内部分不知是否仍在营业，但直到9月，教育局为实施电化教育，仍然每周在钟楼广场上演露天电影。如9月29日的记录：

> 本日二十时三十分有教育局辅导处电影队长温思元带技师三名，在钟楼北院广场映演《美国旅行记》《马里亚纳之战》等片，至二十一时三十分演毕。市民观众五百余人，秩序良好，并无事故。[2]

社会局势的动乱让钟楼影剧院遇到了一系列的麻烦。随着内战局势的变化，一些东北中学生为躲避战乱来到北平，并成立了"东北中学流平学生会"，会下有学生不下千人。由于种种原因，这些学生"精神日愈颓靡"，因此学生会向北平市电影院业公会请求，希望能准许这些学生免费入场观看电影。而这些影院"均属将本谋利缴纳捐税之正式营业，任何团体如需观影，须购票"，因此拒绝了东北学生会的要求。如此一来，这些学生们甚至强行入场，扰乱了治安，影院深感无奈。7月初，电影院业公会向北平市社会局上书陈述了问题：

> 各院中近已屡有七八名成群结队，自称流亡学生者，强行不

---

[1] 《北平市警察局关于中国伞兵分驻钟鼓楼等地的呈》（1948年8月1日），北京市档案馆馆藏档案，档号J181-016-01276。
[2] 《北平市警察局关于调查星月同乐社情形、取缔水清集会结社、解散中央广播器材修造北平分院、教商局工作队在钟楼放映电影反协进会、同乡会迁移新址的训令》（1948年1月1日至1948年11月1日），北京市档案馆馆藏档案，档号J183-002-34397。

购票入场观影等事发生。似此地方当局税收锐减，犹属一事。此后竟以名义要求或效其结众强行入场，则于治安秩序在有关矣。敝院等际兹炎夏，收入已经锐减，正属赔亏之时，再加此项要求，日后冒充学生则敝院等营业何堪设想。[1]

但这一问题似乎并未得到妥善的解决。到了10月底，一次群体性的打砸事件对钟楼影剧院造成了毁灭性的打击。

> 敝院本为推行电化教育启发民智为旨。数月来，热河、东北流平学生强迫无票入场，扰乱民众深巨。敝院为民众秩序安全计即与彼等要求请六时场光临敝院，每日忍痛招待。不意近来变本加厉，每日除六时场挤满学生观影外，每日场场皆有。不意昨晚突临千余名学生，六时场看毕后，即将座位踩碎，满院零乱异常，遍地椅尸，全院观客四处逃避。并迫令开演八时场。敝院因座椅皆被折坏切多方要求暂时停演。结果非但不听，且恣意折毁门窗棹椅等。敝院身无保障实难应付，除分向各有关机关声请暂停营业外，谨呈钧座，概乞并请速派大员调查代为设法以利民众另感理合备文。[2]

一方面可以看出，虽不情愿，但钟楼影剧院已经做出了妥协，允许学生六点场免费观看电影；另一方面，东北学生仍然不满足，最终将钟楼影院的门窗、桌椅全部砸烂，迫使影院不得不停业，且遭受了巨大的损失。

---

[1] 《电影院业公会制止东北流平学生要求免费入场的呈文及社会局的指令》（1948年7月1日至1948年7月31日），北京市档案馆馆藏档案，档号J002-004-00777。

[2] 《北平市警察局内五分局关于报东北学生毁钟楼影院椅、发动警保控公共避弹壕、装报警器等的呈》（1948年9月1日至1948年11月1日），北京市档案馆馆藏档案，档号J183-002-37768。

然而到了11月，钟楼影院又恢复了正常。11月12日为国父孙中山诞辰，教育馆于当日上午九点半在钟楼影剧院举行电影大会招待民众。[1]

> 于十时起开始，由该馆主任何继麟致辞后，即映演电影、单弦、相声等游艺节目，至三时散会。计参加男女及小学生家长等六百余人，秩序良好，并无事故。[2]

转年到了1949年，何馆长发函教育局，提及"前因驻军占用，工作陷于停顿，所有职员奉令调赴协军工作队工作"，可知教育馆被驻军占领后工作完全停止。此时驻军"士兵于12月25日全部他调，仅留保警队一小队暂住阅览室及教室三间，其他陈列室、书库等均全部收回"，因此决定于近期恢复开馆，"并扩大举行战时壁报宣传工作"。[3] 此时为1月8日，之后是否恢复开馆不得而知。1月底，北平和平解放，后钟鼓楼被挪作他用，今日依旧伫立在地安门外大街上。

五、总结

钟楼影院的开办与兴起，一方面是得益于它的地理位置，使其成为城北平民社区中唯一的公共娱乐场所。另一方面，这一改造也与国民政府自20年代起将教育电影纳入官营电影业之中，开展了自上而下的电化教育运动密不可分。当一个国家意识到电影在商业价值之外的巨大社

---

[1] 《北平市警察局关于河北中学召开第三次大会、国民小学借用师范学校开募捐招待会、国民教育馆于国父诞辰日放映电影及女子成业学校创业消费合作社的训令》（1948年7月1日至1948年9月1日），北京市档案馆馆藏档案，档号J183-002-34392。

[2] 《北平市警察局内五区分局关于鼓楼民众教育馆于国父诞辰映演电影招待市民情况的呈》（1948年1月1日），北京市档案馆馆藏档案，档号J181-016-00598。

[3] 《北平市第一民众教育馆为恢复开馆扩大举行宣传工作拟调回前调赴协军工作队职员回馆工作给北平市教育局扣及教育局给战时工作总队的函（附教育馆调服战时工作名单）》（1949年1月1日至1949年1月31日），北京市档案馆馆藏档案，档号J004-004-00121。

会、政治价值之时,电影中由国家主导的意识形态意味就会加强。[1]20年代之前,北京几乎没有教育影片的放映,美国社区电影服务社与基督教青年会合作,着手计划在华北一带发起一场广泛宣传教育影片的运动。[2]电化教育开展之后,一些教育电影从业者专门编写了理论著作,论证教育电影的概念、意义与宣传放映方法。[3]宗秉新与蒋社村首先从电影技术角度入手,为教育电影寻找其渊源。他们认为,电影技术的发明源于科学家们用技术来捕捉事物的运动过程,从而揭开事物背后的科学本质。他们还认为,人们的直接认知总是有限的,因此要获得知识,就需通过间接的经验,而电影是获得这种间接经验的最方便快捷的媒介。[4]陶行知在所著的《中国普及教育方案商讨》中,建议"设立中央科学电影制造局,以巨资研究制造科学影片、发电机、放映机,免费送各乡村市镇放"[5]。这种方式正是践行了陶行知所提倡的"生活教育"思想。[6]当时的报刊有人撰文说道:

> 电影教育,就是以电影为教育的工具,一种教学方式的变更;教育电影,是与普通电影内容不同,一种以教育为目的的电影,名虽不同,其实一样。
>
> 教育的趋势,是要由学校方面,扩展到社会方面;由儿童的时期,进到成人的时期;由口语讲述方式,进到利用学工具。那

---

[1] 张一玮:《空间与记忆:中国影院文化研究》,北京:中国传媒大学出版社,2015年,第6页。

[2] [美]西德尼·D.甘博:《北京的社会调查》,北京:中国书店,2010年,第246页。

[3] 宗秉新、蒋社村编:《教育电影实施指导》,上海:中华书局,1937年。谷剑尘:《教育电影》,上海:中华书局,1937年。

[4] 黎萌:《1937年的发现》,《电影艺术》2003年第5期,第116-119页。

[5] 彭骄雪:《民国时期教育电影发展简史》,北京:中国传媒大学出版社,2009年,第21页。

[6] 冉源懋、安燕:《民国教育电影、教育思潮与科学主义》,《电影评介》2016年第18期,第6-11页。

样电影教育，影机构造，是合乎上述的一种新兴教育事业。[1]

教育应该不仅停留在精英阶层，也应该通过通俗化的社会教育手段深入民间，深入千千万万的底层民众之中。

这种"电化教育"手段来自当时西方教育思想的传入。"在过去的欧洲，把电影看作教学的工具成为一种运动，有很长的历史。"[2]当时的西欧很多国家和日本都开展了电影教育运动。1931年12月，当时的国际教育电影专家，意大利国立教育电影馆馆长萨尔地（Sardi）来中国考察，带来了大量的教育电影和文字资料，和国民政府官员进行交流。[3]"这是我国和国际关于教育电影事业的开始。"[4]1932年7月，陈立夫、郭有守等人在南京成立了官方机构"中国教育电影协会"，旨在"研究利用电影辅助教育，宣扬文化，并协助教育电影事业"。该协会除了在南京、上海两地推行教育电影外，还在北京等各大城市的中学放映教育影片。[5]除了这些国家教育电影机构外，当时全国多地都开办了民众教育馆，如本节所述钟鼓楼所在的第一民众教育馆就是一例。无独有偶，1932年，西安的钟楼也被改为民众电影院。[6]据统计，当时的教育机关，在1928年达到10773所，到了1936年更是增加到了121713所，比之前增加了11倍。[7]这些社会教育机构将放映教育电影作为一种重要的社教手段，它们也成为教育电影最重要的放映场所。如江苏省镇江民众教育馆就是教育电影发轫较早的单位之一，也是《教育电影实施

---

[1] 胡景华：《电影与教育》，《民众月刊》1936年第2期，第7-9页。

[2] ［美］埃里克·巴尔诺：《世界纪录电影史》，北京：中国电影出版社，1992年，第32页。

[3] 史兴庆：《民国教育电影研究——以孙明经为个案》，北京：中国传媒大学出版社，2014年，第1页。

[4] 郭有守：《我国之教育电影运动》，北京：中国教育电影协会，1935年，第8页。

[5] 彭骄雪：《民国时期教育电影发展简史》，北京：中国传媒大学出版社，2009年，第12-16页。

[6] 魏纯如：《一月来陕西之教育：（八）商民承租钟楼举办民众电影院》，《新陕西月刊》1932年第2卷第3期，第85-86页。

[7] 彭大铨编：《民众教育馆》，重庆：重庆正中书局，1941年，第1页。

指导》编者宗秉新和蒋社村的工作单位。[1]该馆于1933年12月成立了电影教育委员会，购置了放映器材和电影胶片，以民教馆大礼堂作为放映厅来开展放映工作。不久又在镇江城西设立分会场，开映前向观众分发说明书，在影片放映间隙播放教育幻灯片或者音乐唱片，还配备专门的解说员根据画面解说。除了固定的放映场所外，他们还到附近的县、乡轮流放映。甚至购买并改装了一辆奔驰汽车，作为专门的电化教育巡回放映车，深入民间进行电影宣传。[2]这一教育手段一方面启发民智，另一方面也达到了思想宣传的目的。这一放映方式一直延续到了1949年以后，改革开放之前的乡间全村人围坐在空地上看电影的场景也成为一代人儿时的记忆。

将钟楼改造成电影院这一事件除了有教育方面的意义外，对于城市的改造、文化遗产的保护也具有一定的启示作用。自元代以来，钟鼓楼附近就是城北重要的商业中心。明清时期这一带的商业虽稍有衰落，但由于什刹海是清朝王公贵族聚居区域，因此他们奢华的生活对周围的商业也有一定的促进作用。清代震钧在《天咫偶闻》中记录了这一商业区的繁华："地安门外大街最为骈阗。北至鼓楼，凡二里余，每日中为市，攘往熙来，无物不有。"[3]尤其是每年夏季的荷花市场，游人如织，十分热闹。到了民国时期，这里仍然繁盛，在钟鼓楼之间，有一个鼓楼市场，不仅有商品、小吃，还有曲艺杂耍，类似天桥常见的唱小曲、说相声、变魔术在这里都能看到，繁盛程度不亚于天桥。[4]所以可以看出，在传统的城市空间功能划分中，钟鼓楼一带一直与平民百姓的娱乐、休闲密不可分。民国期间，在钟鼓楼失去了其报时职能之后，必然面临着建筑和空间功能的改造。20世纪20年代，京都市政公所的这次

---

[1] 黎萌：《1937年的发现》，《电影艺术》2003年第5期，第116-119页。
[2] 彭骄雪：《民国时期教育电影发展简史》，北京：中国传媒大学出版社，2009年，第19页。
[3] [清]震钧：《天咫偶闻》（10卷），北京：北京古籍出版社，1982年，第83页。
[4] 杨洪运、赵筼秋编：《北京经济史话》，北京：北京出版社，1984年，第48页。

改造恰好是因袭了钟鼓楼原本的娱乐文化职能，将市民的娱乐关注点从曲艺、杂耍过渡到这种新兴的、具有教育功能的电影之上，使市民在无形中接受了新政权传输的意识形态，在为市民服务的同时达到了加强巩固政权的目的。因此，钟楼的这番改造结合了空间原有的功能和民国时期的电化教育运动，可以说是十分成功的。这一城市局部改造的尝试也是北洋政府时期京都市政公所为北京近代化的起步所做的诸多实践之一，并被沿用到了后续的国民政府时期。所以说，关于钟楼电影院的历史记载虽然大多为1928年之后，但这一功能转变的起源却是来自于北洋时期的京都市政公所。辛亥革命之后，城市的空间场所更多地向普通市民开放，这也是北洋时期北京以及全国其他诸多城市的一个典型的发展特征。[1]钟楼电影院和同一时期的中央公园、东安市场一样，成为这一改造的成果。它既是对城市传统建筑、空间的一次改造再利用，也可以作为城市未来发展的借鉴。20世纪初，国家、社会经历了一系列前所未有的巨变，清王朝的灭亡使一些皇家建筑失去了原有的职能，人们的生活空间起了翻天覆地的变革。这和我们今日城市所经历的变化是十分类似的。随着经济的发展、人口的增长，一些传统空间必然面临着改造，才能与快速发展的城市相协调。今日的北京城随处可见拆毁的胡同和破败的四合院，这些正在消失的传统建筑是否会像城墙的拆毁一样为后人留下无尽的遗憾。传统的再利用永远是一个值得关注的议题，或许我们能从钟楼的改造中得到些许启示。

［本节内容是在《民国时期的钟楼影院》（载《北京档案》2016年第6期）的基础上修订而成。］

（张纡苒　布鲁塞尔自由大学社会科学与索尔维商学院博士候选人）

---

[1] 王亚男：《北洋政府时期北京城市发展与管理体制变革1912—1928——京都市政公所的成立与运行》，《北京规划建设》2008年第4期，第125-129页。

第六节 从公共空间视角看北京城茶馆及其近代转变

鲍　宁　贾长宝

公共空间是城市的重要组成要素，又是市民感知城市的媒介，城市文化与大众文化依托公共空间而体现。一旦发生社会变革，城市公共空间的形态与内涵也会相应地发生改变。以北京城为例，关于公共空间近代变迁的研究一直是城市史和社会学领域的关注重点：史明正以近代北京城为研究对象，关注京都市政公所以公园为主要建设对象的公共空间建设，强调了王朝领域收缩公众领域拓展的空间转变特点，以及新型公共空间在教育、健康等方面对公众的影响。[1]董玥以民国文学为研究载体，讨论了新知识分子对北京城和城市公共空间的认知问题，认为新知识分子与下层民众有着不同的城市视角，他们所占据的公共空间也体现出相应的分异。[2]王亚男从规划角度出发，利用档案等史料对北京城近代城市空间变化进行了比较详细的整理，认为民国初年公共空间建设虽未及深入和全面展开，但局部的建设对城市和社会产生了积极的影响。[3]布里格斯、伯曼等学者对城市公共空间与城市发展的关系进行了

---

[1]　史明正著，王业龙等译：《走向近代化的北京城城市建设与社会变革》，北京：北京大学出版社，1995年。

[2]　董玥：《国家视角与本土文化——民国文学中的北京》，引自陈平原、王德威编：《北京：都市想象与文化记忆》，北京：北京大学出版社，2005年，第240-247页。

[3]　王亚男：《1900—1949年北京的城市规划与建设研究》，南京：东南大学出版社，2008年。

深刻分析，他们认为公共空间是城市最主要的景观，是协调不同利益团体关系的场所，城市在情感上的敏感性借由公共空间而激发，公共空间的发展对传统城市的现代化具有决定性的意义。[1]

茶馆，作为中国传统城市公共空间中的重要组成，与市民日常生活和城市文化密切相关。一些学者以茶馆为例，对公共空间、城市生活和城市近代化等问题进行了研究，如王笛以成都茶馆为例，通过对1900—1950年间与茶馆相关的城市日常生活的研究，考察了20世纪上半叶成都社会、经济、政治变迁等问题。[2]邵琴以江苏南通茶馆为例，考察了民国初年以规划者、改良人士、新型知识分子为代表的城市精英阶层与以茶馆为代表的传统文化之间的碰撞，精英阶层通过对大众传媒的控制以及对公园、体育场等新型公共空间的打造，逐步取代了茶馆在城市中的地位并形成了他们新的文化认同。[3]北京方面，虽然与茶馆和茶文化相关的论著较多，但其研究多停留于文化普及与介绍的层面，从公共空间角度研究茶馆与北京城近代化转变的研究，目前还比较缺乏。本节以北京城茶馆发展为切入点，考察其在清代的发展状况及在城市近代化过程中的变迁，以此从一个侧面考察近代变革中北京城公共空间以及市民生活的变化。

一、清代北京城中的茶馆

茶馆是北京城传统城市社会中一种重要的公共空间形式。城市公共

---

[1] Asa Briggs. *Victorian Cities*. Berkeley: University of California Press, 1993; Marshall Berman. *All That Is Solid Melts into Air*. New York: Penguin Books, 1988; Sharon Zukin. The Cultures of Cities. Cambridge, MA: Blackwell, 1995.

[2] 王笛：《茶馆成都的公共生活和微观世界 1900-1950》，北京：社会科学文献出版社，2010年。

[3] Shao Qin. "Tempest over Teapots: The Vilification of Teahouse Culture in Early Republican China", *The Journal of Asian Studies*, Vol. 57, No. 4 (Nov. 1998), pp. 1009-1041.

空间是城市居民社会活动集中的地方,它不仅是一块远离家庭和亲密朋友的区域,而且是一块熟人和陌生人可以聚集的区域。[1]自由的活动和持久的人际交往是构成城市公共空间的两个重要方面。[2]茶馆是指自发形成的出售茶汤提供休闲娱乐的商业场所,[3]它既是一个大众化的社会空间,也是人们社交活动的中心。它利用特定的房屋空间为各种阶级、身份的市民提供了饮茶、品茶、社交等一体化的服务,人们通过茶馆与外界建立联系,茶馆的空间环境与内容常常与街巷融为一体,有着最广泛的社会基础,正如老舍先生所言:"茶馆是三教九流会面之所,可以容纳各色人物。一个大茶馆就是一个小社会。"[4]茶馆是城市文化的传播中心,它与城市的街头文化和市井文化密切关联。茶客通过在茶馆中的活动、见闻以及与其他茶客的邂逅、交谈而共同学习相处之道,了解城市社会的相关信息,进而感受与理解所处城市的文化,可以说茶馆中日复一日上演着"公共"所描述的情景。具体到北京来讲,北京城可以说是中国城市中茶馆最多的城市之一,清代更是构成了北京城茶馆发展的兴旺时期。[5]有清一代,战乱结束,社会政治经济趋于稳定,作为都城的北京,人口急剧上升,清代北京城人口具有闲人多、男性多、文人雅士多的特点,人口构成的特点为茶馆发展创造了广泛的需求,清代南北茶商纷纷进京开茶馆,皇城根下茶馆的数量激增。[6]据记载,"如九门八条大街之商店,无不栉比鳞次,尤以茶社居多数,所占地势亦宽,

---

[1] Senett, R, *The fall of public man*. New York: Vintage Books, 1978. pp. 48–49.
[2] Zukin, S. *The culture of cities*. Cambridge, MA [etc.] : Blackwell, 1995.
[3] 陈文华:《中国茶艺馆往何处去?——中国茶艺馆三十年反思》,《农业考古》2010年第2期,第78页。
[4] 老舍:《答复有关〈茶馆〉的几个问题》,引自刘春章主编:《〈茶馆〉的舞台艺术》,北京:中国戏剧出版社,1980年,第183页。
[5] 刘凤云:《清代的茶馆及其社会化的空间》,《中国人民大学学报》2002年第2期,第118页。
[6] 朱耀廷、崔学谙主编,方彪编著:《北京的茶馆会馆书院学堂》,北京:光明日报出版社,2004年,第26-27页。

如天汇、汇丰、广泰、长义、天全、裕顺、高明远等处,类皆宏伟壮丽,其外堂多用宽敞大院儿,所以接待负贩肩挑"[1]。茶馆构成了北京城市民日常生活、休闲娱乐活动中不可缺少的重要部分,北京城茶馆具有大众化的特点。各阶层的人士均有饮茶之好,不同阶层有不同的茶文化。如清末竹枝词中描述:"太平父老清闲惯,多在酒楼茶社中。"[2]中下层市民是北京城茶馆的最主要受众,"北京中等以下的人最讲究上茶馆儿,所以这个地方茶馆儿极多"[3]。清代虽然实行满汉分城政策,对旗人的管理较为严格,但由于旗人生活悠闲,茶馆也成为他们经常光顾的地方,据记载,"每月发放旗饷之后,各家(茶馆)几致无法插足,净柜上要用五六十人,其嚼谷之大,可以概见"[4]。《都门竹枝词》中也对当时这种旗人风尚有所描绘:"小帽长衫着体新,纷纷街巷步芬尘,闲来三五茶坊坐,半是曾登仕版人。"[5]不同阶层的人群把品茶、饮茶作为一种融入周边社会的方式,北京城的茶馆也因此具有了社会化的特点。清代京城茶馆的功能十分丰富,随着其在城市中发展的兴旺,一些茶馆兼具了饭馆、书馆、戏园等功能;作为公共空间,它为各地商人、各行各业提供汇集一处,贸易磋商的场所;一些市民来到茶馆中寻找工作机会,一些邻里诉讼或帮派纠纷来到茶馆中协商解决,可以说,一座茶馆即是一个微型的社区。

清代北京城茶馆可分为一些不同的种类与形式。茶馆虽为不同阶级汇聚的公共空间,但依其种类不同,也形成了一定的人员活动规律。总

---

[1] 待余生、逆旅过客:《燕市积弊·都市丛谈》,北京:北京古籍出版社,1995年,第175页。

[2] 郝懿行:《都门竹枝词》,引自孙殿起辑:《北京风俗杂咏》,北京:北京古籍出版社,1992年,第43页。

[3] 待余生、逆旅过客:《燕市积弊·都市丛谈》,北京:北京古籍出版社,1995年,第71页。

[4] 待余生、逆旅过客:《燕市积弊·都市丛谈》,北京:北京古籍出版社,1995年,第175页。

[5] 得硕亭:《京都竹枝词》,清刻本。

体来讲，京城茶馆包含如下一些种类：①大茶馆：大茶馆是清代茶馆兴盛时期最典型的代表，京旗民众中的上层人士、下层官员是大茶馆中的主体，商贾之人也经常光顾大茶馆。[1]清代允许大茶馆在内城开设，一般都占据内外城中最为繁华的地带，"京城八大轩"是其中典型的代表。大茶馆规模较大，据清人记载："每见城里头的大茶馆，动辄都用好几百间房，灶上响杓后堂都听不见。"[2]大茶馆一般将内部空间分为不同的区域，如进门接待一般茶客的茶座、后堂接待达官贵人的雅座等，依茶客身份不同，其茶具也体现出相应差别，大茶馆中还专设红炉房作为制作点心的场所。②二荤铺：二荤铺是大茶馆中一种同时提供酒饭的茶馆，可以说将酒楼与茶馆的功能进行了融合，二荤铺常见于前门大街附近，因为提供饭菜，常作为团体、帮派聚会的场所。由于有茶馆提供菜肴与茶客自带菜肴两种方式，故称"二荤"。[3]③素茶馆：素茶馆同为饭馆经营，据记载，"半为回教所开，如隆福寺之弘极轩，宣武门外大来坊，论局势亦都相等，虽不卖荤菜，而品类亦极繁多"[4]。④清茶馆：清茶馆是与大茶馆相比，规模较小的一类茶馆，其服务对象多为普通市民，只以卖茶为主，不卖吃食。清茶馆内一般备有方桌木凳，设施比较简单，茶费也比较低廉，在北京城街头巷尾比比皆是，是胡同土著居民茶客往来最多的地方。清茶馆常作为胡同街道中的信息中心，一些邻里的纠纷也会到清茶馆中解决。⑤茶棚：茶棚是规模更为简易的一种茶馆形式，常见于一些大型的庙会、集市当中。什刹海"荷花市场"中的茶棚十分著名，每年"荷花市场"开放时期，什刹海前海的南、北、东三面以及中间大堤上，茶棚比比皆是。一般在水中架设木台，上架席棚，下铺木板，形成一种半在水中，半在岸上的格局。木板

---

[1] 朱耀廷、崔学谙主编，方彪编著：《北京的茶馆会馆书院学堂》，北京：光明日报出版社，2004年，第31页。
[2] 待徐生、逆旅过客：《燕市积弊都市丛谈》，北京：北京古籍出版社，1995年，第72页。
[3] 谢保杰、张萍：《老北京茶馆的前世与今生》，《北京观察》2006年第9期，第50—51页。
[4] 待徐生、逆旅过客：《燕市积弊都市丛谈》，北京：北京古籍出版社，1995年，第175页。

上设有茶座，摆有竹桌、竹凳、藤椅等设施。[1]⑥茶园：茶园是茶馆发展与戏园逐渐接轨的一种形式，由杂耍馆子演变而来。清代施行满汉分城政策，内城禁开戏园，杂耍馆遂成为一种替代的形式，据记载"内城无戏园，但设茶社，名曰杂耍馆。唱清音小曲，打八角鼓十不闲以为笑乐"[2]。另有记载"北京从前之戏园向有定额，不准随便开设，如在额定之外，不准称为'戏园'，如'泰华''景泰''天乐园'，皆为'杂耍馆子'"[3]。官方也曾多次禁止内城茶馆演戏活动，如清李慈铭《桃花圣解盦》中记御史季文德上谕同治帝请严禁内城卖戏："京师内城地面向不准设立戏院，近日东四牌楼竟有泰华茶轩、隆福寺胡同竟有景泰花园登台演戏，并于斋戒忌辰日期公然演唱，实属有干例禁，着步军统领衙门严行禁止。"[4]从此事例中可以看到传统社会朝廷和地方势力在构建公共空间过程中的周旋与妥协的过程，市民在公共空间中的活动同时受到内在政治因素的约束，如一些学者所言公共空间具备了某种制度的意味。[5]除以上类别之外，清代特别是晚清北京城中还存在许多书茶馆、棋茶馆等具有特殊功能的茶馆，另有野茶馆、茶楼、茶社等不同的空间形式，不同类型的茶馆同时会随着社会状况的发展互相转化，共同构成了清代北京城丰富的茶馆文化。

茶馆在清代北京城的空间分布具有一定的特征与规律。总体来讲，茶馆在北京城的空间分布呈现在部分区域集中的特点。从空间形态来讲，城门内外主要街道是北京城中最为繁华，人口最为密集的区域，茶馆特别是大茶馆多在此分布，如前门内的东海升，前门外的天全轩、裕顺轩，崇文门内的天宝轩、广泰轩，崇文门外的永顺轩，以及宣武门、

---

[1] 谢保杰、张萍：《老北京茶馆的前世与今生》，《北京观察》2006年第9期，第52-53页。
[2] 雷瑨编：《清人说荟》（二编），上海：上海文艺出版社，1990年，第6页。
[3] 待馀生、逆旅过客：《燕市积弊都市丛谈》.北京：北京古籍出版社，1995年，第113页。
[4] 宝鋆、枕桂芬等纂修：《大清穆宗毅皇帝实录》卷二八六，北京：中华书局，1987年。
[5] Ethington PJ. *The public city: the political construction of urban life in San Francisco, 1850—1900*. Cambridge University Press, 1994.

阜成门、东安门大街等，都是大茶馆集中分布的区域；[1]从城市文化结构来讲，清代北京城有两个民众文化中心，一为外城以前门、天桥为中心的南城平民阶层活动中心，一为内城以鼓楼北四旗交汇点为中心的内城京旗活动中心，作为依托于大众文化的公共空间形式，茶馆也多围绕这两个中心而存在。依茶馆的等级与规模不同，其分布特征也呈现出一些差别。规模较小的茶馆一般数量较多，分布与大茶馆相比更为分散，"清茶馆儿遍街"[2]生动地描述了这一情况，而规模更小的茶棚因其特殊的形态特征还具备了流动性和季节性的特点。空间分异同时造就了茶馆文化与景观上的差别。如地安门外的天汇轩大茶馆位于内城京旗分布核心区域附近，与总领内城防务的提督衙门近在咫尺，各级衙役、兵士和八旗子弟常在此茗茶休闲，交涉事务。天汇轩兴盛时，有茶房上百间，设有雅座、庭院、红炉房以及停车场，茶馆内外，车水马龙，一派热气腾腾的景象。[3]而在作为外城"杂吧地"的天桥，其茶馆景观则变为了另一番景象，这里分布着各种"茶水摊子""木条和芦席搭的茶棚子"，据清人记载"园馆以席棚为之，游人如蚁，婆人居多也"[4]。天桥地区的边缘性特点一直延续到民国时期。

二、清末民国北京城茶馆的转变

清末社会形势的变化带动了城市空间与市民生活的改变。北京城的近代化自清末开始，一直延续整个民国时期。自第二次鸦片战争以后，"兴实务，育人才"成为社会发展的当务之急，作为首善之区，北京城在改良过程中同样充当着带头与模范的作用，改革传统城市社会结构、

---

[1] 谢保杰、张萍：《老北京茶馆的前世与今生》，《北京观察》2006年第9期，第50—51页。
[2] 待徐生、逆旅过客：《燕市积弊都市丛谈》，北京：北京古籍出版社，1995年，第72页。
[3] 谢保杰、张萍：《老北京茶馆的前世与今生》，《北京观察》2006年第9期，第51—52页。
[4] 张次溪编：《清代燕都梨园史料》，台北：台湾学生书局，1986年，第1398页。

兴办新式公共事业成为清末北京城市发展的重要问题。自新政以来，清政府在北京城中开展了新式学堂建设、开办启蒙机构等一系列活动，一些新的市政机构也在这一时期建立并推动着市政建设的发展。改良之初，公共事业的开展面临着来自空间与资金等多方面的压力，对传统公共空间的利用与改造成为了早期建设的重要手段。民国年间伴随着京都市政公所（1914）的设立，北京城公共事业的建设也进一步得到了规范与制度化的管理，京都市政公所与京师警察厅一起，在城市基础设施建设与工商业管理等方面开展了相应的工作，公共空间改造也成为这一时期的重要内容，出现了一些新形式的公共空间，如公园、电影院等。与此同时，北京城中市民的生活状况也发生了很大改变。一个突出变化是京旗集团在近代的解体，随着清末王朝统治逐渐衰败乃至最后结束统治，旗门大爷的生活状况每况愈下，清朝遗老和破落子弟成为北京城中一种新的社会群体，一些旗人也加入了劳动者的行列；一些新的社会力量在近代城市中产生，如士绅、学生、新型知识分子等，他们一方面推动着城市建设的开展，同时也成为城市公共空间新的使用者；城市下层民众以及城市贫民方面，近代城市建设的展开虽并未直接引发其生活状况的改善，但市政建设对城市日常活动空间的改造，在一定程度上引发了市民生活方式的变化。城市社会、城市市民与公共空间在新的时代背景下，以一种相互联系、互为影响的方式，逐步实现着各自的转变。

公共空间是城市最主要的景观，也是对城市变化及其现代性具有很强敏感性的构成部分。伴随清末社会形势的变化，北京城中的传统茶馆也发生了相应转变。首先，不同规模与类型的茶馆的服务对象发生了变化。由于旗人生活状况的改变，大茶馆在晚清逐渐衰败，京城"八大轩"先后关门大吉，书茶馆、清茶馆等成为破落八旗子弟活动的主要场所，如老舍《茶馆》中对于常四爷、松二爷的描述即是这方面鲜活的代表。京旗集团的解体使其由社会寄生阶层变为了普通劳动者，一些清茶馆也相应成为了旗人寻找工作机会的"人才市场"，清末北京城中将此类茶馆称为"攒儿""口子",[1]《京城百怪》一书中描述两位旗人见面由"二闲就凭着腹中的真功夫（真有闲功夫）说了十车废话"到十年后两位"大盲人"[2]再次见面简单交代了要去谋营生之后"谁都没有停下脚步,只留下了匆匆而去的身影"[3],此情景生动地反映了清末民国年间旗人生活状况的变化。大茶馆衰败后,在前门等商业繁华地带新建了一批新式茶楼,商贾等新型人群成为这些新式茶楼服务的主要对象,随着新式学堂的建设与学生群体的逐渐兴起,关于学堂等新式话题也成为茶馆中热门的谈资,不时有一些学生进入茶馆,成为社会瞩目的对象。其次,一些茶馆服务的内容和类型产生了变化。如许多清茶馆在清末加演京韵大鼓、单弦、莲花落、相声等杂耍演出,在清末或民国年间逐渐转变为戏园,如地安门外的天和茶园、崇文门外的广兴园、平乐园,前门大街以南的天泰轩茶馆、万胜轩茶楼等。著名的戏园广和楼在最初只是盐商查氏的一处花园,由于靠近前门地区商肆遂被改为清茶馆,后又逐渐搭设戏台组织演出,终发展为京城中最红火的戏园之一。[4]由于近代政治形势的变化,京师警察厅、步军统领衙门等机构在京城茶馆中加强了监视,许多茶馆中挂起了"莫谈国事"的招牌,茶馆的谈话内容也发生了变化。一批书茶馆在清末民初出现,演出《济公传》《包公案》等传统评书,辛亥革命后,忠君爱国的传统内容向新的爱国主义题材转变,一些书茶馆利用报刊这种新的媒体形式,在上面刊登广告作为宣传。

一些茶馆利用自身空间投身于城市公共事业的建设当中。近代城市

---

[1] 朱耀廷、崔学谙主编,方彪编著:《北京的茶馆会馆书院学堂》,北京:光明日报出版社,2004年,第45页。
[2] 《京城百怪》中记载:"大盲人"是老北京人对吃了上顿找下顿的城市贫民的别称。因为这些人整天像无头苍蝇一样,"瞎摸海地乱撞",到处找饭辙,所以称之为盲（忙）人。
[3] 方彪:《京城百怪》,北京:中华工商联合出版社,1993年,第258—260页。
[4] 刘凤云:《清代的茶馆及其社会化的空间》,《中国人民大学学报》2002年第2期,第123页。

公共事业的兴起，在城市社会中引起了很大反响，一些士绅投身于启蒙活动当中，率先兴办了阅报社、宣讲所等一些新式机构。在空间特征方面，启蒙机构以社会下层民众为教育对象，通过识字、讲报等活动以达到在下层社会中"启民智，开风气"的作用，与兴办新式学堂不同，启蒙机构的设立不求制度规模的完善，而更加注重推广与民众参与的广泛程度，茶馆与寺庙作为人烟汇集的公共空间，各种阶级身份的市民均可进入，且在城市生活中占据着重要地位，因此正好适应启蒙机构的需要。自清末以来，一些士绅和志士利用茶馆空间开办了一批早期的社会启蒙机构。北京市民和志陈在果子市东大街开了一家"敬胜轩"书茶馆，后为开启民智，约集同志，改称"省智阅报社"；[1]栗子巷茶馆在1905年增添了讲书和讲报的项目，每天下午从一点讲到六点；[2]一位叫作卜广海的医生，原将东四牌楼六条胡同口药铺旁的房屋租给书茶馆，有一天卜医生走在路上看到《京话日报》心有所感，决定把书茶馆改为讲报处，茶馆的主人也捐赠了一册《京话日报》表示支持；[3]一些茶馆配合官方机构进行改良活动，如1906年10月京师督学局利用大栅栏广德茶园设立南城第一宣讲所，除妇女外，每个人都可以进入，时间从每天晚上七点到十点。[4]京师督学局在观音寺升平楼茶园内也设立了一处宣讲所，由此所带动的内部景观变化十分具有代表性。升平茶楼位于北京前门外观音寺街，是南城最主要的喝茶场所，茶楼内主厅有十八张茶桌，再加上沿窗的栏什和两间特别的茶座，加起来一次最多可容纳两百多人，据记载每到周末茶客众多，"上上下下，如同织布似的，又如同蚂蚁那么多似的"。近代城市建设开始后，升平茶楼翻装上了电灯，首先改造为"文明茶楼"，于内部陈设各种报纸和"文明传单"，每天

---

[1] 《顺天时报》1906年10月2日。
[2] 《大公报》1905年8月17日。
[3] 《大公报》1905年5月15日。
[4] 《大公报》1906年10月20日；《顺天时报》1906年10月19日。

晚上京师督学局派人在茶楼进行宣讲，一些热心的志士还计划通过捐赠在茶园内悬挂地图、八星图、人体解剖图和日俄战争图等近代科学挂件。[1]一些书茶馆、茶园在近代对演出内容进行了调整，通过上演爱国剧目，达到了良好的社会教育效果。改良茶馆中各种启蒙活动特别是宣讲活动的展开对同时开展的其他公共事业，如私塾改良等工作，起到了有效的推动作用。这一时期市政初创，公共空间的改造远未完成，如妇女仍不被允许进入宣讲所等空间当中，其公共性仍受到传统与习俗的制约。

民国年间北京城中出现了一些新形式的茶馆。茶馆形态的丰富与演变与民国年间市政建设的展开，特别是公园开放等公共空间改造活动密切相关。公园开放运动是近代北京城中公共空间改造的一项重要内容，京都市政公所成立后，经过详细规划，初步将一些旧有坛庙和花园改建为新式公园，作为建设之初的示范工作。"就市之中央及四隅各建一公园"[2]，分别改造建设了中央公园、城南公园、海王邨公园、北海公园等几处现代公园，并面向整个社会开放。公园开放运动一定程度上推动了北京城传统空间由封闭走向开放的转变，引起了北京城城市空间的变化。[3]在开放公园的同时，京都市政公所也在公园内部引入了一些新的文化活动，一方面举办了展览馆、宣讲会等一些新式活动，[4]发扬公园的公共教育职能；与此同时，一些新的景观与设施也被引入公园当中，进一步发挥其开放的休闲娱乐功能。茶座的设立即是在公园休闲功能发展下衍生出的一种新式茶馆形态。有关研究认为，清代流动性质的茶棚是公园茶座的前身，茶棚作为茶馆的一种特殊形态，在清代多见于一些

---

[1] 《顺天时报》1907年5月21日，1907年6月11日。
[2] 陈宗藩：《燕都丛考》，北京：北京古籍出版社，1991年，第143-144页。
[3] 对公园作为公共空间的近代转变的研究也是北京城近代化研究中的重要部分，许多学者对北京城的公园建设与性质进行了研究，如侯仁之对天安门广场变迁的研究，史明正、王亚男对北京城近代公园建设的研究等，另有一些国内学者以公园为题撰写了相关论文。
[4] 如中央公园公共图书馆、卫生知识展览室、劳改犯生产产品展销馆等。

大型的市场、庙会等摊贩、游客集中的场所，为其提供临时的休息、饮茶等服务，茶棚中一般备有少量竹桌、竹凳、藤椅等简单的茶座，游人走累了可在其间小坐，饮茶品茗。随着公园开放运动陆续开展，一些茶棚在近代移入公园之中，由临时经营转为固定形式，一些公园专门设立了多处新式茶座，成为士绅、知识分子、学生等新型城市群体活动往来的热门场所。由于占据人群的变化，公园茶座间的谈话内容也发生了改变，"德先生、赛先生"等新时代下的主题成为新式茶座间流行的主导。民国时期比较著名的公园茶座如中山公园的来今雨轩、北海公园的双虹榭、紫竹院的观鱼堂等。新式公园虽然面向全体市民开放，在一定程度上打破了传统园林封闭的空间特点，但由于游客本身因为教育、生活背景不同而产生的分异与隔离却并未随着所谓空间的开放而消失，公园中不同的茶座由于安排和收费等问题在公园内部将人群进一步分离，以中央公园为例，"春明馆以遗老们为主要队伍""长明轩则是绅士和知识阶级的地盘""柏斯馨的顾客较复杂，但简单归纳也不过红男绿女两种人。"[1]而对普通市民而言，公园门票本身就构成了进入的障碍，"当时一般的人家去趟北海也是一件大事，一年中是难得有一两次的"[2]。更不用说享受公园内额外收费的茶座所带来的休闲服务了。正如南希·弗兰瑟在其对公共空间的研究中提出的质疑所言，过分强调公共空间的"公共性"只是掩盖了社会中的不平等，忽视个体在阶级、性别、种族等方面的差异所造成的公共空间的复杂性。[3]城市空间的近代化改造带动了新形式公共空间的出现与传统公共空间的变革，这种改变在一定程度上推动了公园等传统空间由封闭向开放的转变，但具体到空间内部以及不同阶层的社会状况而言，北京城的近代化改造却并不是单

---

[1] 谢兴尧：《中山公园的茶座》，引自陶亢德编：《北平一顾》，北平：宇宙风社，1936年。
[2] 邓云乡：《增补燕京乡土记》，北京：中华书局，1998年，第429页。
[3] Nancy Fraser. "Rethinking the Public Sphere: A Contribution to the Critique of Actually Existing Democracy", *Social Text*, No. 25/26 (1990), pp. 56–80.

向地增强了公共空间开放性那样简单。

近代北京城社会及人口状况的变化使得与传统社会相适应的茶馆不再符合城市发展的需要。首先是京旗集团退出历史舞台，士大夫阶层被城市管理者、新型知识分子、改良人士等取代，传统的大茶馆不再适应新型城市群体活动的需要，自清末便开始转变为清茶馆或关门大吉。民国年间，遗留下来的以士大夫和旗人为主要服务对象的茶馆迅速呈现出低档化、贫困化的趋势，棋茶馆、书茶馆成为没落士大夫与城市贫民的避难所，在30年代后逐渐消失；前门地区新建、以服务商贾为主的茶楼，在清末民初随着商人地位的上升保持了一段时期的繁荣，但在七七事变后，北京城的市场与商业日渐萧条，前门商业区的茶楼也相继歇业；清茶馆作为服务社会普通市民且分布最广的下层茶馆，在民国时期虽勉强维持，但多分布于天桥等城市边缘区域，其景观更加破败，"茶水摊子"随处可见，"花几分钱就可以看到很多的游艺，因此观众拥挤不堪。所谓上等人是不会光临的"[1]。随着近代城市建设的不断发展，普通市民的生活与节奏也相应发生了改变，城市闲人数量大大减少，其日常生活习惯也发生了改变，作为公共空间改造重点的公园、电影院等逐渐成为新的休闲时尚，传统茶馆则被精英阶层视为封建社会衰败的文化象征。1949年以后，北京城的茶馆基本消失殆尽。

三、结语

北京城内茶馆在清代的发展及在近代的变迁，体现了公共空间与城市发展的密切联系。茶馆作为城市市民特别是中下层市民活动最活跃的场所，其对城市社会与文化的改变具有很强的敏感性。随着城市社会与市民生活在清末的改变，北京城茶馆首先表现出对于外界变化的调节与

---

[1] 赵清阁：《行云散记》，天津：百花文艺出版社，1983年。

适应，如随着旗人状况变化，大茶馆减少清茶馆增加，而随着王朝势力空间控制的减弱，茶楼、茶园等附加杂耍演出功能的茶馆增多，并逐渐向戏园转变。可以说，茶馆在清末随着社会形势的变化进一步向社会下层文化载体转变。伴随改良运动的进一步发展，一些茶馆开始投入到近代城市公共事业的建设当中，体现了公共空间对于城市现代性的反应，而随着公共事业开启民智的工作在下层社会中取得一定成效，政府的力量也开始更多地介入其中。在清末，来自社会和民间的自发性努力与政府自上而下的命令形成相辅相成的作用力，共同推动着城市近代化建设的发展与下层社会风气的开通，公共空间也发生着与之相应的改变。进入民国时期，以京都市政公所为代表的市政机构建立，政府、士绅与新型知识分子等成为城市建设的主要推动者，同时成为占据公共空间的主要人群，传统茶馆在新的社会条件下逐渐减少，公园茶座等新形式的茶馆成为其向现代转变的过渡形态。不同人群身份、背景的差异形成了新式茶座之间的空间分异，一些城市边缘地区的茶馆进一步边缘化直至消失。城市普通市民在整个近代公共空间改造的过程中，可以说一直没有成为改造的主角，而是被迫随着公共空间的变化重新安排着自身生活的方式。

［本节内容是在鲍宁、贾长宝《从公共空间视角看清代北京的茶馆文化及其近代转变》（载《农业考古》2013年第2期）的基础上修订而成。］

第七节 地理信息系统在城市历史地理研究中的应用初探——以近代北京城市分区为例

鲍 宁 赵寰熹

近年来，随着现代技术手段在自然地理学和人文地理学研究中的广泛应用，过去鲜有涉及地理学计量方法、地理信息系统（GIS）、遥感判读等技术领域的历史地理学，也开始将新的技术手段应用于研究之中。其中，GIS研究手段的应用在历史地理学研究中发展最快，纵观当前的应用状况，GIS主要应用于历史自然地理、大尺度历史城市地理、历史人文地理等研究方向，而对于尺度较小的城市及城市内部区域历史地理研究，由于受资料有限性和准确性等局限，GIS应用仍处于起步阶段。为了全面了解和把握GIS技术在当前历史地理学研究领域的应用状况、进一步思考其在城市研究中的应用途径，本节内容首先系统梳理GIS在历史地理学领域的应用现状、主要方法，及其应用于城市历史地理研究时所遇到的问题等几方面的内容，其后以民国北京城市功能分区研究为例，尝试探索GIS方法在城市历史地理学领域具体问题上的表现和解决方法。

一、GIS在历史地理学研究中的应用现状

（一）现有成果

目前，GIS在空间问题研究领域，主要有三项基本功能：第一，地图表现功能；第二，数据库功能；第三，空间分析计算功能。其中，前两个方面在历史地理学研究中应用最为广泛，成果较为丰富。

地图一直是历史地理研究的重要组成部分，从传统的手绘地图、出版社计算机制图，到近年应用绘图软件绘制的矢量地图，其载体形式已基本实现电子化，计算机制图技术也逐渐得到推广，成为了历史地理研究中必不可少的环节。在绘制地图方面，GIS具有空间表现力强、信息存储量大的特点，在应用中多配合数据库建设或进一步的空间分析而展开。GIS的数据库功能是目前历史地理研究中最重要的应用方向。GIS的数据库功能对于历史地理大量信息的存储具有重要意义，目前，无论国际还是国内各个历史地理研究单位，都非常重视历史地理信息系统数据库的建设。其中，最重要的数据库成果是由复旦大学与哈佛大学联合建立的中国历史地理信息系统（CHGIS），CHGIS的数据已部分实现网络化，复旦禹贡网、哈佛大学CHGIS网站上均有相关数据和项目展示，方便学者采集和浏览。除全国性的历史地理信息系统建设以外，省一级的信息系统建设也逐步上线。以北京研究为例，北京市规划委员会、北京市测绘设计研究院建设有北京历史文化地理信息系统（一期），香港中文大学与北京大学等高校联合建设的民国时期北京都市文化历史地理信息数据库目前已基本成熟。随着GIS手段的逐渐普及，市一级的信息系统建设也在逐步跟进，如广东省佛山市已有相关项目及研究成果[1]。在有关数据库的理论研究方面，成果也较丰富，其中关于CHGIS的研究

---

[1] 李凡、符国强、齐志新：《佛山历史文化地理信息系统设计和实践的探讨》，《佛山科学技术学院学报（自然科学版）》2009年3月期。

论文数量最多[1],另有关于各专题数据库的理论研究论文陆续问世,如于光建在《关于沙漠历史地理学研究技术路径的几点思考》[2]中谈到文献资料数据库的建立、历史时期沙漠化专题数字地图的制作、古绿洲的复原构建;杨申茂等在《明长城军事聚落历史地理信息系统体系结构研究》[3]中讨论了将明代长城资料信息构建数据库的可能性设计,等等。此外,关于数据库建设的讨论常出现于古代人口统计研究中,如初建朋、侯甬坚《基于GIS技术建立明清时期山西省人口耕地资料数据库》、王均、陈向东《两汉时期人口数据库建设与GIS应用探讨》[4],等等。

在地图表现、数据库建设的基础上,对于GIS空间分析计算功能的应用使得历史地理学研究方向进一步丰富,研究手段更加多样。例如,满志敏在《光绪三年北方大旱的气候背景》[5]一文中,分析了光绪三年直隶和山西的旱情指数;林珊珊等在《中国传统农区历史耕地数据网格化方法》[6]中研究嘉庆二十五年中原17行省传统农区的垦殖率等问题;王均等在《历史地理数据的GIS应用处理——以清时期的陕西为例》[7]

---

[1] 例如:周文业、周炳锋、赵文吉:《中国历史地理数字化应用平台研究》,《测绘科学》2008年7月期,第199-202页。潘威、孙涛、满志敏在《GIS进入历史地理学研究10年回顾》一文中,主要探讨了中国历史地理信息系统的发展以及具有代表性的空间分析研究成果。

[2] 于光建:《关于沙漠历史地理学研究技术路径的几点思考》,《长江大学学报(自然版)》2007年第2期,第276-278、301页。

[3] 杨申茂、张萍、张玉坤:《明长城军事聚落历史地理信息系统体系结构研究》,《建筑学报》2012年S2期,第53-37页。

[4] 初建朋、侯甬坚:《基于GIS技术建立明清时期山西省人口耕地资料数据库》,《唐山师范学院学报》2004年第2期,第73-75页。王均、陈向东:《两汉时期人口数据库建设与GIS应用探讨》,《测绘科学》2001年第3期,第43-35页。

[5] 满志敏:《光绪三年北方大旱的气候背景》,《复旦学报》(社会科学版)2000年第6期,第28-35页。

[6] 林珊珊、郑景云、何凡能:《中国传统农区历史耕地数据网格化方法》,《地理学报》2008年第1期,第83-92页。

[7] 王均、陈向东、宇文仲:《历史地理数据的GIS应用处理—以清时期的陕西为例》,《地理信息科学》2003年第1期,第58-61页。

中从耕地、人口、文化宗教空间方面对清代陕西地图进行了空间分析；邹伟等在《南海历史地理争端空间分布与关联性研究》[1]中通过文献分析，利用GIS方法对1906—2005年南海争端空间的历史地理情况进行系列分析，等等。此外，应用GIS进行空间分析的方法目前也见于历史地理和文化遗产相结合的研究当中，使研究形成从古至今的完整的时间序列，其中，关于历史时期的研究内容多集中于明清、民国时期。

从现有研究成果中看，历史自然地理领域对GIS空间分析方法的应用最多，而在历史人文地理、城市历史地理等领域内，成果相对较少，学者关注的重点仍主要集中于对GIS数据库的构建与应用。

（二）历史地理研究中常用的GIS分析方法

在GIS数据库、地图展示等功能基础上，如何利用其空间分析功能解决具体问题，是当前历史地理学者十分关注的问题，也是GIS手段能否深入到历史地理研究当中的关键。本节内容的这一部分重点梳理现有研究中使用过的GIS空间分析方法，为进一步探讨其在城市历史地理研究中的应用问题提供参照。

1.多图层叠加分析

从GIS空间分析的角度来看，图层叠加既是一个基础展示手段，也包含了空间算法含义（overlay analysis），配合GIS庞大的数据库特点，成为目前最重要、也最常用的基础研究手段之一。在历史地理研究当中，多图层叠加分析方法多与GIS数据库功能结合，以点状、线状、面状要素连接数据库属性表，使各图层内的信息量成倍扩展，也为图层间联系和比较提供了重要的支持。以各要素地理分布为基础，将各图层间共同或相关要素进行比较，纵向上可帮助历史地理学者直观地

---

[1] 邹伟、刘永学、李满春、张荷霞、陈映雪：《南海历史地理争端空间分布与关联性研究》，《地球信息科学》2014年第2期，第249-256页。

认识研究要素之空间变迁过程，横向上可更加清晰地了解与把握同时期不同要素布局之联系、差异以及互动关系，进而对其成因和驱动力做出分析。

2.缓冲区分析

缓冲区分析同样以点状、线状或面状要素作为基准，展开计算和比较。在历史地理研究中，常见计算方法包括：以点为中心，计算周围N米圆形区域；以线为基线，计算两侧N米划界范围等。通过对缓冲区的计算和展现，结合图层叠加分析方法，可使研究者清晰观察到点状布局、线状布局的影响范围与空间关系。缓冲区分析方法常用于当前的历史地理研究当中，如高超、王心源等在《巢湖西湖岸新石器商周遗址空间分布规律及其成因》[1]一文中利用缓冲区分析工具对所研究水系周边进行缓冲区计算，得到1.5公里缓冲区范围内遗址点数量及所占比例；王一帆、孔云峰等在《古代城市结构复原的GIS分析与应用——以北宋东京城为例》[2]一文中计算古城遗迹周围50米缓冲区并进行展示，以此标示古城的保护区域。

3.分区统计分析

分区统计分析方法将GIS的计算与数据库功能相结合，进一步实现GIS对于研究区域的空间分析。在历史地理研究中，常将研究对象按照行政区、自然区或属性分为多个闭合的子区域，对子区域内的数据系列进行计算处理，如加权平均等计算，或简单的数量统计，在此基础上，运用GIS对要素属性的表现功能，对各区域的量化数值进行地理展现并分析其空间意义。分区统计分析方法对于小尺度的城市历史地理研究具有重要意义，对这一方法的实现在案例部分还将进一步展开。

---

[1] 高超、王心源、金高洁、胡晓燕：《巢湖西湖岸新石器商周遗址空间分布规律及其成因》，《地理研究》2009年第4期，第979—989页。

[2] 王一帆、孔云峰、马海涛：《古代城市结构复原的GIS分析与应用——以北宋东京城为例》，《地球信息科学》2007年第5期，第43-49页。

4.其他方法

除上文所述一些基础的GIS分析计算功能外,还有一些更为复杂的算法或综合性研究方法也陆续被应用于历史地理研究之中。如满志敏在《光绪三年北方大旱的气候背景》[1]一文中使用空间数据插值法中的kriging算法,配合政区界图、资料分布点的位置,分析光绪三年直隶和山西的旱情指数;林珊珊等在《中国传统农区历史耕地数据网格化方法》[2]一文中使用网格化方法来表现嘉庆二十五年的垦殖率;满志敏在《小区域研究的信息化:数据架构及模型》[3]一文中分析了村庄的密度分布场;张佩瑶、苏基朗等在《从历史GIS角度看民国北京中西医服务与城市交通的关系》[4]一文中,使用可达性分析方法,计算民国时期北京城市的医疗服务可达性问题[5];此外,近年来,GIS的3D实现功能逐渐受到历史地理学界的关注,以此来完成对古代分布现象的复原和可视化实现等等。对多种研究方法和GIS功能的结合使用是当前历史地理学GIS应用的发展趋势,目前已有一些成果体现出这样的特点,如高超等人的论文《巢湖西湖岸新石器商周遗址空间分布规律及其成因》[6],采用了GIS空间分析方法中的点密度分析、距离分析、缓冲区分析,并利用等高线在三维分析模块中获取微地貌特征等四种方法,将其结合用于研究巢湖西湖岸新石器商周遗址的空间分布规律。各类GIS空间分析方

---

[1] 满志敏:《光绪三年北方大旱的气候背景》,《复旦学报(社会科学版)》2000年第6期,第28-35页。

[2] 林珊珊、郑景云、何凡能:《中国传统农区历史耕地数据网格化方法》,《地理学报》2008年第1期,第83-92页。

[3] 满志敏:《小区域研究的信息化:数据架构及模型》,《中国历史地理论丛》2008年第2期,第5-11页。

[4] 张佩瑶、苏基朗等:《从历史GIS角度看民国北京中西医服务与城市交通的关系》,《中国近代城市文化的动态发展:人文空间的新视野》,2012年。

[5] 在《中国近代城市文化的动态发展:人文空间的新视野》一书中,有多篇量化研究,例如蔡颖、侯杨方、王法辉《1936—1946年中国人口密度的分布和变化》等。

[6] 高超、王心源、金高洁、胡晓燕:《巢湖西湖岸新石器商周遗址空间分布规律及其成因》,《地理研究》2009年第4期,第979-989页。

法的尝试，为在历史地理研究中进行深入的空间分析提供了可能；多种GIS空间分析方法结合的研究方式，为研究者更为深入、全面的探讨区域历史空间问题提供帮助，也在一定程度上缓解了单一分析手段可能出现的误差。

二、GIS应用于城市历史地理研究所面临的问题

如前文所述，将GIS技术引入历史地理学研究当中，目前已取得数量可观的成果，随着相关应用的展开和深入，其技术手段和方法的使用亦不断丰富、复杂。然而，纵观历史地理学各领域的研究，对于GIS技术的应用状况并不均衡，历史自然地理领域应用最多，大尺度的历史人文地理、历史城市地理等领域应用相对较多，而在小尺度的城市历史地理或更小尺度的城市内区域历史地理研究中，对于GIS的应用还相当有限。由于历史地理学研究内容和资料基础的特殊性，在应用GIS这一现代手段进行研究的过程中必然会遇到诸多问题，特别在小尺度城市历史地理研究领域更是如此。为了有效推动GIS技术在这些领域中的应用，首先有必要系统总结并审视其在应用过程中出现的问题和面临的困难，进而探讨其解决途径。

具体来讲，目前GIS技术应用于历史地理特别是城市历史地理研究所面临的问题包括如下几个方面：

首先，资料特殊性导致研究数据难以获取。历史地理研究聚焦历史时期，各分支领域均以历史文献作为主要研究资料，资料来源的特殊性导致将GIS应用于历史地理研究时，常常缺乏充分的数据基础。在早期研究中，有关城市内部人文要素的统计数据十分缺乏，且分布相当分散，当运用GIS进行历史地理研究时，构建数据库的过程常常出现诸多困难，在此基础上的空间量化分析更是难以展开。清末民国以来，城市内各项专题数据有所增加，民国时期伴随社会学调查方法在城市公共事

业领域的引入，多样化的城市统计数据逐渐出现并以史料形式得到保存。这一工作为今日的城市历史地理研究克服数据规模瓶颈、实现空间量化分析提供了可能，而数据的获取和分析方法的应用还需要学者们更加广泛和深入的探索。

其次，数据的准确性需要辨识。历史地理学研究数据多来自于史料，这便出现了古代文献资料可靠性的问题。大到政区边界，小到城市内的居民点分布、街道布局，对这些信息的获取均需经过严谨的考证过程，这也是传统历史地理研究最为核心的内容，其工作内容繁杂。许多史料文献中的数据并不能反映当时的真实状况，最典型的如历史人口问题，越是早期的人口统计，其隐匿的人口数目巨大、古代的统计方法也存在诸多偏差，这些问题的存在导致史料记载的人口数目可信性十分有限，需经过历史人口学者进行复杂的分析和校正才能估算出大致数目。若原始数据为估算值或是不完整的统计，在此基础上再次进行量化计算分析估算的结果，则可能与实际情况存在很大出入，在数据量少的情况下尤甚。近代以来各项统计数据虽有所增加，但由于调查统计方法的不成熟，其数据的完整性仍然值得怀疑，如何获取有效可用的调查数据，或对不完善的数据做出必要的调整以增加其科学性，是将GIS方法引入城市历史地理研究时面临的首要问题，也是研究的重点所在。

如前文所述，研究尺度的缩小导致研究对象相关数据规模的缩小，研究时段和资料的特殊性影响到数据的真实性、准确性，进而导致了GIS应用于历史地理研究难度的增加。但目前，一些历史地理学者仍着力于克服这些困境，例如，满志敏在《小区域研究的信息化：数据架构及模型》一文中[1]，探讨了小尺度范围内GIS方法的应用，提出应根据资料的数量规模，确定研究的尺度范围分辨率。此文中的案例多

---

[1] 满志敏：《小区域研究的信息化：数据架构及模型》，《中国历史地理论丛》2008年第2期，第5-11页。

基于行政区划的空间分析，与CHGIS具有相似的数据类型基础。但对于城市历史地理小尺度研究而言，行政区划的范围仍相对较大。具体来说，例如最基本的行政区划范围为街区划分，但对于城市历史地理中关于人文要素的空间分析，其尺度已达到小街巷层面甚至具体房屋地址层面，例如具体的名人故居、学校、商业点的分布，对其位置准确性的考证，难度要大于文献中清晰记载的行政区划位置。因此，学者在从事城市历史地理要素空间分析时，需根据史料记载的详细和丰富程度，决定研究主题是否适合GIS空间分析手段和其他的量化分析方法。

三、案例：民国时期北京学校格局研究

前文系统总结了将GIS应用于历史地理研究的一些现有成果，特别对其应用于小尺度城市历史地理研究时所遇到的问题进行了初步探讨。这一部分基于笔者以往项目和研究经验[1]，从个案研究的视角切入，首先对与近代北京城市历史地理研究直接相关的"民国时期北京都市文化历史地理信息数据库"做进一步介绍，其后以该数据库为基础，以民国时期北京城内学校格局研究为例，探讨将GIS应用于城市历史地理研究的可能途径及存在的问题。

（一）"民国时期北京都市文化历史地理信息数据库"介绍

"民国时期北京都市文化历史地理信息数据库"为"燕京思迁录：民国时期北京都市文化的历史地理信息研究"项目的数据库成果，该项目系由香港中文大学历史系与太空及地球信息科学研究所共同主持，由北京大学历史地理研究中心、北京大学医学院中国医疗史研究中心、北

---

[1] 笔者于2008年至2010年参与香港政府资助项目"燕京思迁录：民国时期北京都市文化的历史地理信息研究"，负责其中教育部分资料搜集及相关研究工作。

京联合大学应用文理学院以及山东大学法律学院等多家单位参与合作的一项大型科研项目，该项目以民国成立至抗战爆发以前的北京城作为研究对象，从历史地理信息系统方法入手，考察近代都市在多元文化激荡下所呈现的文化变迁空间模式。

具体来讲，该项目主要包含都市形态及人口、市场、教育、公共医疗、法律和宗教等六组文化数据，首先以数据库储存相关信息，将其空间分布及变迁过程表达于可靠的大比例尺地图上，其后利用地理信息系统的分析运算功能，探索六组数据之间的交叉互动并比较所可能呈现的理论义涵。"民国时期北京都市文化历史地理信息数据库"是现有与北京城市历史地理研究最为直接相关的一项数据库成果，该数据库信息资源丰富、使用空间较大，目前数据库中各项数据均已公开，提供信息的检索和使用功能[1]。然而，从当前研究成果来看，该数据库尚未引起国内学者足够的关注，相关的应用和理论探讨仍比较鲜见，仍需伴随对具体问题的研究而不断展开。

（二）多元要素视角下的北京学校格局研究

新式学校建设是北京城市近代化的重要内容。"民国时期北京都市文化历史地理信息数据库"中包含民国时期人口、土地以及学校的一些分区数据，为我们考察城市学校格局、分区内各要素的互动影响、学校格局对区域空间基础的适应程度、不同时期学校格局的合理性等问题提供了支持。本节内容这一部分以此为例，初步探讨以具体问题为线索，对GIS数据库资源和技术手段的应用与相关问题。

在关于学校格局问题的研究中，我们参考台湾学者章英华对于北京

---

[1] 相关资料：香港中文大学项目网站：http://www.iseis.cuhk.edu.hk/history/beijing/index.htm；美国哈佛大学 world map 中民国北京相关资料。

城市结构进行的量化研究，引入集中指数这一指标[1]。在研究中，充分利用"民国时期北京都市文化历史地理信息数据库"已有的资料基础和GIS的空间分析与运算功能，分别计算了学生数量相对于人口分布的甲种集中指数、学生数量相对于土地面积分布的乙种集中指数以及一些变化情况。本研究所用到的主要数据信息和来源如下表3.15所示，相关数据均为城内分区统计结果：

表3.15 研究数据的基础信息及来源[2]

统计项目	年份	资料来源
学生人数	1936	数据库资料，出自《北平城郊各区中等及初等学校学生人数统计表》，近代出版物《北平市政统计览要》（1936）
分区人口	1935	数据库资料，出自档案《北平市警察局户口统计图表》（1935）
土地面积	1936	数据库资料，出自《北平市各区面积表》，近代出版物《北平市统计览要》（1936）
0—14岁人口比例	1930	补充资料，出自《北平市近年人口年龄之分配》，近代出版物《冀察调查统计丛刊》（1936）

首先对分区学校建设与人口、土地的相关性进行考察。我们以上述资料中的统计数据为基础，分别对各区在读学生总数和各区总人口数、各区土地面积进行拟合，结果如下：

从结果来看，各区总人口数对学生数分布影响的相关性R^2值约在0.28（图3.46），虽非十分显著，但较之土地面积的影响更加明显。但值得注意的是，此处的土地面积并不等于可用房地产的分布情况，在外

---

[1] 两种集中指数的情况见章英华：《二十世纪初北京的内部结构：社会区位的分析》，《新史学》1990年创刊号，第41-42页。

[2] 数据库线上资源：http://www.iseis.cuhk.edu.hk/history/beijing/index.htm。

城地区存在较大面积的空地和农地,因而影响了系数的取值。若排除外三、外四、外五三区的数据,拟合的R^2值上升为约0.48(图3.48),各区土地面积与学生总量的相关性明显提高:

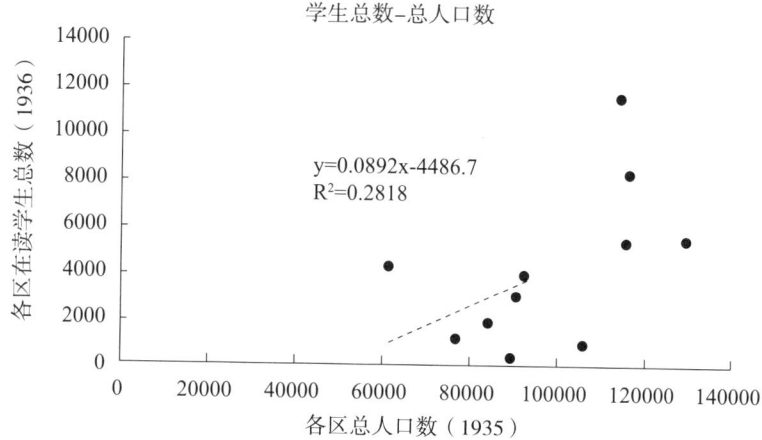

图3.46 国民政府时期各区学生总数与人口数相关性分析

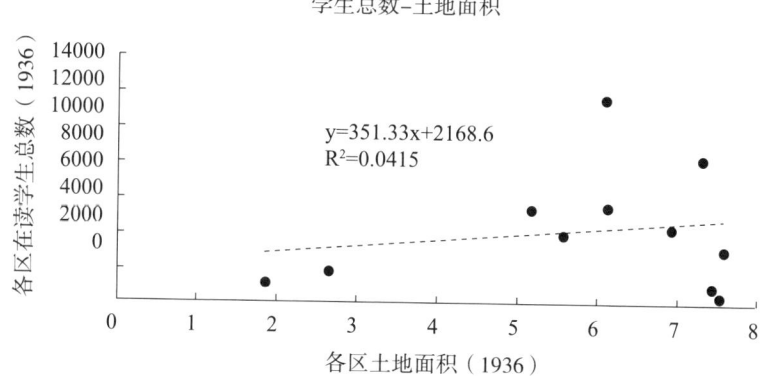

图3.47 国民政府时期各区学生总数与土地面积相关性分析

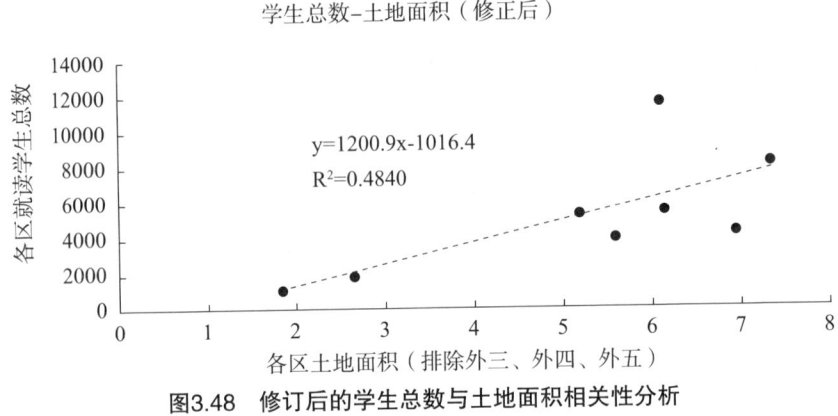

图3.48 修订后的学生总数与土地面积相关性分析

另对人口总量进行处理。1936年出版的《冀察调查统计丛刊》中曾登载1930年和1934年两组人口年龄统计，考虑到1930年0—14岁人口约等于1935年5—19岁人口比例[1]，比较符合中小学的学龄年限，我们将此项人口年龄比例乘以前述1935年各区人口总量，将修订后的各区学龄人口与学生总数进行拟合，R^2值上升至约0.38（图3.49）。由此可知，国民政府时期各区学生分布与分区内人口总量和土地面积均存在一定的关联。

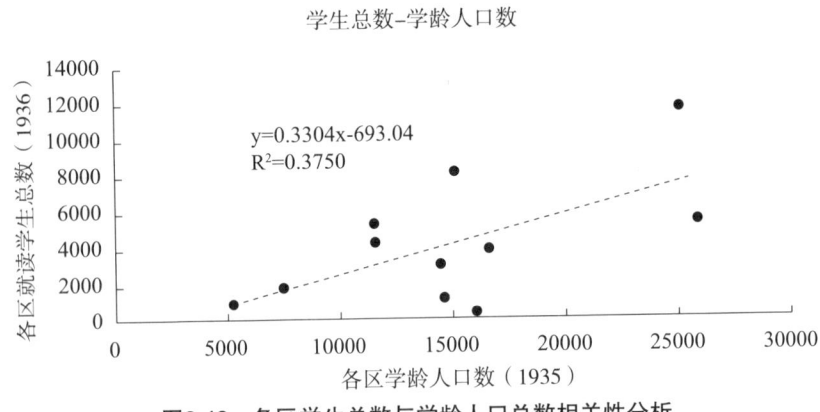

图3.49 各区学生总数与学龄人口总数相关性分析

---

[1] 按正常生长计算，未考虑人口流出、流入和死亡等情况。参见《北平市近年人口年龄之分配》，《冀察调查统计丛刊》1936年第1卷第6期，第4—13页。

下面来进行集中指数的计算，分为甲种集中指数和乙种集中指数两项。甲种集中指数以人口分布为基准，考察各区学生人数占全城学生人数的比率与相应总人口比例的关系，计算公式如下：

$$I_{甲} = (si/S) / (pi/P) \times 100$$

甲种集中指数大于100，说明该区学生占全市比率高于其人口占全市总人口的比率，教育普及程度较高；反之甲种集中指数小于100则该区教育普及程度较低，趋近100则学生人数与总人口数较为匹配。乙种集中指数与此相似，考察各区学生人数与区域面积的关系，计算公式如下：

$$I_{乙} = (si/S) / (li/L) \times 100$$

以国民政府时期数据系列为基础，通过GIS的运算功能，可得到两种集中指数的计算结果，将计算结果分别表达于相应的北京城分区地图当中，以此为标志进行指数的分级，可进一步得到两种集中指数的分布情况，如下图3.50、3.51所示：

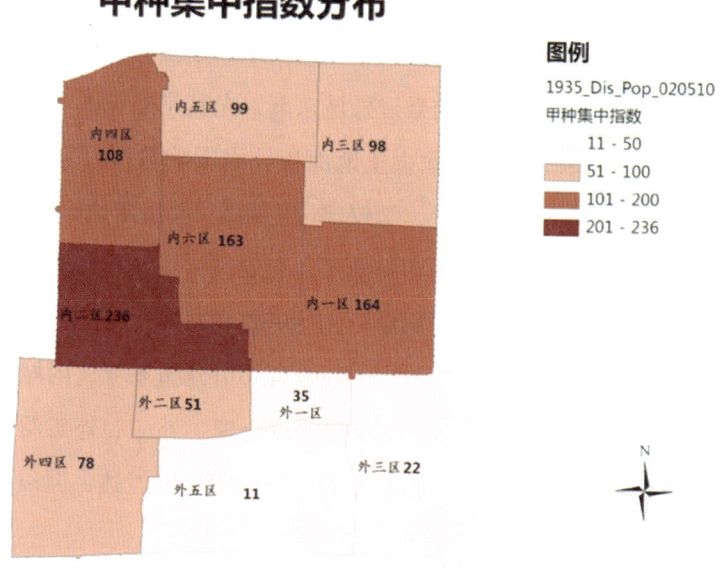

图3.50　国民政府时期各区学校甲种集中指数分布

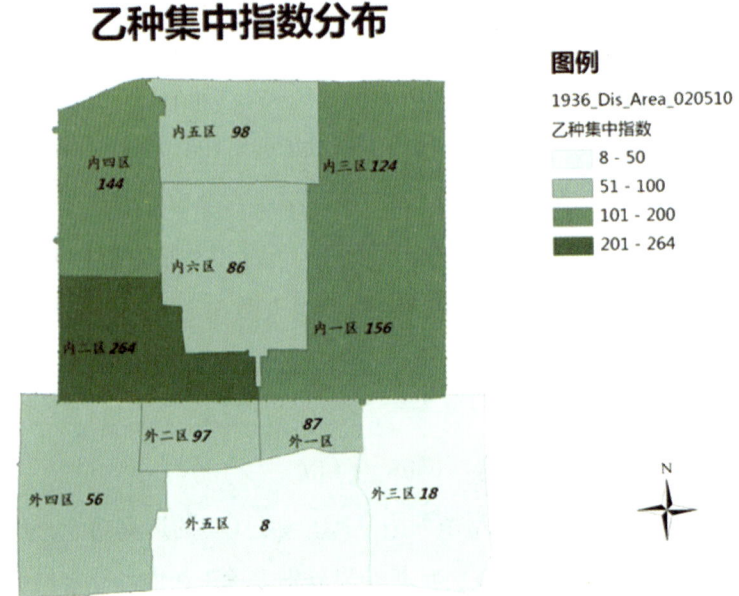

图3.51 国民政府时期各区学校乙种集中指数分布

从以上两图的对比可以看到，首先，一个共同特征是内城学校建设较外城更加发达。无论以人口或土地面积作为基准，内二区即内城西南部均是此时学校建设最为兴盛的区域，究其原因是已有房地产和公务人员分布两项因素共同作用的结果。外城东部，尤其是外三区和外五区是学校建设最为落后的区域，除去土地面积较大影响数值计算的原因以外，即使以区域人口分布来看，学校建设也存在不足的问题。一种可能原因是这两个区域人口以15—49岁的工人和农民为主，在1930年的统计中分别占据91%和66%，在1934年分别为90%和71%，此处计算的总人口并未代表教育需求的真实分布[1]。从绝对人口分布来看，内城多个区域甲种集中指数接近于100，学校分配比较合理。外一、外二两个区域虽从学校绝对分布和乙种集中指数来看，学校建设较发达，但以甲种集

---

[1] 《北平市近年人口年龄之分配》，《冀察调查统计丛刊》1936年第1卷第6期，第4—13页。

中指数来看，区域内就学率仍较低。若以学龄人口比例对甲种集中指数进行修正，可得到如下图3.52所示的情况：

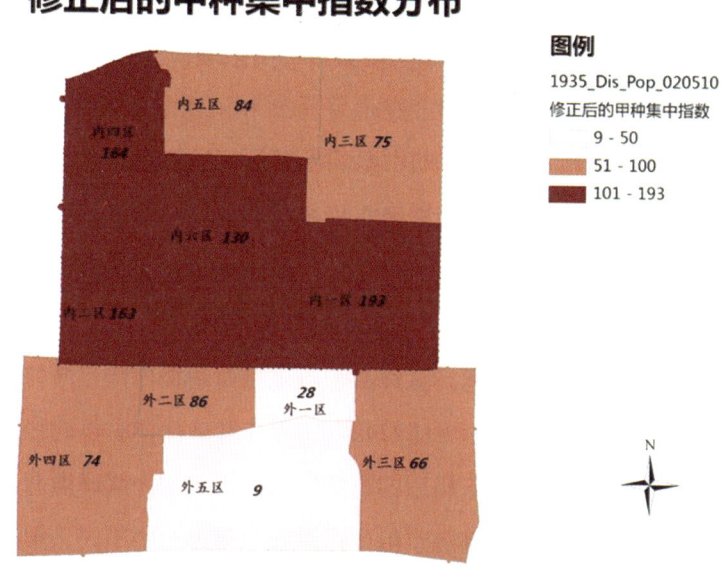

图3.52　修正后的各区学校甲种集中指数分布

从上图3.52来看，如按学龄人口计算，内外城学校分布的不均衡性略有减轻，外城学校建设不足的情况也有所缓解。国民政府时期学校格局大体适应于各区人口特别是学龄人口的分布需求，达到相对均衡的要求，这是民国时期学区制度、学龄人口调查等多项工作不断进行的结果，相关内容不是本节内容探讨主旨，不做深入探讨。

可见，GIS地理信息系统的出现及发展，为我们以新的视角，更加细致、具体地考察历史时期城市社会空间发展过程提供了可能性与有力的支持。由于历史数据调查方法和准确性等方面的限制，研究中的数据基础可能着存在相关性较弱、空间布局体现不完善等问题，但比较之下，仍可以为我们多角度认识城市内文化要素的空间分布、进一步开展深入研究开辟一些有益的思路。

四、结论

　　本节内容系统总结和梳理了将地理信息系统（GIS）手段应用于历史地理研究中的一些主要方法，及现阶段取得重要成果，在此基础上，进一步探讨了GIS方法应用于小尺度城市历史地理研究时所面临的问题及可能的出路，并结合具体案例进行了分析和阐述。通过对GIS空间表达和计算等功能的应用，对于城市空间发展过程的复原和观察变得更加动态、丰富，城市历史地理研究中亦可挖掘出更多不同于以往宏观研究的小区域内空间问题。清末民国时期，各项社会调查工作大量开展，使得这一时期的历史数据大规模增加，为将GIS分析等量化研究手段应用于历史地理研究提供了可能。虽然由于历史时期调查统计方法科学性的局限，在使用历史数据过程中应对其真实性、准确性持必要的怀疑态度并进行更加细致的考察，但经过一定的修正，以及结合区域横向比较、时间序列纵向比较等研究方法，仍可在研究中获得一些不同于单纯的文献研究的有益的信息。通过历史地理学者对GIS方法的学习和重视程度的提高，伴随档案资料的不断补充和研究方法的不断完善，在今后的城市历史地理研究中对量化研究方法的使用也会更加系统、科学。本节内容在梳理前人成果的基础上，提出在研究过程中所遇到的问题及现阶段的一些思考，其意义在于进一步了解当前GIS在历史地理研究中的应用方向和方法，为今后在小区域尺度的城市历史地理研究中地理信息系统方法的开展提供参考。

　　［本节内容是在鲍宁、赵寰熹《地理信息系统在城市历史地理研究中的应用——以近代北京城市分区研究为例》（载《理论月刊》2016年第8期）的基础上修订而成。］

第四章

地图研究

第一节　清末民初北京城地图整体介绍

赵寰熹

近代史研究资料中，地图是其中较为特殊的一类。地图反映了当时人们的测绘水平、对地理区位的认知以及美学品位。同时，地图所记载的具体内容也是研究历史地理问题的重要资料。

今天所说的地图概念，是包含一定的数学法则、制图语言、地图载体，并以此为基础，表达地理空间信息的一种地理信息表示方法。但在历史时期，地图的绘制和技术发展是在逐步进行的，中国古代地图所用数学法则和制图语言，与今天所指的测绘方法与投影制图，有着较大区别。近代以来，随着基于西方测绘技术的现代地图绘制方法传入中国，地图形式发生了较大变化。

自清末到民国初期，反映北京城市及郊区地理信息的地图陆续出版，为研究近代北京城市空间问题，提供了充实的地图资料支撑。由于地图的数量逐渐增大，自民国初期，整理北京历史时期地图的目录便相继问世，而近代部分是其中的重点。近几十年间，关于古代北京地图的收集整理目录十分丰富，例如北京图书馆舆图组编印的《馆藏北京地图目录》（1958）、王灿炽编写的《北京史地风物书录》（1985）、国图舆图组编写的《舆图要录》（1997），等等。这些地图目录的编写，极大方便了今天人们查询和参考近代时期北京城市相关地图资料。

但以往的地图目录资料中，多是文字叙述，相应的地图收藏地也较为分散，对于地图内容研究者而言，仍存在资料瓶颈。而随着网络技术的普及，各地的著名学府及图书馆逐渐重视图书资源的公开化，使得近些年，人们在以往查询地图目录和地图册的基础上，可查阅世界各地所藏电子化版本中国地图，这其中的收藏以近代时期为主。这拓展了资料收集的广度，也为近代北京城市研究中地图资料整理工作提供帮助。

一、近代北京城地图资料整体梳理

本书的研究时段主要集中于1840到1928年之间，此时段为清末民国初期。虽然康熙朝《皇舆全览图》的绘制便采用了地理测绘方法，但直到20世纪初，近现代意义下的地图才广泛投入使用。清末新政以后，地图绘制部门也相应做出较大调整。1903年，军令司下设立测绘科测绘地形图，1904年设立测绘学堂，1908年设立测地司，1910年军咨处下设立京师陆军测地局[1]。而在此之前历史时期的地图，多采用"计里画方"的传统方法，因此在整理近代北京地图资料时，本部分集中整理了1900年至1928年的地图。

本书在以往学者研究成果目录基础上，收集了一些目前公开的展示近代北京城区的地图资料。这里，按时间顺序，主要选择成图于1900—1928年间，并且测绘于此时期或接近此时期的北京城区地图，列表如表4.1所示，这其中以国内外图书馆及高等学府所藏地图为主。另外，这里只展示较为清晰记录了北京城区历史地理信息的地图，因此只选择比例尺大于1∶50000的地图。统计如下：

---

[1] 王均、孙冬虎：《近现代时期若干北京古旧地图研究与数字化处理》，《地理科学进展》2000年卷19第1期，第88-89页。

表4.1 1900—1928年间北京城区主要地图目录[1]

编号	时间	名称	制图方	比例尺	主要藏地	备注
1	1900	《京城各国暂分界址详图》	无	无	美国国会图书馆藏	传统画法
2	1900	Pékin	*Nachbaur Albert*	1：25000	美国哈佛大学图书馆	法文版
3	1903	《北京全图》	德国东亚远征军1900—1901年测绘；1903年德国（皇家普鲁士）出版。	1：17500	国家图书馆、美国哈佛大学图书馆等	有德语版和中德双语版
4	1907	《北京及城郊图》（*Peking Und Umgebung*）[1]	德国驻扎天津测量部测验1901—1905年测绘，德国参谋处测量部绘监印1907年。	1：25000	国家图书馆、美国国会图书馆藏等	中德双语
5	1908	《最新北京精细全图》	常琦测绘		国家图书馆、日本京都大学藏，中国地图出版社2014年出版	有黑白版和上色两个版本，上色部分标注了一些官署机构的位置及英文名称
6	1909	《最新详细帝京舆图》	北京：饷华书社发行；日本：东京新社，印制		国家图书馆、美国普林斯顿大学图书馆藏	

---

[1] 此图图名处标有"北京附地"四字，也可称为《北京附地图》。

续表

编号	时间	名称	制图方	比例尺	主要藏地	备注
7	1909	《京师内城巡警总厅所属各区派出所巡查路线图》	京师内城巡警总厅编制刊印	1∶5000左右	国家图书馆藏	
8	1909	《最新北京精细全图》	北京集成图书公司制		国家图书馆藏	
9	1913	《实测北京内外城地图》	内务部职方司测绘处，京师京华印书局	营造尺八千五百分之一	国家图书馆藏、日本京都大学图书馆藏	
10	1914	《北京地图》	天津中东石印局原版	1∶15850	国家图书馆、香港科技大学藏，地图出版社2007年再版	
11	1914	《最新北京详细全图》		1∶17500	国家图书馆、澳大利亚国家图书馆藏	
12	1916	《京都市内外城地图》	内务部职方司测绘处制，京都市政公所测绘专科实测，财政部印刷局印制	营造尺八千分之一	国家图书馆、北京市档案馆、日本京都大学藏	绘有等高线
13	1919	《（新测）北京内外城详图》	上海商务印书馆制	1∶15000	国家图书馆藏，中国书店出版社2010年出版	

续表

编号	时间	名称	制图方	比例尺	主要藏地	备注
14	1919	《新测北京内外城全图》	上海商务印书馆发行，1921年再版	1∶15000	国家图书馆藏，澳大利亚国立大学、美国普林斯顿大学图书馆等地藏，中国地图出版社2006年出版	
15	1920	北京	日本国际观光局出版		美国加州大学伯克利分校地球科学与地图图书馆藏	
16	1922	《最新北京全图》	舆地测绘处印行	1∶17500	国家图书馆藏（1923年）	此图是在1914年《最新北京详细全图》上重绘出版，图的上方增加中国地图和世界地图的附图。
17	1928	《京师内外城详细地图》	京师内外城二十区警察属测绘，京师警察厅总务处制作发行	1∶6000	国家图书馆、日本京都大学藏，中国书店2014年出版	

注：参考国内外相关图书馆馆藏信息；以及王灿炽编：《北京史地风物书录》（北京：北京出版社，1985年），王均、孙冬虎：《近现代时期若干北京古旧地图研究与数字化处理》（《地理科学进展》2000年第19卷第1期），北京图书馆善本特藏部舆图组：《舆图要录：北京图书馆藏6827种中外文古旧地图目录》（北京：北京图书馆出版社，1997年）。

以上所整理的是，清末民国初北京城区绘制清晰、目前查询较为方便的主要几幅近代北京城区地图。除此之外，此时期测绘完成的地形图、小比例尺京兆地图等，未列入。

从上表4.1中可见，表现近代时期北京城区的地图资料是十分丰富的，地图绘制时间间隔较短，形成较为完整的时间序列，对于近代北京城小区域细部格局变迁研究具有重要意义。

二、基于地图资料的近代北京城市空间分析思路

（一）历史城市地图上地理要素分析

地图的基本数学要素包括：经纬度、等高线、比例尺、方向，其他地图要素包括：图名、图例、文字、附图附表。分析一张地图时，另外需要考虑的要素还包括绘制方、绘制时间、测绘风格、地图符号风格、配色风格等等。一般的地理地图、专题地图，不同于地形图，图上的地理信息有着明确的侧重点。而对于本书最为重要的资料——城市历史地图而言，其所表现的地理要素，也有着明确的特点；针对这些特点，对它的分析需要着重注意一些方面。

对于历史地图的分析，在前文所示的这些基本地图要素的基础上，应着重注重的是地图上所表现的地理事物在历史演变中的角色。换句话说，分析一张历史地图，在对此地图上地理事物进行分析的同时，也要将其融入历史沿革演变分析当中，成为历史地图序列中的一环。例如，分析地图上记载的一个重要官署的位置和名称，不仅要分析此地图上所示的位置和名称，也要分析在此之前、之后，该位置、该官署的沿革情况，分析其反映出的时代变迁过程。而对历史地图的分析，历史要素与地理要素有着同样重要的地位，有时候，对于历史要素的分析甚至更为重要。这与单纯分析地理图中的地理要素，有着较大差异。

而对于表现全国范围的小比例尺地图与表现城市、区域范围的大比例尺地图而言，其分析要素的侧重点也有所差异。小比例尺的全国图，其分析重点在于较大规模的自然地理要素（河流、海岸线、山脉等）、省一级政区、大范围政治经济区、全国尺度道路驿站的布局及变迁过程等问题。而对于大比例尺的城市、区域地图而言，分析重点则具体很多，包括：官署分布、城市功能分区、具体城市局部形态、城市河流、湖泊等分布及变迁情况。而这其中，可以反映出时代变迁过程的城市分区及官署布局，以及重点文化区、商业区布局等等的情况，是需要被分析的核心要素。以清末、民国时期的北京为例，宫城、皇城、三海、东交民巷、前门等地，是最为主要的区域分析对象。

而除了这些历史地理要素外，城市历史地图的绘图风格也是分析的重点，与小比例尺全国范围地图往往更重视地理事物的直观呈现所不同的是，城市历史地图的风格更为多样，有时候绘图者会根据绘图主题，将当时的文化、审美观，以及民俗风格融入制图；与一般的地形图、自然地理图形成鲜明对比。例如，1900年的《京城各国暂分界址详图》便有着鲜明的特点，用鲜艳的颜色标绘出了清末各列强计划瓜分北京城的区域，地图比例和绘制方法并不是依据测绘而成，但分区却被勾绘得较为明确，是研究此段历史的重要参考资料；2010年《老北京风俗地图·1936》[1]，用诸多象形符号与绘画，描绘出民国时期北京不同地区民俗及重要建筑物、市场等的分布情况，极具特色。如下图4.1-1、4.1-2所示：

---

[1] 学苑编辑作坊编：《老北京风俗地图·1936》，北京：学苑出版社，2010年。

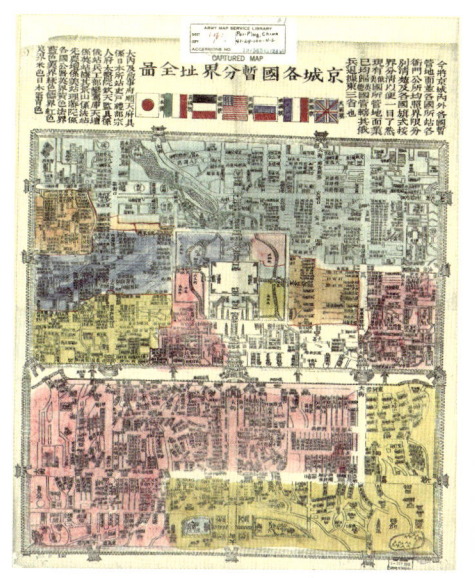
图4.1-1 《京城各国暂分界址详图》
（1900）

图4.1-2 《老北京风俗地图》
（1936）

除了以上所提到需要重点分析的各要素外，利用城市历史地图分析历史地理内容的过程中，会遇到一些困难和问题，下面本节将就此问题展开讨论。

（二）使用城市历史地图资料分析历史地理问题时遇到的问题

地图资料对于人们清晰地了解近代北京城的布局情况有着重要意义，但基于各时期地图记载而对城市各区域历史变迁进行研究分析时，则会面临一些问题。

首先，地图的出版是一个动态的过程。测绘时间和成图时间往往有一定的时间差，而地图上并不一定会标注测绘时间，通常情况下会标注出版时间。因此在具体分析某些特殊年份的地理事物信息时，往往不能完全依靠地图标注的出版时间来确定地物的分布情况。因此，上表4.1表现出的时间序列，也仅是按照标注的出版时间排列，实际各个地图所反映出的测绘时间，则需要进一步考证。有时还会出现，不同出版时间的地图，其测绘时间相同甚至前后次序颠倒的情况。因此，根据地图的测绘特点、测绘方情况、地图上具体信息的表示等来判别地图真正表示的时间点，是依据地图资料分析地理分布情况、进行相关研究的基本准备工作。

除了测绘时间和成图时间可能出现的差异外，基于同一测绘工作的地图绘制，在内容上也会有所差异。测绘工作是复杂且任务繁重的，不会密集测绘。因此年份较近的地图，可能出自于同一测绘信息。而测绘信息主要体现的是地图的数学法则，例如经纬度、等高线、比例尺等，地图内容中的地名信息、具体地物分布信息，不同的绘制者、不同的年份，绘制的结果可能会有所差异。例如，近代北京城区中的分区信息、官署名称、具有代表性的地名的变化，均是我们判读此地图具体年代的线索。但这些信息也存在实际情况与地图所展示时间存在偏差的问题，有时候这个偏差甚至较大。一个地名、官署名称从发生变更，到这个变更信息被体现在出版地图上，这个过程，体现在不同的地图上，是存在时间差异的。而这个差异，与制图方实际调研的详细程度有着直接关联。如表4.1所示，每年都有地图的出版，细读地图内容会发现，存在后出版地图上地物名称比前出版地图上地物名称更新更及时的情况；地图信息是否更好地反映实际地物内容，也跟绘图者的认知有着最为直接的关联。因此，我们不应该只根据地图上记载的地物名称来判读它所反应的具体年代，而应结合测绘、地名、时代背景等综合情况，进行详细的判读。而如果地图出版时间相距较长，其间社会背景又发生较大变化，则地物信息基本上可以反映出地理事物及社会文化信息的变化过程。

本节内容之所以强调以上这些问题，是因为，对于北京近代时期这样一个特殊的时间段，这些问题是会直接影响研究结论的关键问题之一。在近代以前，地图的出版频率是较低的，因此上述问题的干扰是较小的；而随着时间推进，尤其到了当代时期，测绘工作均由国家相关部门进行，过程严谨、具有科学性，具体城市地图的绘制基本也是经过绘制团队的详细调研工作后进行的，因此上述问题很少出现，而处于时代变革的近代时期，西方测绘技术的使用刚刚进入到大众视线，测绘方背景不同，基于测绘的地图和基于传统模式的地图混杂出现，社会地理事物频繁更替……在这样的背景下，上述几方面问题的影响是很大的，因此需要我们在研究过程中特别地注意。而与此同时，如果研究基于的是表现大范围的小比例尺地图，这些问题的影响相对较小，因为对行政区划变迁过程的记载相对较为严谨，变化的频次也相对较低，测绘水平在具体空间层面的不同表现的差异也相对较小。而对于城市小空间这样基于大比例尺地图的研究来说，上述这些问题的影响无疑是更大的。

总结起来，对于近代北京城市具体街区历史地理研究的课题而言，时代的特殊性，会让研究面临一些地图资料分析方面的困难，但同时时代的特殊性，也为这些研究带来不同于以往的机遇，十分适合展开城市具体街区空间变迁问题的对比研究。如何面对这些问题，严谨地进行学术讨论，是学者们所面临的挑战。

（三）本章选择深入解读的地图

基于以上对清末、民国时期北京城区地图的整体梳理，以及"城市历史地图上地理事物要素类型""使用地图内容分析历史地理事物时会遇到的问题"这两部分内容，本章接下来将选取三张此时期具有代表性的地图，进行较为深入的解读。

在地图选择之时，考虑到时代性及代表性，清末时期选择1908年的《最新北京精细全图》作为分析对象。此地图是1900至1911年间，现存版本中最清晰、绘图最细致的地图之一；1908年在时间节点上接近清朝覆灭，可以反映出清朝末年北京城的具体布局情况。为了展现辛亥革命前后北京城市具体地理事物的变化，本章在选择1908年《最新北京精细全图》作为分析对象的同时，选择1913年《实测北京内外城地图》作为分析对象，对比两张图，可以看到清末及民国初期北京城区的具体空间分布情况。1913年《实测北京内外城地图》是由内务部职方司测绘处绘制的北京城区图，绘制内容详细，是珍贵的反映民国初期城市建设、布局的地图。除1908年、1913年两张地图的解读，本章还选择了1928年《京师内外城详细地图》作为深入分析的对象。1928年对于北京城而言是极为重要的一年，是年，首都迁往南京，国民政府将北京更名为北平特别市，暂时结束了北京长期作为首都的历史。因此，1928年由京师内外城二十区警察属测绘、京师警察厅总务处发行出版的京师地图，正反映了北京在这特殊的时刻，城市的地理空间格局及具体事物布局情况，具有深入分析的意义。

因此，本章以下第二节至第四节，将分别解读1908年、1913年和1928年三张北京城区地图，希望以此为基础，对北京城区具体地理事物在清末民国初期的布局及变迁有更为深入的理解。另外，本章的最后一节《比丘林的遗产——清末中文北京城市地图考略》将本章节对地图的深入解读分析，扩展到清末时期；使得对近代北京地图的分析视角更为广阔，对清末新式北京地图的理解更深一步。

第二节 1908年《最新北京精细全图》解读

赵寰熹

一、地图基本情况

1907—1909年，有多幅北京城区地图出版，1908年由长白山人常琦测绘的《最新北京精细全图》绘制内容非常详细，且目前对此地图的研究仍较少，成为本节重点分析的对象。

1908年《最新北京精细全图》有两个版本，一为黑白版，一为部分标注上色版。上色版是后人在原本黑白地图上将部分官署机构的位置用彩色标示，并在重要地名处粘贴了英文地名字条，上色版本地图上并未标注出标绘者的信息，但从标绘的内容来看，应是以英语为语言的国家人士所绘。黑白版本则为《最新北京精细全图》的原始版本，以下为该图（图4.2，黑白版）及基本内容信息：

| 时代变革下的空间嬗变 |

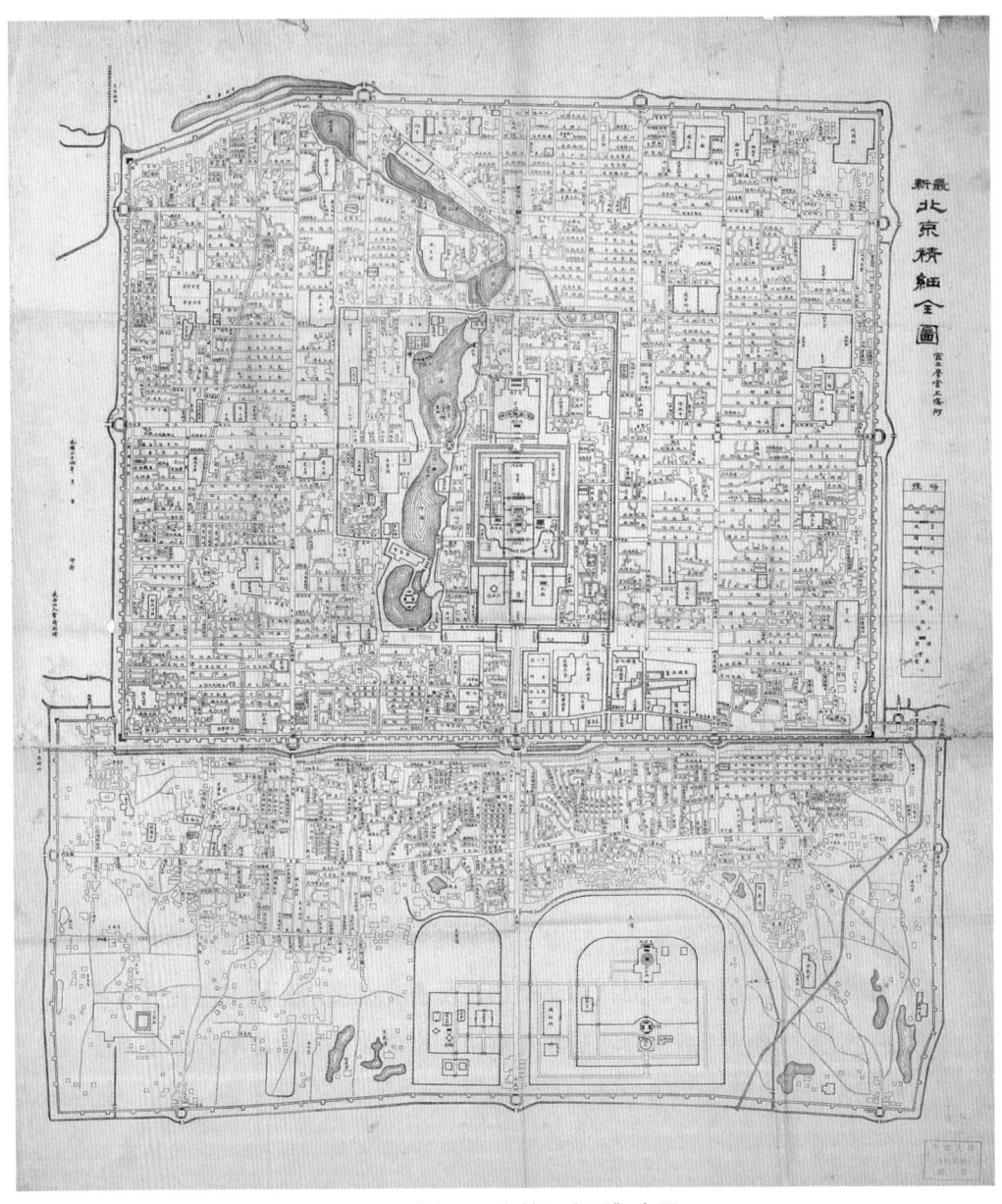

图4.2 《最新北京精细全图》全图

1908年《最新北京精细全图》的基本情况：

测绘：长白山人常琦

出版时间：光绪三十四年（1908）

黑白印刷，标示图例10种。

此地图图名位于图幅右上侧，左侧标注了地图印制时间：光绪三十四年，及测绘人：长白山人常琦。此图为个人绘制，并未严格按照制图规范标注图名、图例简洁、没有比例尺与地图方向的标示，此图也不包含等高线。图例位于地图右侧，名为"符号"，"符号"中的内容包括城垣、禁城、高墙、河道、大路、铁路、学堂、工厂、楼阁和教堂。其中图名下方用小字标注副标题"官立学堂工厂附"，图例中学堂和工厂是除道路、河流、城墙外最靠前的图例，可见此图的重点是展示当时的学堂与工厂位置。

虽然此图并未标示完整的地图要素，但与1900年代很多地图仍采用古代绘图方式来绘制有所不同的是，1908年的此地图已采用近代地理地图的绘制方法，比例得当，与后期绘制的标准地图从比例和街道画法上看较为相似，有可能一定程度上参考或引用了此期间基于测绘成果的其它地图作为其绘制的底图或材料。此图绘图色彩风格简洁、黑白图面清晰，与清末民国初期出版的北京地图配色丰富、分区常设不同颜色面状信息的普遍风格有较大差异。

二、1908年《最新北京精细全图》中代表地物的历史地理信息初探

（一）京师大学堂

1908年《最新北京精细全图》所记录的地物信息，反映的是清末新政时期的情况。在北京皇城以内，基本仍延续清朝皇城内的机构设置和布局。但新政中设立的一些机构也在此地图上有所体现。其中有着最为突出变化的是，位于景山东街的京师大学堂。此版地图中清晰记载了京师大学堂的位置和范围。如下图4.3所示：

| 时代变革下的空间嬗变 |

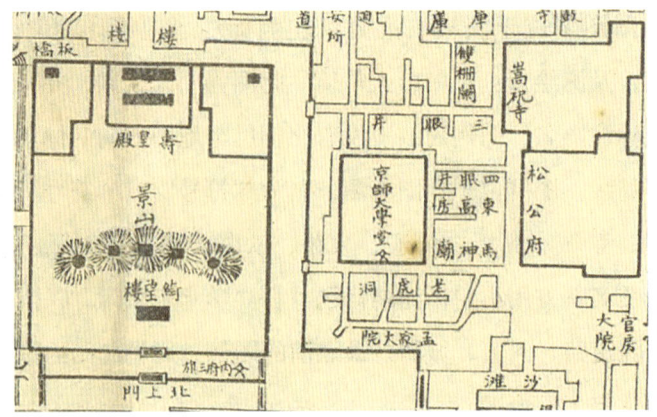

图4.3　1908年《最新北京精细全图》中京师大学堂位置

而上色版本的此地图则在京师大学堂处标注了"University",如图4.4所示:

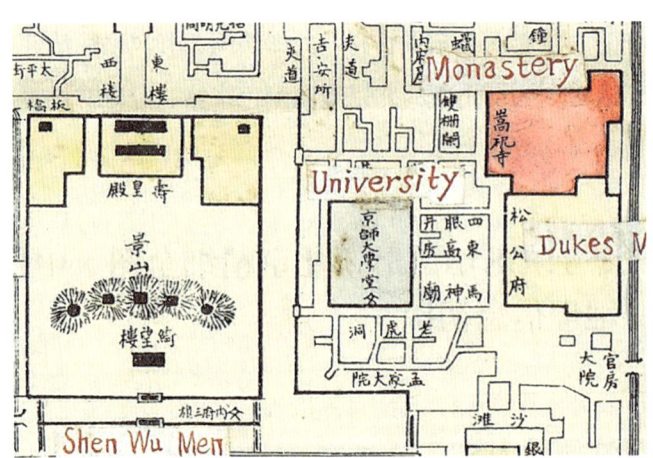

图4.4　《最新北京精细全图》上色版本中京师大学堂位置

而此图是早期清晰记录京师大学堂位置的地图之一。京师大学堂设立于1898年,是新政的重要遗产之一,后1900年八国联军进入北京,京师大学堂遭到破坏,1902年学堂恢复,京师同文馆并入京师大学堂。1909年,京师大学堂中的优级师范科更名为京师优级师范学堂,后于

1923年更名为北京师范大学[1]。1912年5月4日，京师大学堂更名为北京大学。

京师大学堂有多处校舍地址，早期设立之初的校址位于原皇城内景山东街处的马神庙地方，而1900年法文版北京城地图中特地描绘出了京师大学堂的位置，标注出"大学"的字样。由于法文版1900年图《Pékin》是简要绘制的地图（图4.5），上面的文字内容较少，仅标注了重要地物或对法国较为重要的地物信息。因此可见，大学堂在当时是非常重要的地标性建筑。

1907年德国参谋处测量部测绘的相对较小比例尺北京地图（图4.6）中，绘制了京师大学堂位置，1908年图中位置与此图是一致的。

京师大学堂在内城还有其他两处重要地点。一个地点是位于沙滩汉花园一带的北大红楼，在1918年建成后，成为北京大学一院，主要为文科院系，原校区（以上马神庙校址）成为二院，主要由理科院系构成。在此之前，沙滩的一院是京师大学堂操场所在地，这两个距离较近的校区在民国初年的发展过程，清晰地被记录在各时期的地图资料中，如下图4.7、4.8所示：

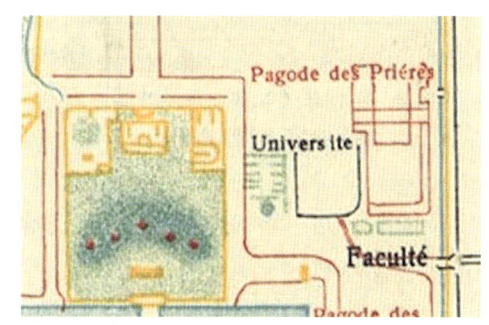

图4.5　1900年法文版北京城地图《Pékin》局部

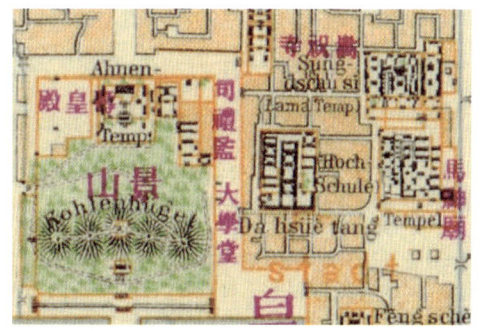

图4.6　1907年《北京及城郊图》（Peking Und Umgebung）地图中大学堂位置

---

[1]　秦国强：《中国教育史话》，上海：复旦大学出版社，2014年，第178-179页。

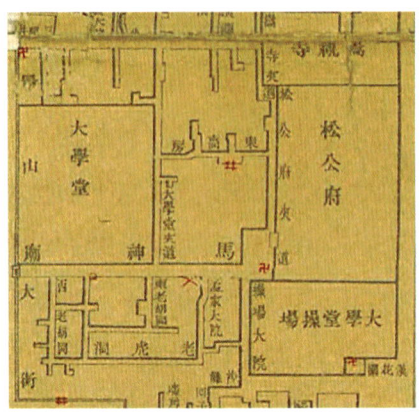
图4.7 1913年《实测北京内外城地图》京师大学堂部分

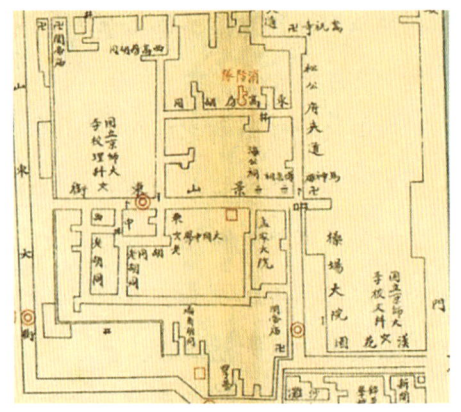
图4.8 1928年《京师内外城详细地图》京师大学堂部分

而另一处，是1902年并入京师大学堂前的京师同文馆，隶属总理各国事务衙门，位于内城的东堂子胡同。而京师同文馆并入京师大学堂后位于皇城内北河沿西侧，近东安门。在本节分析的1908年的《最新北京精细全图》中，位于东堂子胡同的总理各国事务衙门被标记为内务部，总理各国事务衙门在光绪二十七年（1901）改为外务部。因此在此1908年地图中，此处标注为"外务部"（图4.9-1）。而位于北河沿的京师大学堂京师同文馆，1902年并入京师大学堂后更名为"京师译学馆"，此1908年图中也标注了"译学馆"的位置，如下图4.9-2所示：

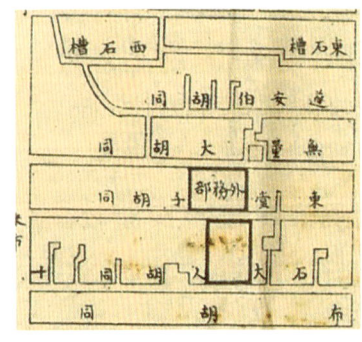
图4.9-1 1908年《最新北京精细全图》中"外务部"所在位置

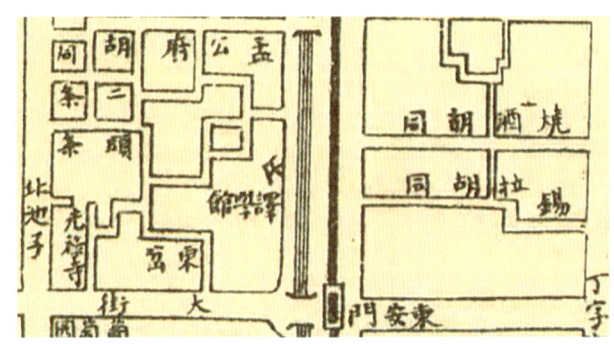
图4.9-2 1908年《最新北京精细全图》中"译学馆"所在位置

1913年北京大学停办了译学馆，改为北大预科，后改为北京大学三院，即法学院，也成为策划五四运动的重要地点之一。

除京师大学堂外，清末新政过程中兴建的各类新式学堂、机构，也清晰地体现在此图中，例如实业学堂、艺徒学堂、陆军小学堂、法律学堂等。

（二）宏仁寺

1908年《最新北京精细全图》，如上述，有两个版本，一版为黑白原版，另一版则是原版上色版。由于上色版时间稍后，两个版本中一些地点的表示上会出现差异。其中较为明显的是皇城内位于北海西边的宏仁寺和仁寿寺。

宏仁寺，又名弘仁寺，清康熙四年在明代清馥殿旧址上改建而成，鹫峰寺的旃檀佛像移于内。1900年被八国联军焚毁[1]。清末新政后曾一度是禁卫军军营所在地。清末的禁卫军是仿照西方制度建立的一支近代化队伍。清末禁卫军的训练开始于1908年11月[2]；1912年下令改编禁卫军，具体办法如下[3]：

> 京函关于改变禁卫军办法，已由陆军部总统府军事处及禁卫军冯军统决定，将原有四标改为四混成协，分别驻扎特志于下：
> 第一混成协　派驻东陵守护陵寝兼垦遵化州等处官荒
> 第二混成协　派驻西陵守护陵寝兼垦易州等处官荒
> 第三混成协　暂驻西苑
> 第四混成协　拨归清廷专任保护皇室

---

[1] 曹子西主编：《北京史志文化备要》，北京：中国文史出版社，2008年，第330页。
[2] 监国校阅禁卫军记：《协和报》1911年第1期，第5—6页。
[3] 国内紧要新闻：《改编禁卫军之办法》，《大同报（上海）》1912年第17卷第17期，第36页。

这里所提"西苑"应是北海西边的原宏仁寺所在地。民国以后，此处又曾为模范团驻地。模范团是袁世凯设立的北洋军官训练班，1914年10月在北京成立，在西城旃檀寺设立办公处，即此处[1]。

在1908年的两版《最新北京精细全图》中，宏仁寺及周边如下图4.10所示：

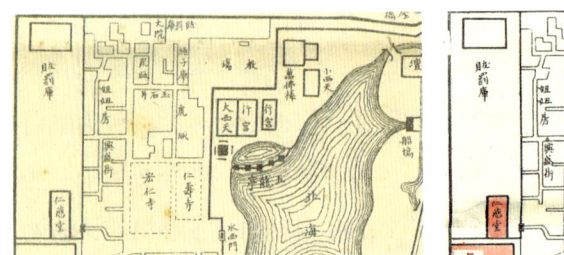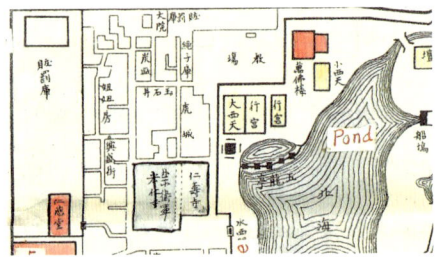

图4.10　1908年两版地图中宏仁寺及周边

在1908年原版的黑白地图中，宏仁寺和仁寿寺分开标注，但用的是虚线。画为虚线，可能与其损毁于1900年有关。而在此地图上色版本中，将宏仁寺的字体划掉，换成禁卫军，并将宏仁寺与仁寿寺用实线一起圈起来，体现了1908年禁卫军开始训练以后这里的变化。

此后，1913年《实测北京内外城地图》和1916年《京都市内外城地图》中，这里分别被标注为"禁卫军步队"和"模范团本部"，时间点上与历史进程相符。如下图4.11所示：

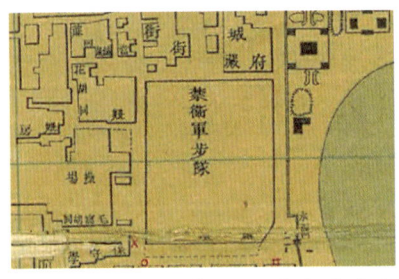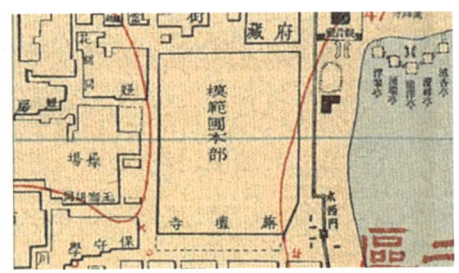

图4.11-1　1913《实测北京内外城地图》"禁卫军步队"部分

图4.11-2　1916年《京都市内外城地图》"模范团本部"部分

---

[1]　王新生、孙启泰：《中国军阀史词典》，北京：国防大学出版社，1992年，第730页。

三、1908年《最新北京精细全图》绘制时间讨论

如本章上节所提到，地图的出版需要时间，测绘时间和印刷成图时间具有一定的时间差，如此图，标注了"光绪三十四年"印行，但没有标明"长白山人常琦"是何时测绘或绘制的，或者他绘制时是否参考了其他测绘成果。因此对于此图所表现的年份，需要进一步考证。

此图的出版年是1908年，绘制时间早于此时间。考虑到晚清时期重要历史事件的发生时间，考证时重点关注1900至1908年期间清末新政所设立机构在地图上的绘制情况，以推断其大致的绘制时间段。

例如，在皇城内，中海和南海之间，有光绪年间修建的"仪鸾殿"，是慈禧冬日里经常居住的居所。1900年毁于八国联军进北京的过程中，后慈禧重修，新建西式洋楼，1904年竣工，重新定名为"海晏堂"；袁世凯当权后，把海晏堂改为"居仁堂"[1]。而1908年的《最新北京精细全图》中，此处正标绘有"海晏堂"，如图4.12：

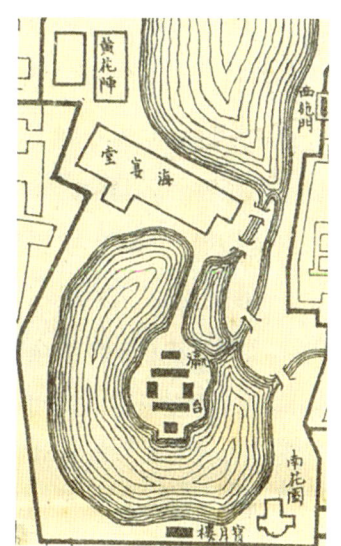

图4.12　1908年《最新北京精细全图》中西苑海晏堂位置

可见，此图实际绘制时间在1904年以后，绘制时间范围现已缩小至1904—1908年间。图中另外一些官署，也可体现出此图的绘制时间：位于内城西部郑王府南边的"习艺所"，建立于光绪三十一年（1905）[2]；位于内城西南角的"京师法律学堂"成立于1905年；位于外务部西边的"陆军小学堂"建立于1905年；"邮传部"设置于光绪三十二年（1906）九月，位于南海西边。这些

---

[1]　李文君编：《西苑三海楹联匾额通解》，长沙：岳麓书社，2013年，第95页。
[2]　哈恩忠：《清末开办京师习艺所史料》，《历史档案》1999年第2期，第61–74页。

均是晚清新政时所设立的重要官署。这几处官署，均体现在此图中，如图4.13：

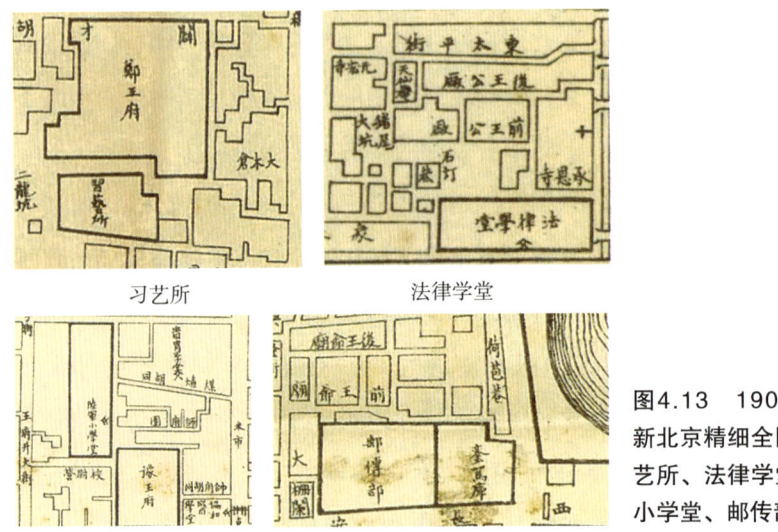

习艺所　　法律学堂

陆军小学堂　　邮传部

图4.13　1908年《最新北京精细全图》中习艺所、法律学堂、陆军小学堂、邮传部位置

可见，此图的绘制时间在1906底至1908年间，考虑到绘制、印刷所需要的时间，此图绘制于1907年的可能性最高。但作者绘制此图时，底图参考了哪一版测绘成果，仍无从考证。

这是根据图面上主要官署、建筑物的沿革情况考证的图面时间，而由于不同的绘图人对于不同区域的绘制重点、了解程度均有所差异，因此，像《最新北京精细全图》这样由个人绘制的地图，很有可能会出现不同地方体现出不同时间点的现象。利用地图上历史、地理信息做相应研究，具体分析某些特殊年份的地理事物信息时，还应进一步考证。

但对比清末、民国初期的其他北京地图，此1908年地图，绘制与出版时间距离较近，地图上信息具有较好的时效性。例如，1914年天津中东石印局的《北京地图》、1916年市政公所测绘《京都市内外城地图》等很多1930年前出版的地图上，海晏堂地方的名字仍标注为"海晏堂"，而此处在此时的名称已变更为"居仁堂"。

四、小结

综上所述，1908年《最新北京精细全图》有以下特点和意义：

第一，成图时间1908年，经上述考证，绘制时间约为1907年，对于清末北京城市具体布局研究具有重要意义。

第二，地图内容详细、绘制清晰、比例得当，是此时期地图成果中内容较为丰富的一幅，是研究此时期北京城区具体地物分布问题的重要参考资料。

第三，从以上分析可见，此图的绘制具有较强的时效性，采取近代地图方法绘制而成，对于地图信息的古今对比研究具有一定意义。

第四，此图的重点在于表现学堂与工场分布，对于相关领域研究具有意义。

第五，此图为个人编绘，非官方版本，会存在个人对地理事物认知的偏差问题。根据地图的成果，可推测此图的底图是基于实测的地图，但无法考证是本人实际测绘而成，还是根据他人（或机构）测绘成果编绘而成。

第六，此图缺少比例尺与地图方向的标注，图例绘制较为简单。

综上，1908年常琦所绘《最新北京精细全图》是清末反映北京城市具体布局的一幅正规的地图资料，其内容的详尽程度与清晰度均较好，是目前所存清末民国初北京城区图中价值较高的一幅，值得学者们进一步研读与挖掘，作为清末民国初北京城市空间演变研究的重要参考资料。

第三节　1913年《实测北京内外城地图》初解

李学通

民国二年（1913）印行的《实测北京内外城地图》（以下简称"民二北京地图"，图4.15），以北京城墙为范围，详细测绘了当时北京城垣、街道、民居、宫殿、坛庙、园林等道路与建筑平面布局，清晰标注各警区分界线，以及各街道、胡同、公署、医院、坛庙、教堂等名称位置，绘制清晰，资料可靠，图例详细，信息丰富，内容充实。它既是一幅重要的北京历史地图，是民国初建之时北京历史的写照，也是记录北京历史发展变化的重要载体，极具研究利用价值。

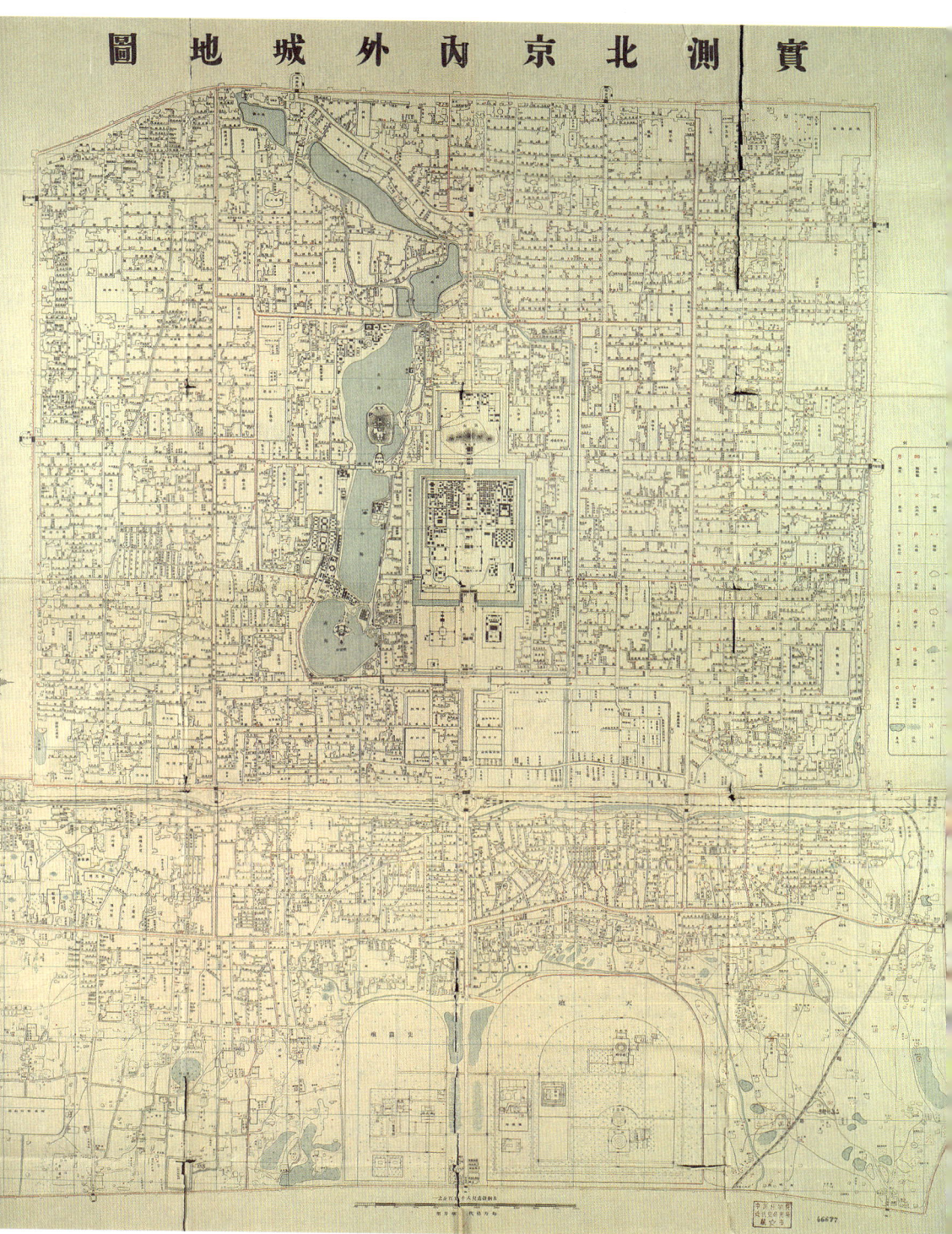

图4.15 《实测北京内外城地图》全图

|时代变革下的空间嬗变|

一、《实测北京内外城地图》的主要内容

《实测北京内外城地图》的基本情况：

测绘：内务部职方司测绘处

时间：中华民国二年（1913年）

印制：京师京华印书局

比例尺：营造尺八千五百分之一，每方格代一华方里

彩色印刷，标示图例32种。

《实测北京内外城地图》没有另外附加专门的文字说明其测绘过程与测绘方法，但图上画有蓝色方格，并在图旁注明每方格代表一华方里，表明该图仍然使用的是传统的"计里画方"方法。全图东西横向外城最宽处为15方格，南北纵向内外城合计，最长处为16方格。

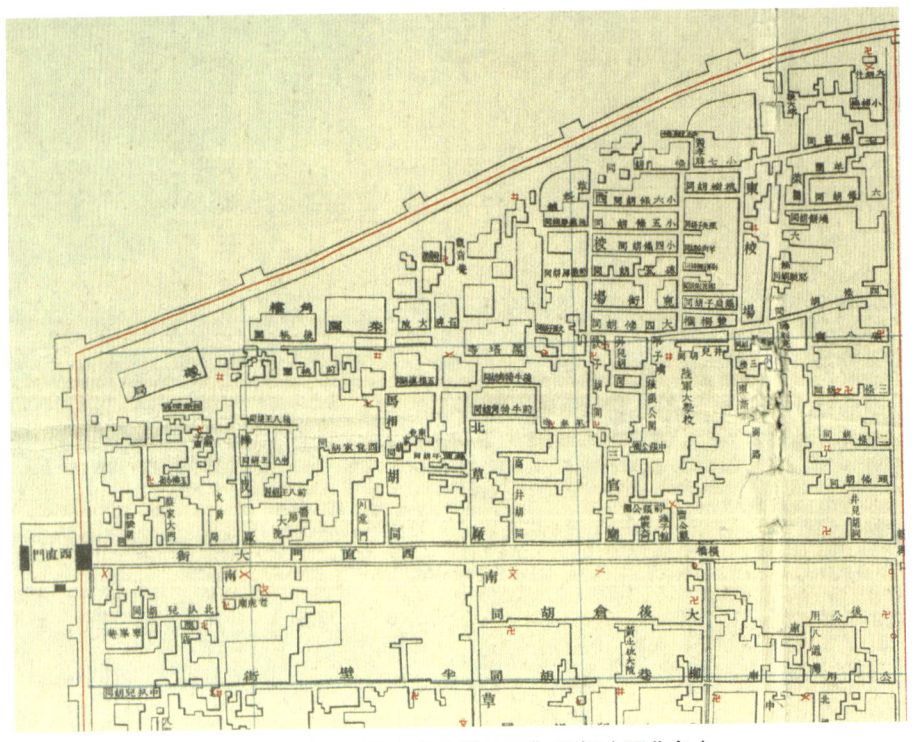

图4.16 《实测北京内外城地图》局部（西北角）

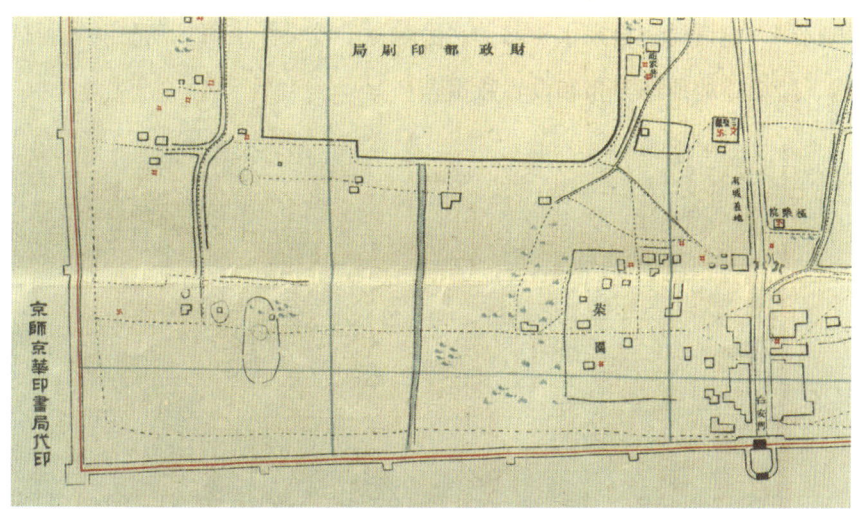

图4.17 《实测北京内外城地图》局部（外城西南角）

"民二北京地图"的方格划分并非由城的一角或一端开始，而是由以天安门、端门所在方格为中心向四周扩散。如内城东西横向阜成门至朝阳门之间共涉及12格，但东西两端各仅有半格不到。特别是西北方向，因城墙向南收缩，西北角顶端的方格仅有一小角。其中，横向，外城广安门至广渠门之间虽然共涉及15格，事实上以珠市口所在方格为中心，东西各有6个半方格。南北纵向同样如此，南端的永定门已在纵向第15格之端，实际上仅有西南右安门和东南左安门附近，因城墙稍向南推而涉及纵向第16格。

每一项图例，就是一项历史信息的载体。由于图例众多，而且标注细致，使该图不仅信息量大而且各方面内容均极为丰富，内容充实，成为民国初年北京历史地理信息的重要载体，为北京历史地理研究提供了大量准确、重要的历史材料。从这幅地图中，我们不仅可以了解北京城市街道、桥梁、水井、庙宇的地理分布等这些清代历史地图中已有信息在民国初年的变化，更能从中了解民国以后北京作为民国首都和政治中心的新变化，如总统府、参众两院、国务院及各部等政治机构的地理信息。特别值得关注的是，图中具体标绘出了许多近代新出现的邮政局、

| 时代变革下的空间嬗变 |

电报局、电话局、自来水（站）、医院、学校、派出所、消防队等新机构、新设施的地理分布和设置数量。

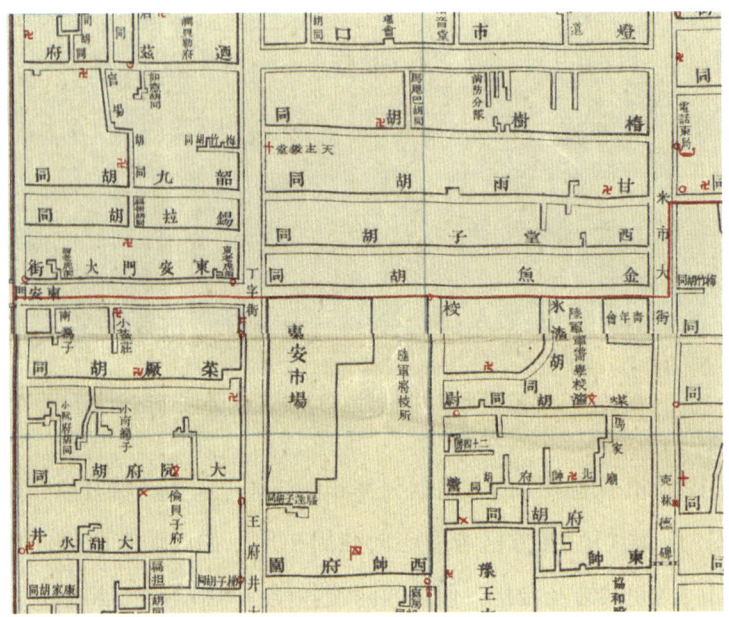

图4.18 《实测北京内外城地图》局部

依据图中所标示图例的粗略统计，当时北京内外城总计有：水井约500口，庙宇632座，派出所252所，自来水（站）274处，学校96所，警察署20个，公署27个，官厅24个，兵营7处，消防队4个，邮政局2个，电报局、电话局各一，塔5处，医院11所，教堂3座，义地坟场近20座。图中标示的街道胡同之名在1500以上，其中有：某某胡同1056条，某某街189条，某某巷70个，某某条216个，某某夹道（小胡同）57条。这些数字中，条与胡同或有重复计算，如头条胡同，但数量有限。有些统计数字也非常有趣，如当时北京竟然有21条井儿胡同，19条扁担胡同。

地图也为我们提供许多重要史事的线索。例如，一般北京历史地理著述都认为，民国初年朱启钤主持北京城市改造时，为打通南北交通，在旧皇城南城墙上新辟了两个豁口，打开了南池子大街和南河沿大街，使之与长安街相通。但从"民二北京地图"上我们可以看到，该两处原本就有门，朱启钤可能只是在原有小门的基础上将其进一步扩大成为通衢，而非无中生有。

这些图上的标注和基于标注符号做出的统计，或许不是非常准确无误，如故宫内除宫殿平面图外，其他如水井、庙宇之类就没有在图上标注，因此也无法统计在内，但它给我们提供的基本数据还是大致可信的，至少是轮廓性的基础信息，已经难能可贵。这些都是我们了解和研究北京城市近代化发展进程的重要史料。我们可以继续找寻相关的历史档案及其他文献与实物史料与之相互比较，相互印证，相互补充。相信这些数据会在相当长的时期内，成为我们讨论研究清末民初北京地方历史的参考数据。

二、《实测北京内外地图》的主要特点

初览全图，觉其具有以下几个明显的特点，亦可称为珍稀之处：

第一，官方最权威机构绘制。就目前所见，民国时期印制出版的北京地图中，大多都是民间机构编绘或作者不详，明确标注由官方正式的地图测绘机构编制成图的并不多见。此幅"民二北京地图"明确标注由内务部职方司测绘处制。众所周知，中国唐宋以至明清，历代中央政府均设有职方司，掌理舆图是其一项重要职责，但一般设于兵部。清末新政时期，兵部改为陆军部，将职方司裁撤。民国北洋政府时期，职方司归属内务部，内设测绘处，作为中央政府舆图测绘的主管机构。

第二，时间明确，是最早的民国北京实测地图。民国初期印制的北京地图面世较少，而且目前所见民初北京地图，大多未注明测绘、印制时间，因此研究者只能根据图上标注、描绘的内容，对照这一历史时期北京的社会变化，推断其大致时间。如《侯仁之与北京地图》（岳升阳主编，北京科学技术出版社，2011年）一书中收录的一幅《北京地图》，编者只能依据"环城铁路尚未修建，香厂地区也还没有改造"，

| 时代变革下的空间嬗变 |

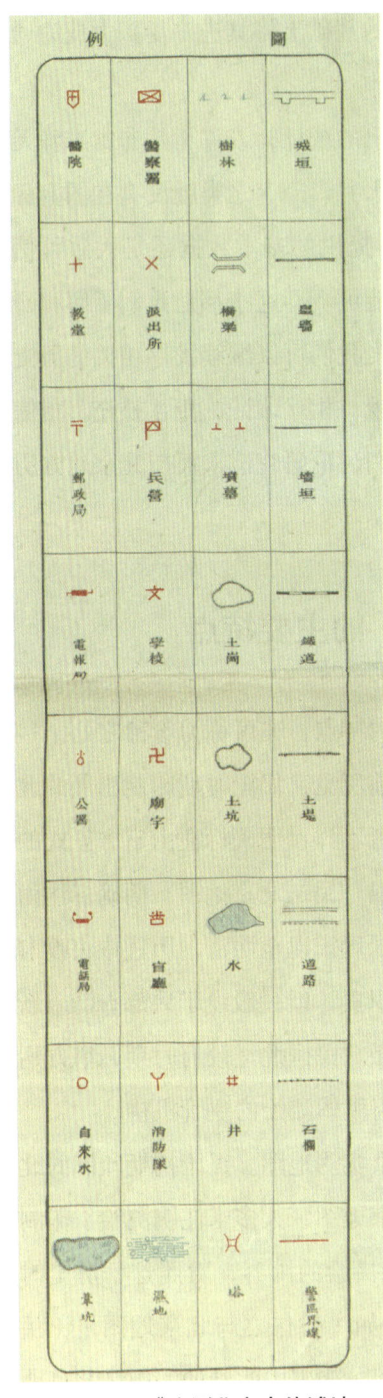

图4.19 《实测北京内外城地图》图例

"图中内容反映的是民国初年景象",推断其大致应为民国初年所绘,但具体何年,无法断定。"民二北京地图"所标时间则明确可靠。据《京都市政汇览》(京都市政公所编,1919年出版)介绍,此图系民国元年(1912)11月由职方司派专门人员分途测绘,历经10个月完成。据目前所知,这也是民国时期最早的一幅实测北京地图。

第三,罕见的实测地图。"民二北京地图"的另一个珍贵之处,它是一幅实测——实地测绘的,而非依据他图改编、仿制的地图,而且测绘者为"内务部职方司测绘处",其可靠性、权威性更非一般机构或私人绘制者可比。

第四,图幅和比例尺较大。"民二北京地图"图心高98厘米,宽95厘米,图上所注比例尺为"营造尺八千五百分之一",是近代印制出版的北京地图中,图幅和比例尺都比较大的一件。按清代一营造尺相当于32厘米换算,8500营造尺相当于2720米,即不到三千分之一的比例,甚至在历代北京地图中都属于比较大的。此外,图上画有蓝色方格，并注明：每方格代表一华方里。全图东西横向最宽处有15方格，南北纵向最长处16方格。

第五，图例众多，标注详细。因为是图幅宽阔的大比例尺地图，所以也为详细标注地理信息提供了充分的空间。该图除清晰地绘制了北京城垣、街道、民居、宫殿、坛庙、园林、建筑等平面布局外，所标图例总共达32种，分别用蓝、红、黑三种颜色区分。图中既有地域名称，也有胡同、道路名称，也有机构名称，如铁路巡警局、邮政局，还有重要建筑名称如正阳门等等。

三、地图中存在的问题

"民二北京地图"虽然是实测地图，但图中标识不统一和不准确之处依然存在。例如，地图中对北京内外城各处的牌楼标注标准不统一。一些重要的牌坊，如东西长安街牌楼，东四、西四、东单、西单牌楼，克林德碑坊等都有标注，但对具有标志性意义的正阳门牌楼却没有标注。再如，图例中有消防队，而且有文字注明有某某消防队，但图中没有标画具体位置；有些庙宇有名而没标示，有的有标示却无庙宇名称。

总之，瑕不掩瑜，"民二北京地图"是一幅信息丰富，内容充实，极为珍贵的北京历史地图。它是北京城市发展的重要历史节点上的实测舆图，记录了时代变革下的空间嬗变，有待于我们仔细地阅读研究，以进一步推动对于清末民初北京历史地理的研究。

（李学通　中国社会科学院近代史研究所编审）

第四节　1928年《京师内外城详细地图》解读

张纾苒

一、地图基本情况

1928年，国民政府将都城迁往南京，北京改为北平特别市。这幅由京师内外城二十区警察署测绘、京师警察厅总务处制作并出版发行的北京内外城地图，反映了迁都之前都城北京的空间格局与城市形态。

该图藏于国家图书馆、日本京都大学图书馆。2014年1月由中国书店整理出版。

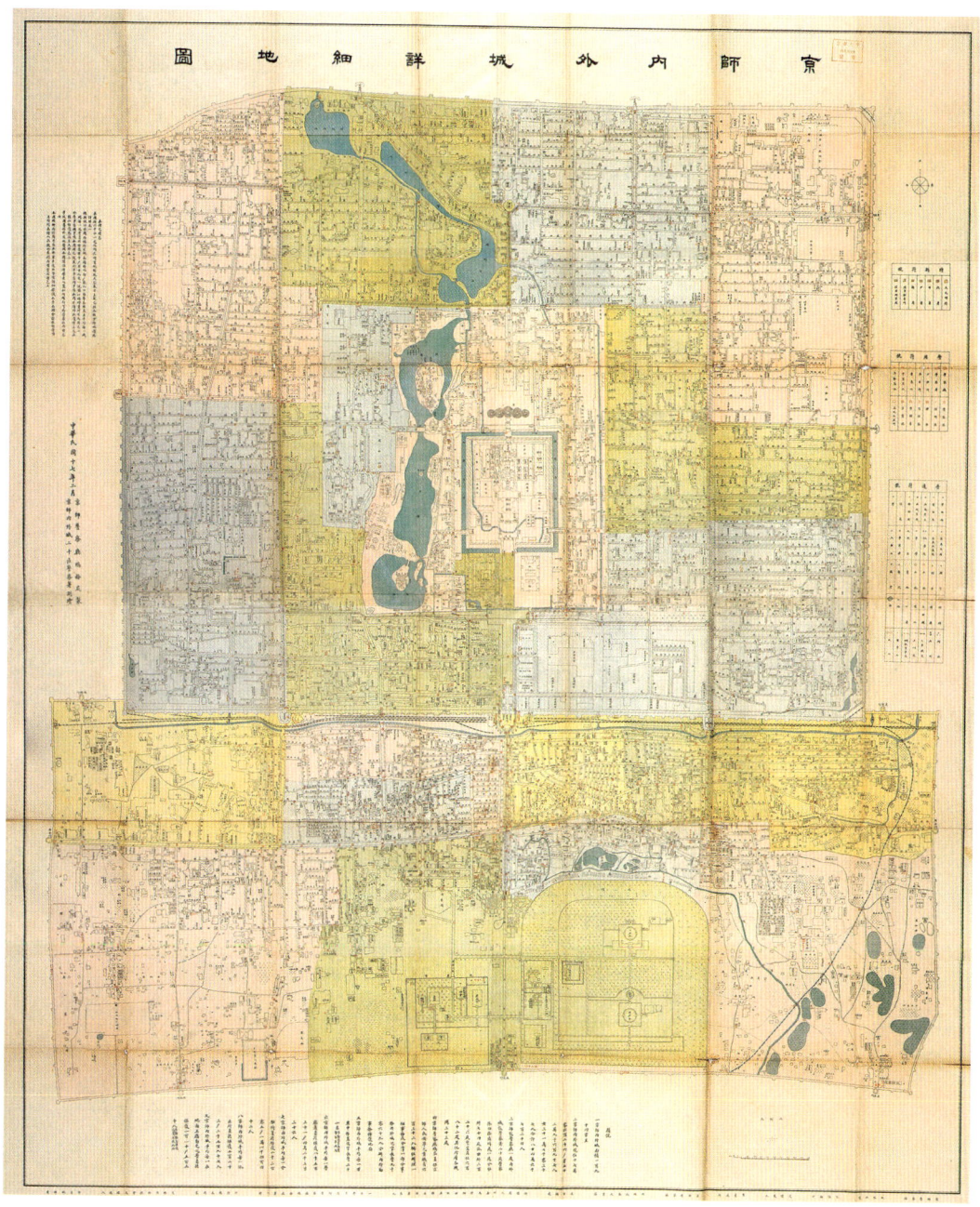

图4.20 《京师内外城详细地图》全图

基本情况：

测绘：京师内外城二十区警察署

制图：京师警察厅总务处

时间：中华民国十七年（1928）二月

比例尺：1∶6000

彩色印刷，标示图例56种

该地图名称位于图幅上方，墨色隶书。左侧标注测绘单位、制图单位、时间，其上有"本图之特色"五条。图右上侧有指北针，上北下南。图右侧有分类图例，有"特别符号"7种，"警用符号"14种，"普通符号"35种，共56种。图幅下方右侧有比例尺，显示1：6000。下方左侧有"图说"9条，介绍了京师的面积、人口、警务等情况。底部图幅框外有版权声明、价格、地址、购买方式等。

地图为彩色印刷，不同行政区颜色不同，有浅红、浅黄、浅蓝三色，水面为灰蓝色。"特别符号"为黄色标注，"警用符号"为红色标注。无等高线。街道为墨色细线，标注名称，印刷清晰。

地图可以看出明显的折叠痕迹，纵向七折，横向六折，折角处有磨损破洞。

值得我们关注的是图中的一些说明。图幅下方的九条"图说"交代了地图中无法绘出的一些信息，主要为当时警察厅统计调查的各种数据：

一、京师内外城面积一百九十四方里

二、京师内外城现住十七万零六百二十六户，男五十二万九千六百九十七人，女三十一万七千零三十七人，合计八十四万六千七百三十四人

三、京师设警察厅一处，内外城设警察署二十处，警察队四队，侦缉处一处，分驻所七十四处，派出所三百二十六处，守望岗位六百八十二处，其他附属各机关三十三处

四、京师警察厅总监负保京师人民安宁之责，职员六百三十二人，辅佐办理一切事物，或分掌一部分事务，内外城巡官长警九千零六十九人，分办内外勤事务，保护地面

五、京师内外城平均每一方里中布置巡官长警二十一名（内勤巡官长警等不在此列）

六、京师内外城平均每一警察署负担保护八千五百三十一

户，四万二千三百三十六人

七、京师内外城平均每一分驻所负担保护二千三百零五户，一万一千四百四十二人

八、京师内外城平均每一派出所负担保护五百二十三户，二千五百九十七人

九、京师内外城平均每一在地面上应勤之巡警负担保护一百一十户，五百五十人（内勤休息等项巡警不在此限）

从这些数据中，我们可以了解到1928年北京城内面积、户口、警力设置等信息。尤其是在警察机关的设置方面，介绍得非常详细，包括每一分驻所、派出所平均管辖多少户、多少人，为研究当时的警力政务情况提供了资料。

从图幅左侧上方的"本图之特色"中，我们可以看出这幅地图的一些特点：

本图按六千分之一比例尺绘图，纸幅既大，容载亦多，较已往各种京师地图为详，特色一

图无说曰哑图，西儒所不取。本图将地面、户数、人口暨警察布置，并平均每一机关、每一巡警负担保护若干户、若干人逐一说明，以补绘图所不及，特色二

于警事有关事项，本图固已备载；于军事有关事项，本图亦详列无遗，首善之区赖以保护，为用至大，特色三

学校、图书馆于文化有关，本图备志，俾学者入览知所趋向，可为学界指南，特色四

本图将邮局、信筒、井、自来水、电车道站等项详细标识，水平石标、会馆、旅馆等项另行列表，俾人民便于查阅而有实用，特色五

| 时代变革下的空间嬗变 |

可以看出，本图的一个很大特点是绘制详细、内容丰富，不仅在于图幅大、容载多，也在于利用说明、图例标出了城市中许多重要机构。除上述提及的警察署外，还包含军政机构，如大元帅府、陆军驻扎所、军营、炮台等；与科教文化有关的如学校、教堂；与市政相关的电报局、邮局、自来水局，甚至连土堆、牌楼、坟地也分别标注在图中。除此之外，每条街道、胡同、河道都在一旁用小字标注出名称，方便时人查找使用，也为后人提供了翔实的研究资料。

二、场所、建筑的时空讨论

（一）国务院

北洋时期的国务院位于西安门内大街以南，中海以西。晚清时期为集灵囿，溥仪曾在此修建摄政王府。民国时期此地被改为国务院，成为北洋政府的政治核心区域。该地图中显示了国务院的位置（图4.21），并附有表示"院署"的黄色图标。

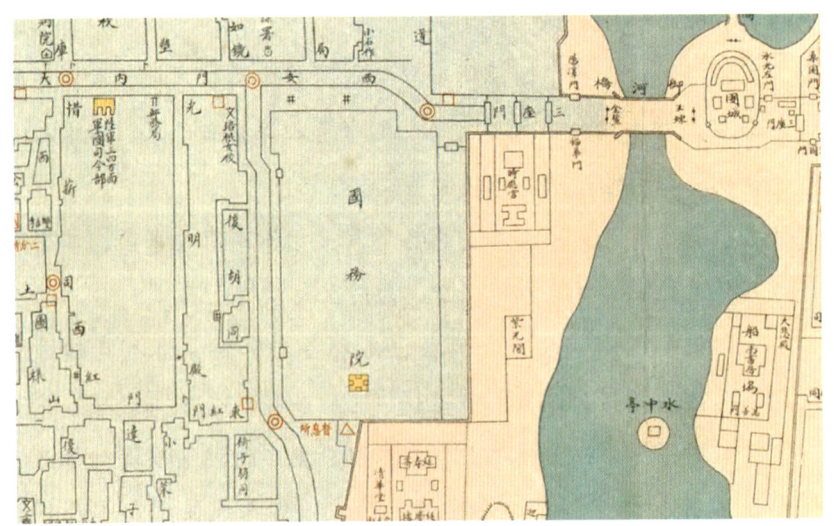

图4.21 《京师内外城详细地图》中"国务院"

从1908年地图中可以看出，此地原为"集灵囿"（图4.22）：

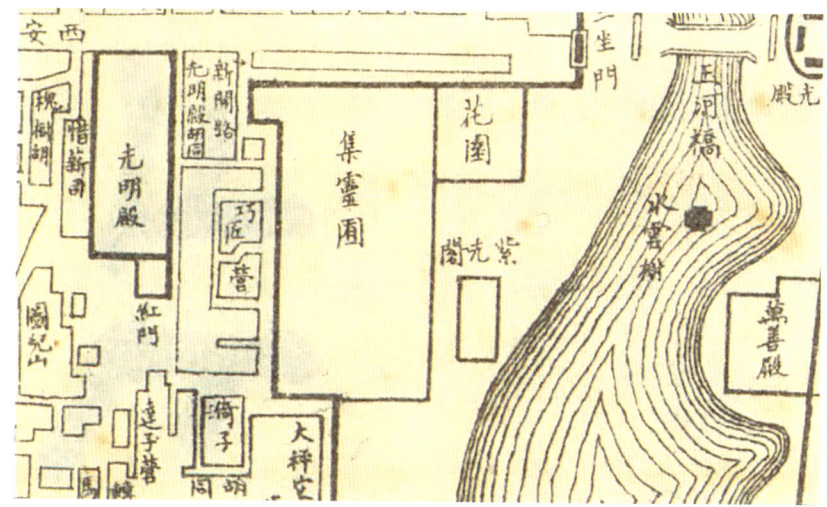

图4.22　1908年《最新北京精细全图》中"集灵囿"

到了1913年的地图中，此处的标注已变为"国务院"（图4.23）：

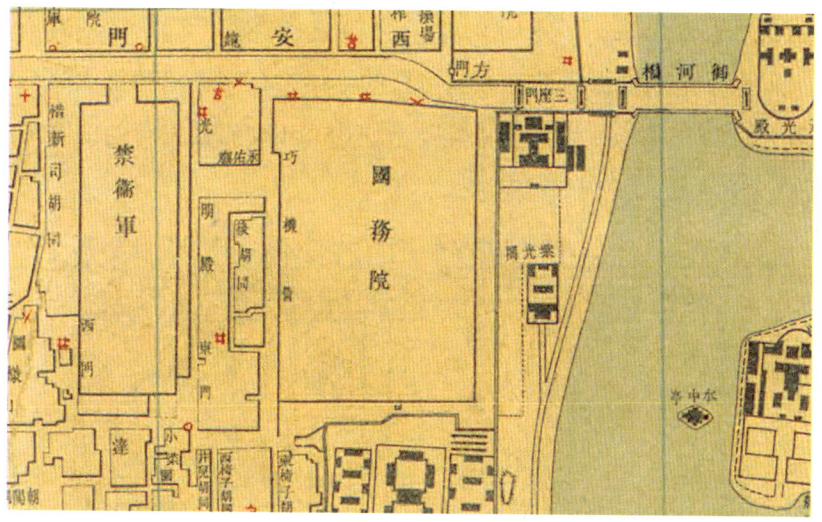

图4.23　1913年《实测北京内外城地图》中"国务院"

之后的十几年中，北洋政府虽多次历经权力更迭，但这一政权中心地点却未曾改变。其西侧为军事权力机构，从清末地图中的"光明殿"

变为1913年的"禁卫军"以及1928年的"陆军三四方面军团司令部"。

1928年之后,由于国民政府南迁,北京的"国务院"也随之取消,改为了"北平市政府"。从1928年一幅外国人绘制的地图中可以看出,此地被标注为Municipal Offices,即市政府(图4.24):

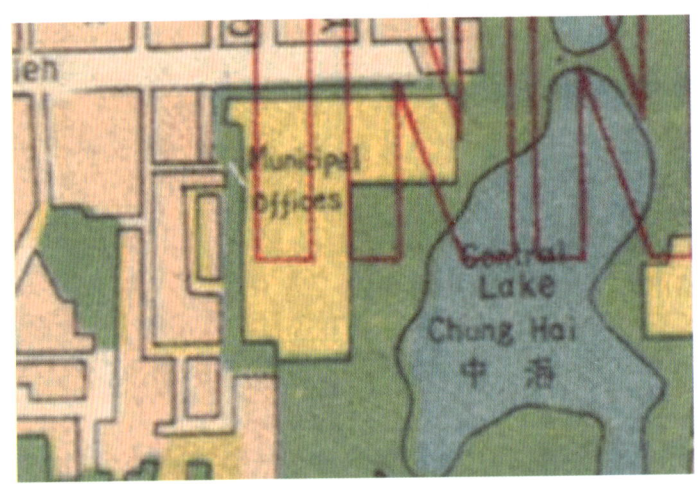

图4.24　1928年外国人绘制的地图中"市政府"

但由于地图的滞后性和人们习惯的延续,在20世纪30年代的一些地图中此处仍被标注为"国务院",如1930年文雅社发行的地图(图4.25):

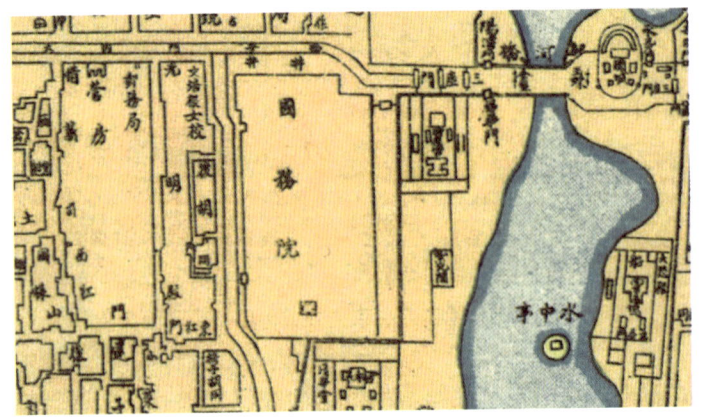

图4.25　1930年《北平市最新详细全图》中"国务院"

多数地图（图4.26、图4.27）中，这里已改为了"北平市政府"，下辖公安局、社会局、财政局等机构。

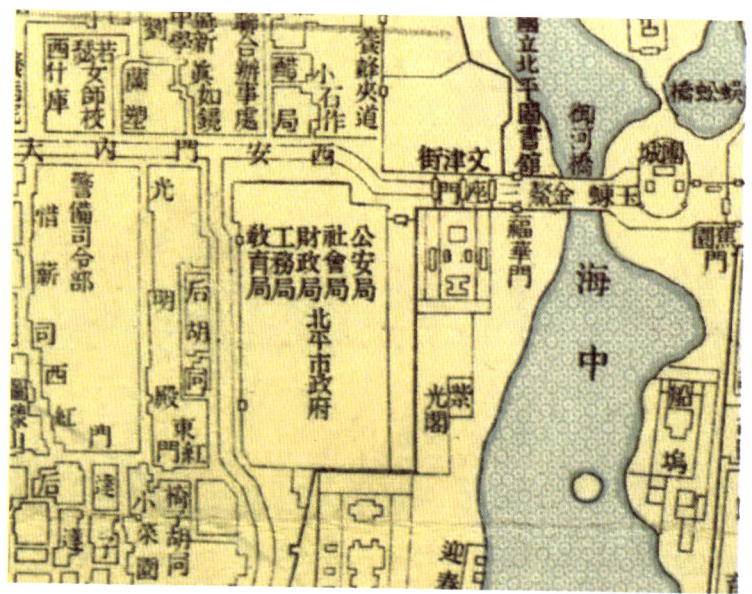

图4.26　1934年《最新北平全市详图》中"北平市政府"

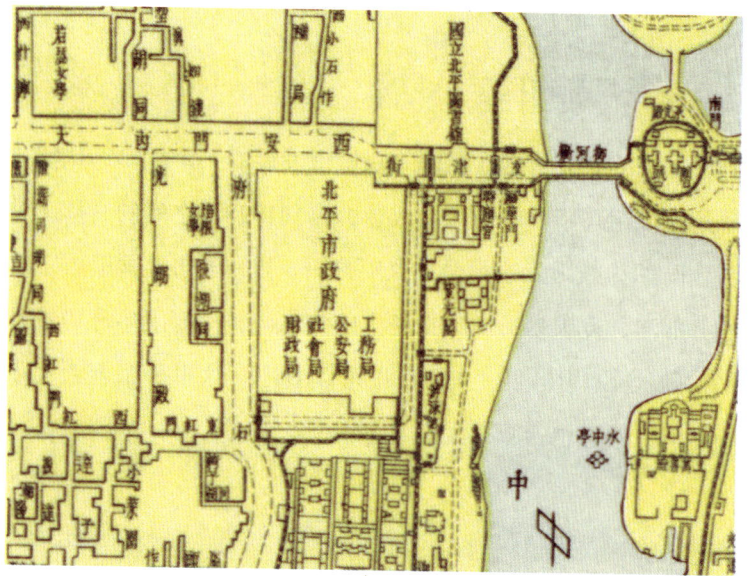

图4.27　1936年《北平市内外城分区地图》中"北平市政府"

| 时代变革下的空间嬗变 |

可以看出，1928年作为政权更迭变化的一年，北京的这一政治核心区域也经历了从"国务院"到"北平市政府"变化的过程。地图的时间序列分析直观地向我们展现出这一名称和功能的变化。除此之外，1928年的这幅地图还展示了中南海附近其余的国家核心机关，例如大元帅府、交通部、财政部等（图4.28），这些机构在迁都之后撤销或降级为局，与市政府迁到一处。

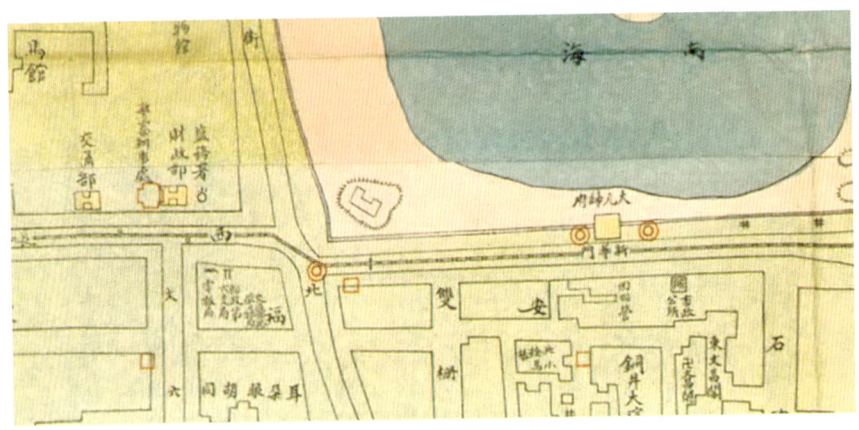

图4.28　《京师内外城详细地图》局部

（二）香厂新市区

香厂一带的兴衰可看作民国北京城市发展的一个缩影，从清末民初的脏乱到20世纪10年代的新市区改造，再到1928年之后的衰落。香厂附近在清代时期为收埋无主尸骨的义冢之一。[1]民国初年这里由于地处偏僻，地势低洼，夏天易形成蚊虫滋生的臭水沟，一直卫生环境较差。从清末民初的地图（图4.29、4.30）中可以看出，这里分布着大大小小的水洼和水沟，街道也狭窄杂乱。

---

[1]　陈宗蕃编著：《燕都丛考》，北京：北京古籍出版社，1991年，第471页。

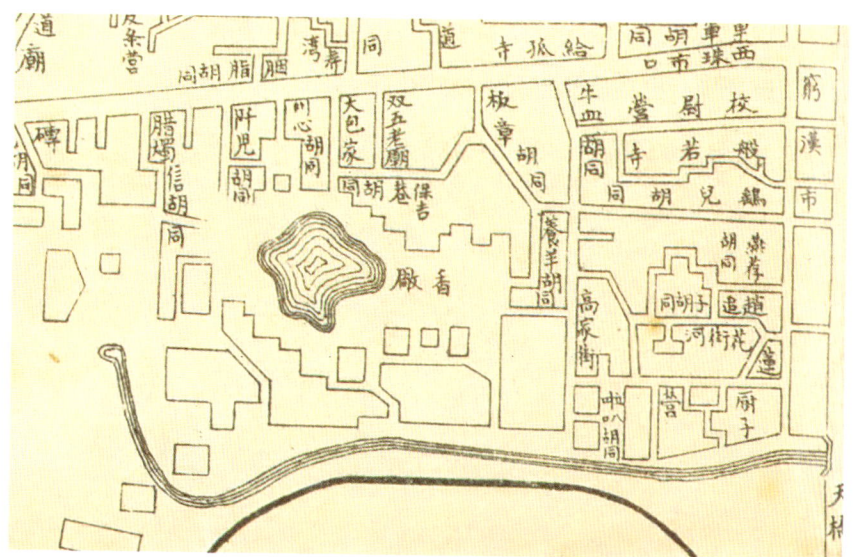

图4.29　1908年《最新北京精细全图》中"香厂"

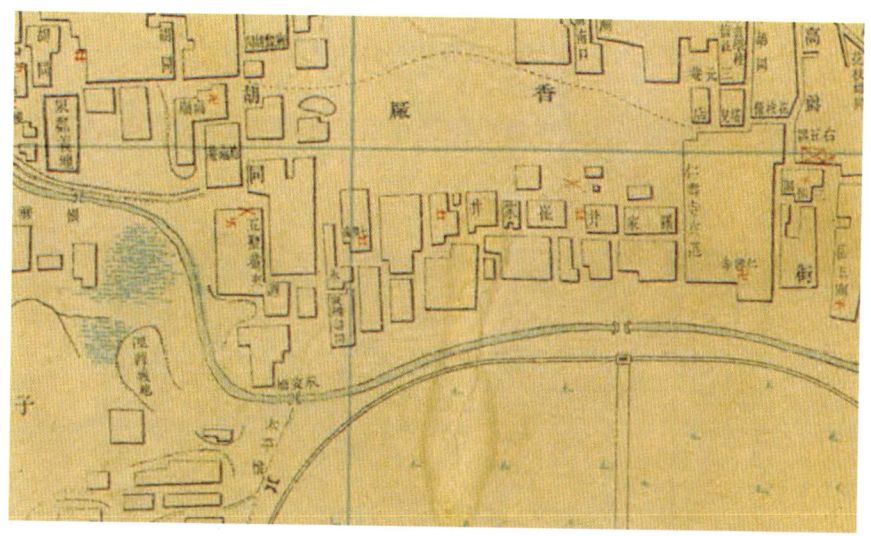

图4.30　1913年《实测北京内外城地图》中"香厂"

1914年京都市政公所成立后开始对香厂一带进行规划、改造。[1]从1916年的地图（图4.31）中可以看出，此时香厂的主要道路已经建造完

---

[1] 鱼跃：《北京城市近代化过程中的香厂新市区研究》，首都师范大学硕士学位论文，2009年。

成，出现了横平竖直的大马路和中央转盘。其他一些设施，例如医院、饭店、游艺场，也在这几年间陆续建造开业。

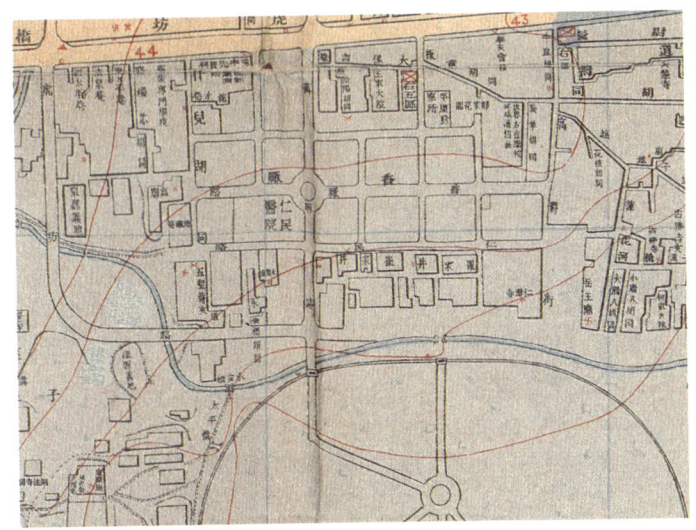

图4.31　1916年《京都市内外城地图》中香厂

后来先农坛北侧外墙也被拆除，在墙址处建造了城南游艺园（图4.32）：

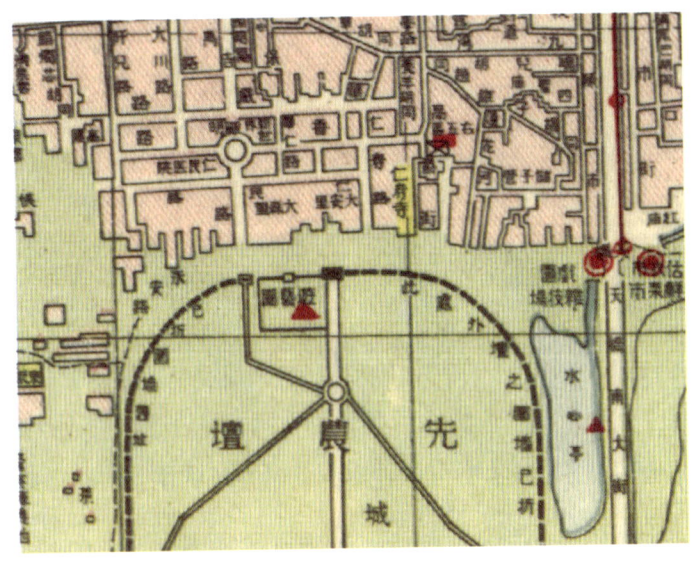

图4.32　1921年《北平市全图》中虚线为已拆毁的先农坛外墙

经过十余年的发展，香厂新市区在1928年达到全盛。1928年的图中不仅可以看到游艺园、新世界、华康里等新式建筑，还有用符号标示的派出所、守望岗位等警察机关和水井、信筒等市政设施（图4.33）。

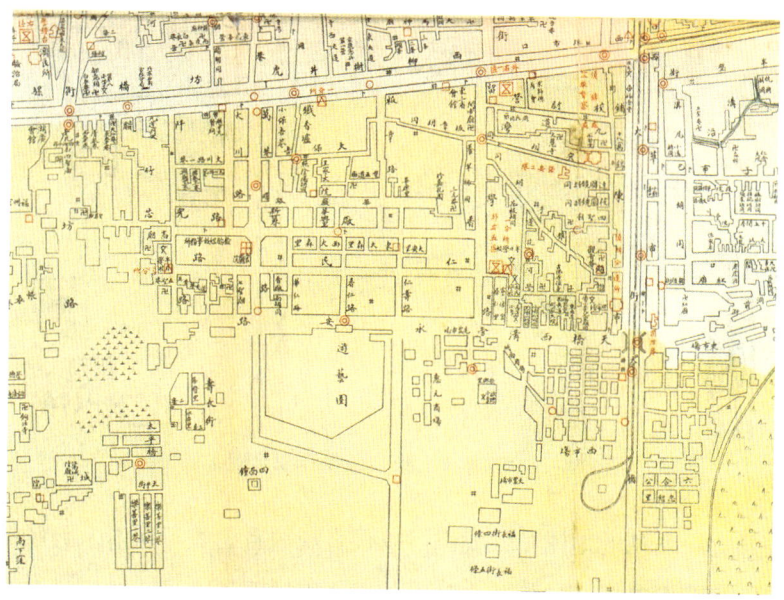

图4.33 《京师内外城详细地图》中改造后的"香厂"

在此之后，香厂逐渐衰落：

> 香厂一带，近日市面尤为零落，新民戏院业被焚毁，城南游艺园亦已停办，大森里、平康里艳帜早撤，无复游人踪迹，固不仅新世界未能复整，徒有高楼矗立，供人怅望而已。[1]

1938年的地图中显示，游艺园已被改为了屠宰场（图4.34）：

---

[1] 陈宗蕃编著：《燕都丛考》，北京：北京古籍出版社，1991年，第656页。

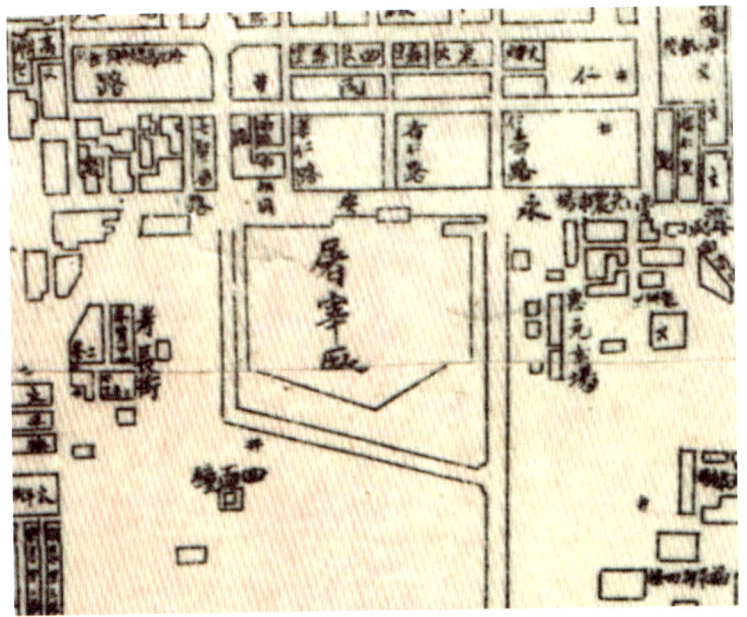

图4.34　1938年《北京市最新详细全图》局部

从这一系列的地图中，我们可以很直观地看出香厂从清末到民国年间的变化。尤其是1928年《京师内外城详细地图》中展示的信息尤为重要，它代表着全盛时期香厂的建筑、市政设施分布情况，从其中可以看出城市改造的重要成果。

三、地图特点与意义

关于地图的特点，在图中"本图之特色"中已有说明。根据这一说明，并结合现代人的眼光，可总结出该地图以下几个特点：

第一，图幅和比例尺较大。该地图比例尺为1∶6000，在同时期地图中几乎已属最大。因此该图十分详细，一些重要建筑都在图中绘出，胡同旁也都注有名称。

第二，标注详细。这一特点一方面得益于较大的图幅和比例尺，一方面由于众多图例。该地图图例多达56种，并根据功能分门别类，不论是政府、军事、警察机关，还是学校、医院、图书馆，甚至桥梁、水井、土丘，都在图中一一标注，详细程度远超同时期一般地图。一些标注运用了不同颜色，如警务设施为红色，直观且方便查找。

第三，附有图说。图幅下方的说明传达给读者北京城的面积、人口等基本信息，以及各区域警务的布置情况，这在民国地图中是比较罕见的。

第四，官方机构绘制出版。该地图由北京内外城二十区警察署测绘，警察厅总务处制作，经过实地勘察，一些数据也由官方调查得出，因此可靠性较高。这同时也解释了为何本图对京城警力状况有如此详细的说明。

1928年《京师内外城详细地图》成图于民国北京发生历史转折的关键时刻，反映了北洋政府统治下的北京城后期的整体状况。地图绘制清晰、信息权威，具有很高的历史文献价值，对研究北洋政府与国民政府交接时期的北京城市形态、空间演变有很大帮助。

第五节 比丘林的遗产
——清末中文北京城市地图考略

郑　诚

一、前言

1857年，斯卡奇科夫（Константин Андрианович Скачков，1821—1883）自北京启程，踏上经蒙古高原、西伯利亚返回圣彼得堡的漫长旅途。作为第十三届东正教驻北京传教团成员，斯卡奇科夫客居京城九年之久（1849—1857），主管传教团所属磁力气象天文观测站。[1]他携带回俄的千余部中国书籍、近百种地图，目前完整地保存在莫斯科的俄罗斯国立图书馆。其中有两件曾经反复使用的大幅北京城市地图：乾隆咸丰间常见的坊刻《首善全图》（略同图4.35），以及1829年出版的比丘林（Никита Яковлевич Бичурин，1777—1853）《北京城图》。二者恰为彼时中国与欧洲最具代表性的北京城图。

清代后期流行的单幅北京城市地图印本，有《首善全图》《京城全图》《京城内外首善全图》《京师城内首善全图》等名目。按城墙轮廓特征，可分长方形、凸字形两个系统（图4.35、图4.36）。图内详

---

[1] 李福清撰，杨军涛译：《康斯坦丁·斯卡奇科夫的命运与遗产》，朱玉麒主编：《西域文史》（第十辑），北京：科学出版社，2015年，第253-267页。斯卡奇科夫先后三次旅华，收集中文书籍、地图总约1500部；旧藏比丘林《北京城图》与《首善全图》，今在俄图东方文献中心，索书号分别为ЗВ 2-4/1309，ЗВ 2-4/1309-2。

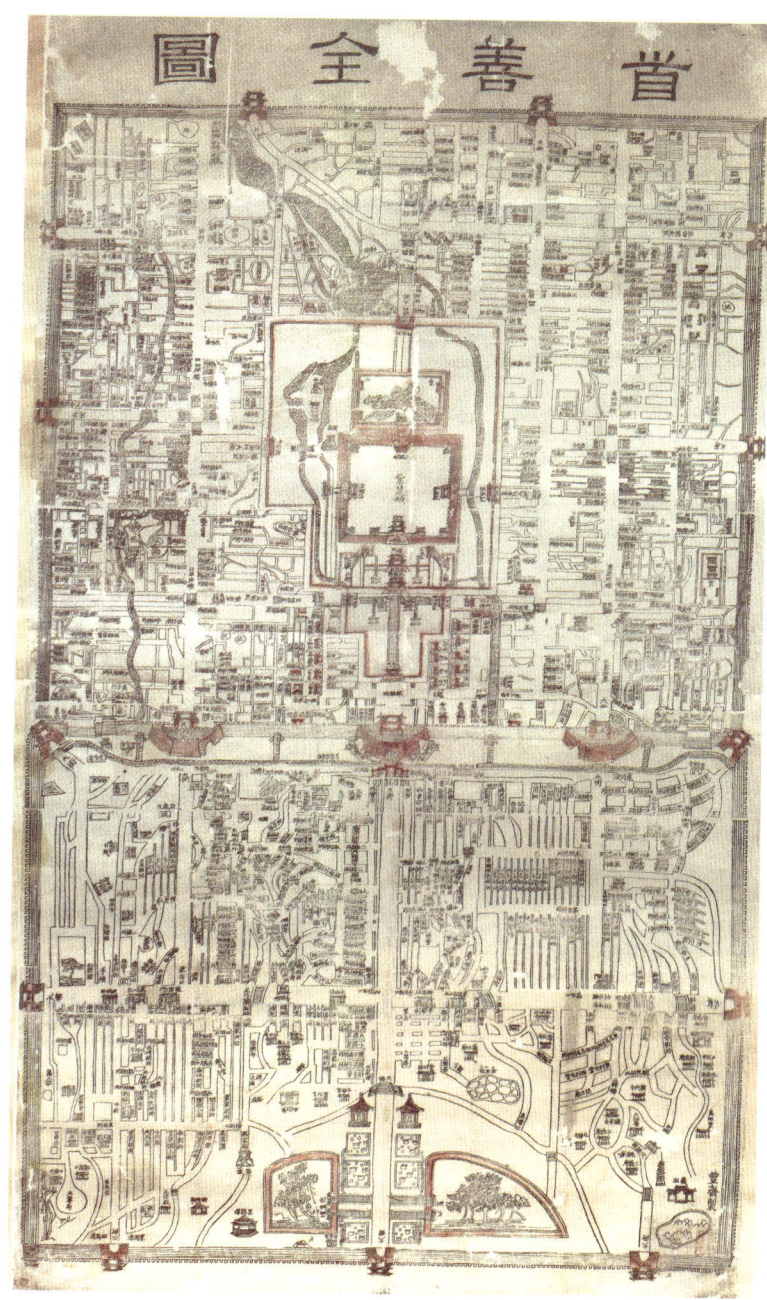

图4.35 《首善全图》

（嘉庆年间丰斋木刻本，墨印设色，纵99厘米，横64厘米，中国国家图书馆藏品。参见中国国家图书馆、测绘出版社编著：《北京古地图集》，北京：测绘出版社，2010年，第124-125页。斯卡奇科夫藏品与之类似，单色墨印，系翻刻，非同版。单色墨印，纵115厘米，横66厘米，未见出版时间、堂号。）

| 时代变革下的空间嬗变 |

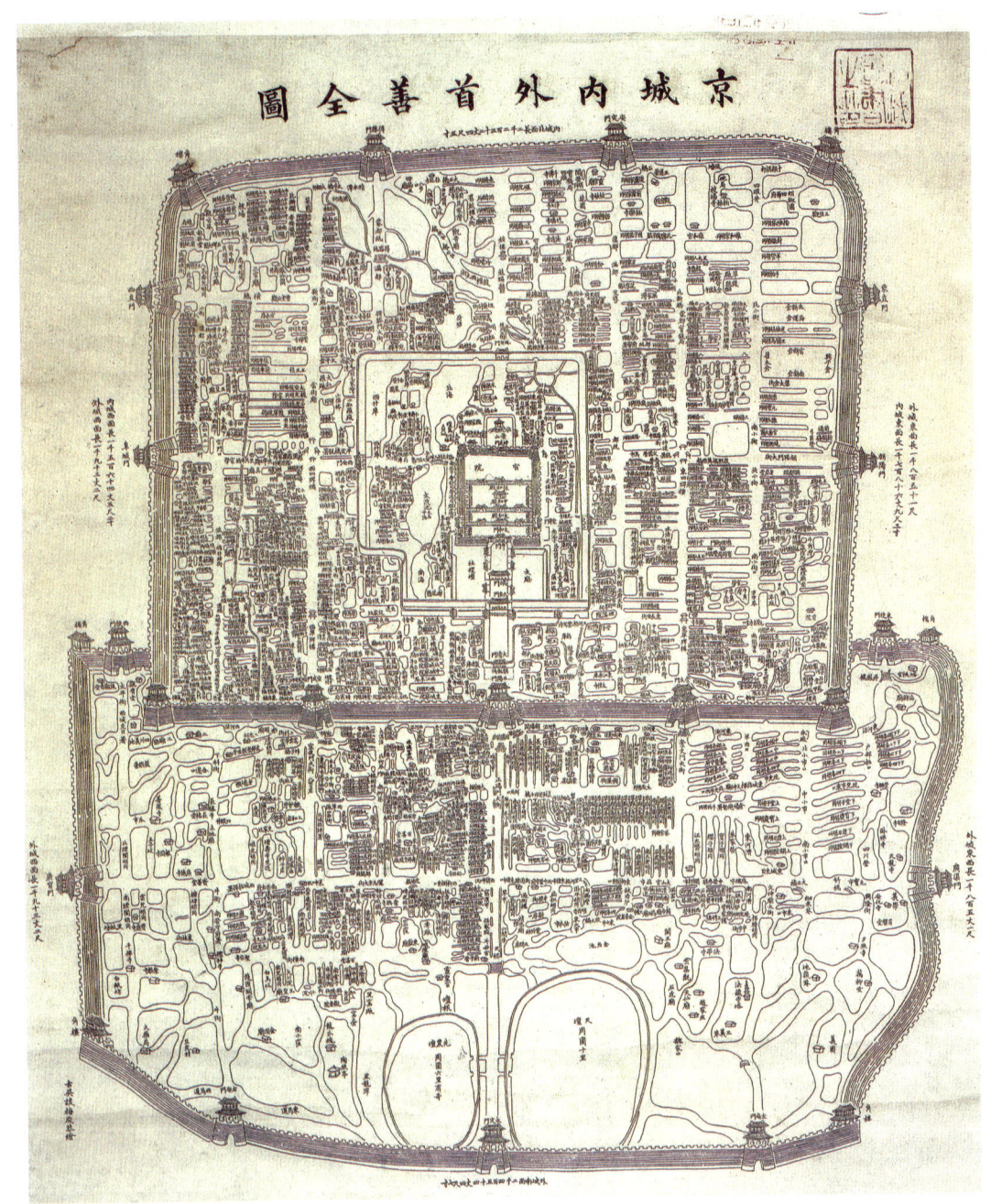

图4.36 《京城内外首善全图》
（谈梅庆绘，1890—1902年间墨色石印本，大连图书馆藏品。参见郑锡煌主编，《中国古代地图集——城市地图》，西安：西安地图出版社，2005年，第13页。）

于标注大小街巷、机构名称；至于城墙、湖面轮廓，街巷、水道走向，勾勒随意，没有精确的比例；宫城区域基本留作空白。书籍插图之中，《八旗通志初集》（1739）所收《八旗方位全图》规范化程度较高，标注了内城主要街巷胡同，然无外城部分。《宸垣识略》（1788）附刊内外城图，乃就《八旗通志》取材，表现形式简陋，但补充了外城街巷。[1]从我们被测绘学整顿过的"现代"眼光看来，上述品种未免过于粗糙。

1840—1910年间，欧洲出版的各类北京地图，大都直接或间接地采用1829年版比丘林《北京城图》作为底图，形成比丘林系统北京城图。20世纪10年代以降，随着最新测绘资料陆续公开，此类北京地图方为新图取代，不再作为实用地图出版。源流始末，详见拙文《19世纪外文北京城市地图之源流——比丘林的〈北京城图〉及其影响》。[2]

清朝灭亡前最后的二十年间（约1890—1911），源于比丘林图的多种中文版北京地图先后出现，一度成为中国市场上品质最佳的北京地图，无论是精确程度，还是精美程度，均远胜《首善全图》之类传统地图。关于比丘林图与清末中文北京地图的传承关系，迄今所见，唯有一处解说发覆：英国国家图书馆网站展示馆藏一种清末石印设色本《京师全图》高清图像。配图说明引用James Elliot之说（1987），该图应为

---

[1] 关于现存《首善全图》及其谱系，《八旗通志》与《宸垣识略》附图之关系，内府写本乾隆京城全图对外界几无影响等问题，参见朱竞梅：《北京城图史探》，北京：社会科学文献出版社，2008年，第51-58页，69-70页，第93-101页。

[2] 该文收入刘中玉主编：《形象史学》2020年上半年号（总第15辑），北京：社会科学文献出版社，2020年，第301-338页。又按，18世纪前叶，耶稣会士严嘉乐（Karel Slavíček）曾两次测绘北京城（1718，1727—1728），使用了三角测量法。现存1731年寄送巴黎的简图手稿，城墙平面轮廓极为精确，城内仅标识个别地物，未绘街巷。1758年英国《皇家学会哲学会刊》发表宋君荣（Antoine Gaubil）寄送之《北京概说》即收录该图（略有改动，未说明原作者）。19世纪编印的西文北京地图（包括比丘林图）反而未能借鉴严嘉乐图精确的北京城轮廓形象。1731年严嘉乐所寄北京城图手稿，参见严嘉乐著，丛林、李梅译：《中国来信（1776—1735）》，郑州：大象出版社，2002年，第111页。

| 时代变革下的空间嬗变 |

1829年比丘林《北京志》配套地图的复制品。[1]

清末新一代中文北京城市地图，属于比丘林图系统，乃是外文地图的本土化产物，流行时段不长，品种颇为丰富。本节内容以清末新式北京城市地图为中心，讨论传世旧图，梳理源流关系，考察地图演变映射之时代变迁。

二、比丘林《北京城图》

1808年1月至1821年5月，俄国东正教修士大司祭比丘林担任第九届东正教驻华使团团长，客居北京。回国之后，比丘林发表了大量中国题材论著，成为俄罗斯汉学的主要奠基人。[2]

1829年，比丘林在圣彼得堡出版了一幅大比例尺地图《1817年测绘之北京城市平面图》（*Планъ Пекина снятый в 1817 году* / *Plan de la*

---

[1] 英国国家图书馆藏品，高清图参见：www.bl.uk/collection-items/a-plan-of-peking（2018年4月2日检索有效）。说明文字略云：The map appears to be a close copy of one made in 1829 to accompany *A description of Peking* by Father Hyacinth Bitchurin of the Russian Ecclesiastical Mission. 按，朱竞梅（2008）侧重探索明清时期的中文北京地图，没有提及比丘林的名字和作品；介绍清末石印本《京师全图》《京城详细地图》，以及法文版北京地图，实际皆属于比丘林图系统。参见朱竞梅：《北京城图史探》，第128-130页，第144-147页，第150-153页。《北京古地图集》（2010）所收1817年俄、法双语版《北京城区图》，实即1829年出版的比丘林《北京城图》；又载清末石印《京师全图》《订正改版北京详细地图》，皆属于比丘林系统，解说文字未与提示。参见中国国家图书馆、测绘出版社编著：《北京古地图集》，测绘出版社，2010年，第146-153页，第202-207页，第228-235页。此外，渡边纮良（2015）认为彩绘本《北京全图》（东洋文库本、美国国会图本）系《京师全图》（中国国图本）的增补版；因《北京全图》部分细节与同时期日本军方制图相近，疑为日本参谋部人员伪托华人名义制作。该文没有考虑到《北京全图》《京师全图》，以及明治时期多种日制北京图皆源于比丘林图。参见渡辺紘良：『東洋文庫所蔵「北京全図」について』，東洋文庫編：《アジア学の宝庫、東洋文庫：東洋学の史料と研究》，東京：勉誠出版，2015年，第139-158页。

[2] 比丘林生平事迹，参见斯卡奇科夫著，米亚斯尼科夫编，柳若梅译：《俄罗斯汉学史》第三章"俄罗斯汉学的'比丘林时期'"，北京：社会科学文献出版社，2011年，第117-173页；李伟丽：《尼·雅·比丘林及其汉学研究》，北京：学苑出版社，2007年。

ville de Pékin levé en 1817）。图高123厘米，宽89厘米，铜板印刷，手工上色，比例尺约1∶10000，俄法双语标注。[1]传世甲、乙两种版本，装饰风格一简洁（图4.37），一精致（图4.38），地物图例画法、用色，略有差异，实质内容完全一致。配套解说手册《北京志》，据《宸垣识略》编译而成，同时推出俄文、法文两种版本。[2]

比丘林的《北京城图》是第一幅直接由外国人士经由局部测绘完成并发表的北京内外城详细地图[3]。比丘林在《北京志》序文中写道："这幅地图绝非北京店铺中诸多地图的复制品，而是1817年精心制作的全新图像。1817年一整年，为了确保地图完整、精确，我走遍北京的大街小巷，分区勘察绘图，最终拼合成形。"

图中上千条街道，线条均匀，宽窄整齐，切割出边界分明的细碎街区。皇城以红色粗线画出轮廓，极为醒目。住宅区作浅灰色。河道、湖面作蓝色。皇家寺庙填黄色。景山、天坛等园囿用绿色。图中标注数字序号185处，涵盖城门宫门、殿宇衙署、寺庙府邸、园囿湖塘，不涉及街巷、店铺。图面边缘左右两侧空白处开列序号与地物名称拼音，与《北京志》释文条目相对应。

该图内城部分，以及外城北部街巷稠密的区域，路网之详细与精确程度，在同时期同类印刷地图中首屈一指，应是经实地勘察，采用简易方法测绘而成。《首善全图》之类，未免相形见绌。与此同时，该图也

---

[1] 图面尺幅，据中国国家图书馆藏本。参见中国国家图书馆、测绘出版社编著：《北京古地图集》，北京：测绘出版社，2010年，第147页。《舆图要录》附录477号著录План Пекина，题作"北京平面图"，比例尺1∶9400，1817年，93×105厘米。参见北京图书馆善本特藏部舆图组编：《舆图要录：北京图书馆藏6827种中外文古旧地图目录》，北京：北京图书馆出版社，1997年，第534页。

[2] 俄文版：*Н. Я. Бичурин, Описание Пекина, Съприложеніемъ плана сей столицы, снятого в 1817 году. Переведено съ Китайскаго Монахомъ Іакинфомъ* (Санкт-Петербургъ: Въ Типографіи А. Смирдина. 1829). 法文版：*Description de Pékin avec un plan de cettecapitale, Ouvragetraduit du Chinois en Russe*, Par le Rev. P. Hyacinthe, Traduit du Russe par Ferry de Pigny (St. Petersbourg: De L'Imprimerie de Charles Kray, 1829).

[3] 严嘉乐测绘之北京地图城墙轮廓精确，城内地物未免过于简略。

| 时代变革下的空间嬗变 |

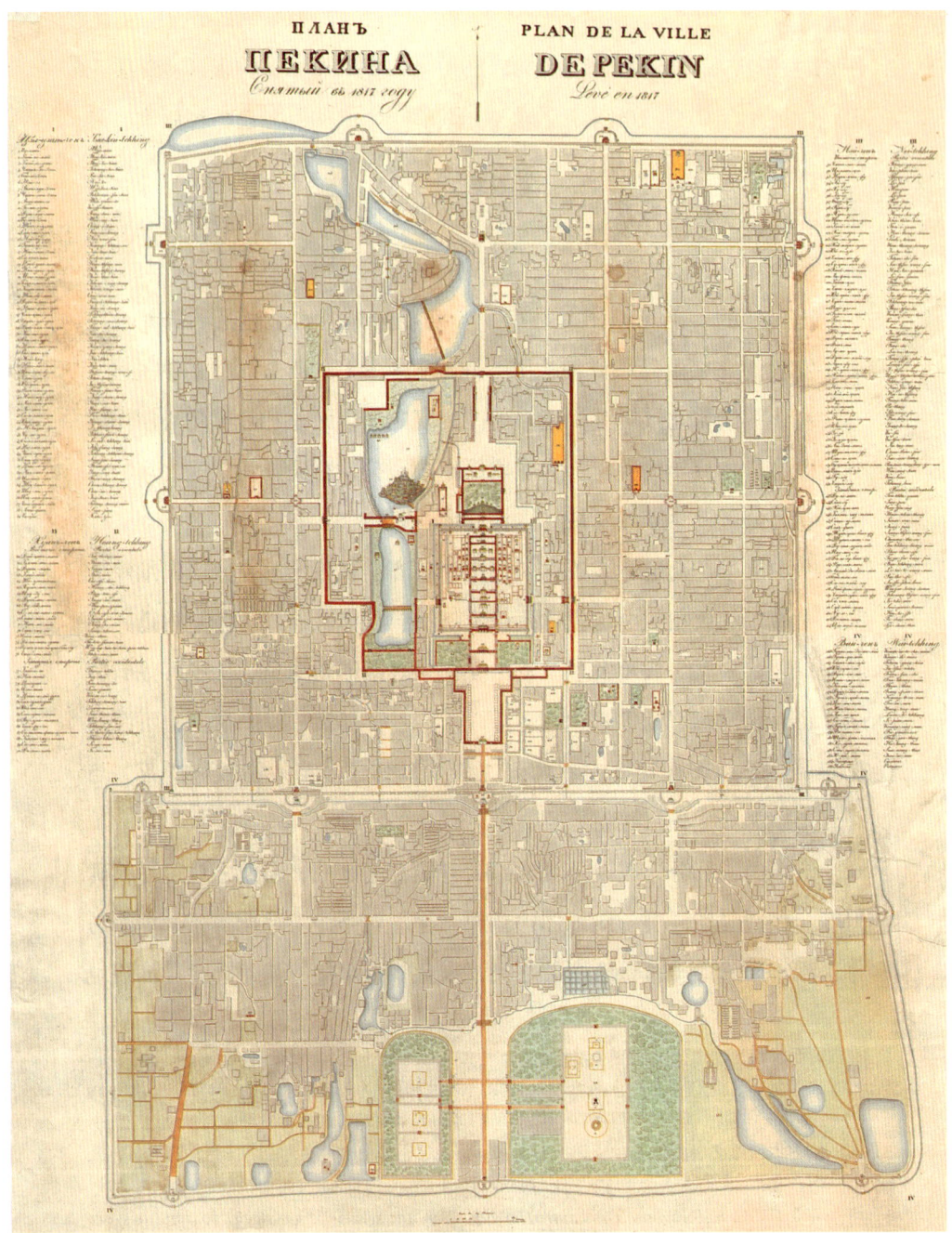

图4.37　比丘林《北京城图》

（资料来源　甲种，爱沙尼亚国家档案馆（National Archives of Estonia）藏品，编号EAA.854.4.1107。高清图参见：www.ra.ee/kaardid/index.php/en/map/searchAdvanced?sort=sisestatud&page=7274&vmode=grid（2018年4月8日检视有效）。按，爱沙尼亚国家档案馆、法国国家图书馆、中国国家图书馆、俄罗斯国立图书馆地图部所藏比丘林图均系甲种。）

存在大量非实测因素。首先全城轮廓较实际更为细瘦，内城轮廓除西北抹角，径绘作正方形（实际纵横比约为13∶16），显然未经实测。外城东南城角实际为外倾斜角，比丘林图误作80度内倾的锐角，城墙相接处略呈弧形，尤为醒目。皇城既属禁地，比丘林无从踏足，图内这部分区域应是根据《宸垣识略》大内图、皇城图，参考《宸垣识略》文本改编绘制，承讹袭误，准确程度较低。诸如皇城内南海与长安

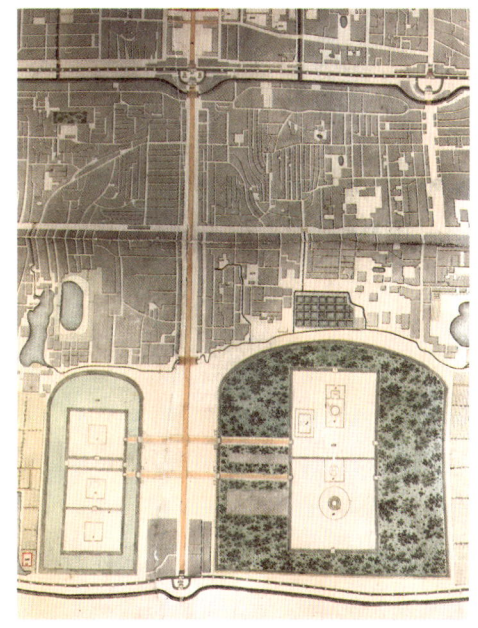

图4.38　比丘林《北京城图》（局部）
（资料来源　乙种，俄罗斯国立图书馆东方文献中心藏品（3B2-4/1309），斯卡奇科夫旧藏，笔者摄影。）

街之间，凭空绘出大片空地，南海内又缺少瀛台。上述诸多"错讹"也成为识别比丘林系统北京地图的标志性特征。

作为19世纪影响最大的西文北京地图，比丘林图出现了大量衍生版本，在北京城图史上承前启后，占有重要地位。

（一）军用方面。1848年，俄国军事—地形测量局石印出版陆军上校拉德任斯基1830—1831年实地测绘之北京城郊图，都城部分采用比丘林图为底图，略加订正。第一、第二次鸦片战争期间，英国陆军两次（1842、1860）重版比丘林图。1900年，八国联军出兵中国，法国陆军地理服务局仍使用比丘林系统地图，修订重印。1880—1891年间，日本陆军派遣多位军官测绘北京周边郊县。1894年甲午中日战争爆发，日本陆军石印出版五万分之一的巨幅『北京近傍图』，其中都城部分犹以比丘林系统地图作为底本。

（二）民用方面。随着西方近代印刷技术的进步、大众图书市场的兴盛、中国题材随时事热度上升，比丘林系统的北京城图刊印愈广。1853年，法国汉学家鲍狄埃与巴赞在《现代中国》（*Chine Moderne*）一书中缩印比丘林《北京城图》。此后60年间，比丘林图的各种版本散见诸多西文图书、杂志、报纸、地图集，或重刊，或简化，或改订，谱系庞杂，目前所知印刷版本即超过30种。1900年之前，比丘林系统地图稳居最佳印本北京地图地位，堪称19世纪北京城的"标准像"。[1]

三、清末新式北京地图：从绘本到石印

19世纪末20世纪初，比丘林图在中国出现不少衍生版本，成为市场上最精致的中文北京地图。前期为1880—1890年代出自北京画店的彩绘本《北京地里全图》（周培春）、《北京全图》（李明智、李睿智），以及石印本《京师全图》。后期为冯恕《京城详细地图》（1905）及其改订本。清末民初影响颇大的新派小学堂教材《澄衷蒙学堂字课图说》（1901）卷一载有《京都图》，也采用了简化的比丘林系统地图。

前期三类作品尺幅大小与画面风格近似，很可能出自同一母本。综合诸家著录，现存至少11件。

第一类《北京地里全图》3件：

（一）哈佛大学图书馆藏本（图4.39），彩绘，高80厘米，宽62厘米，钤"周培春画"朱文长印（图4.40-A）。[2]

（二）澳大利亚国家图书馆藏本，彩绘，高135厘米，宽65厘米，钤"周培春画"朱文长印。[3]

---

[1] 详见郑诚：《19世纪外文北京城市地图之源流——比丘林的〈北京城图〉及其影响》，刘中玉主编：《形象史学》2020年上半年（总第15辑），北京：社会科学文献出版社，2020年，第301-338页。

[2] 高清图参见：hollis.harvard.edu（2018年4月21日检视有效）。

[3] 高清图参见：nla.gov.au/nla.obj-234430292/view（2018年10月5日检视有效）。

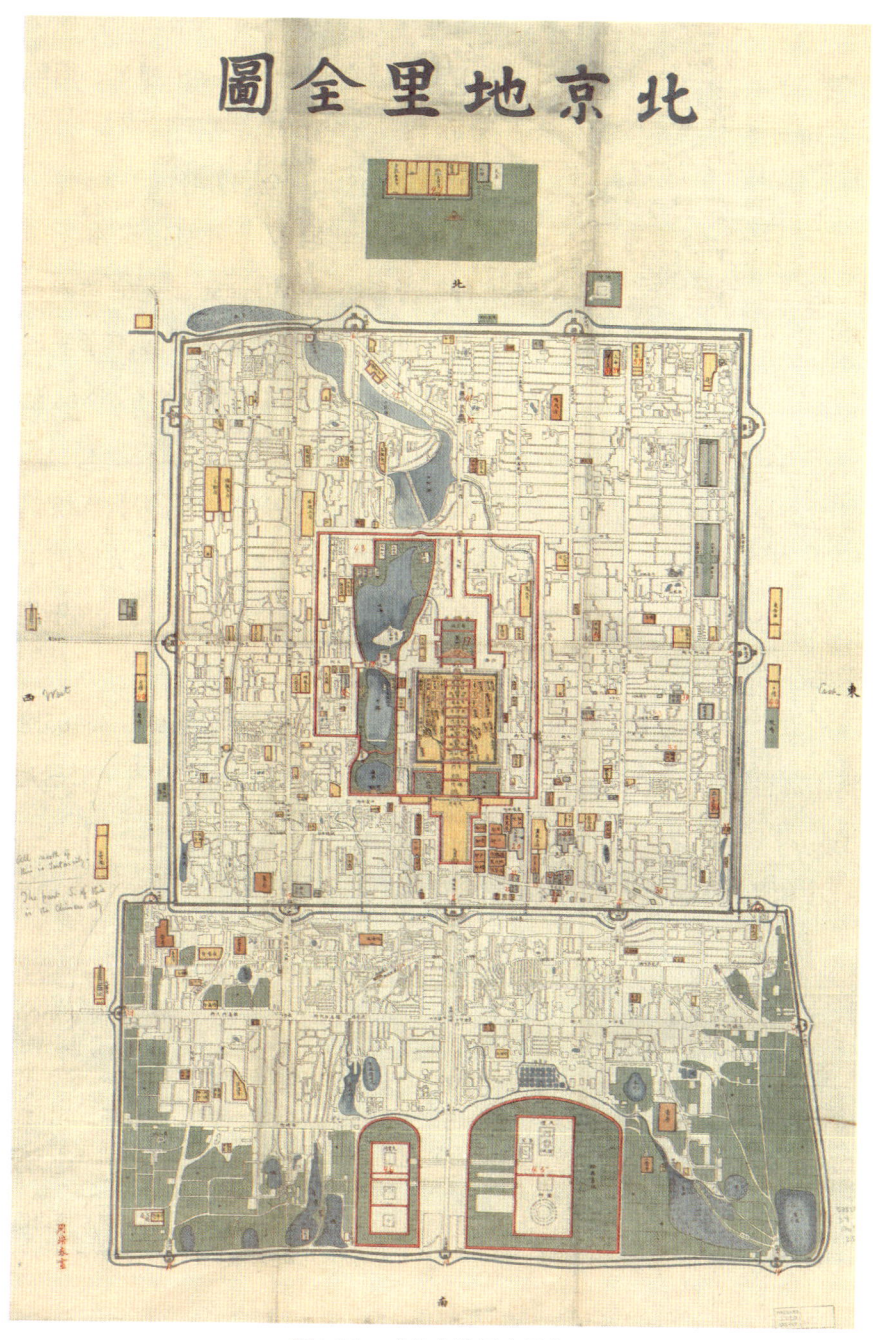

图4.39 《北京地里全图》
（周培春画，哈佛大学图书馆藏品）

A　　　　B

图4.40　周培春款识[4]

（左图4.40-A，即图4.39左下角印记。右图4.40-B，系其他作品印记。）

（三）俄罗斯国家图书馆（圣彼得堡）藏本，高84厘米，宽65厘米，周培春画。[1]

第二类《北京全图》4件：

（一）美国国会图书馆藏本（图4.41），彩绘，高98厘米，宽61厘米，落款"北京学生李明智画"。李孝聪据图内地物推测，绘制时间约在1861至1887年间。[2]

（二）日本东洋文库藏本，彩绘，高98厘米，宽66厘米，落款"光绪丙申孟秋金台李睿智绘"并钤朱印二枚。[3]光绪二十二年丙申，即1896年。唯此本题有年款。

（三）Daniel Crouch Rare Books（珍本书店）藏本，彩绘，高105厘米（含卷轴），宽76厘米，无署名，卷背轴头墨书"北京全图一幅三元半"。[4]

（四）日本东北大学附属图书馆藏品，著录作刊本。[5]

---

[1] К. С. Яхонтов, *Российская национальная библиотека: Китайские рукописи и ксилографы Публичной библиотеки : систематический каталог* (СПб. : Российская нац. б-ка, 1993), p. 45.（雅洪托夫编：《俄罗斯国家图书馆藏汉籍抄本刻本分类目录》）

[2] 李孝聪：《美国国会图书馆藏中文古地图叙录》，北京：文物出版社，2004年，第102-103页；林天人：《皇舆搜览：美国国会图书馆所藏明清舆图》，台北："中央研究院"数位文化中心，2013年，第346页。

[3] 渡辺紘良：『東洋文庫所蔵「北京全図」について』。全幅彩图见『江戸東京博物館開館20周年記念特別展大江戸と洛中〜アジアのなかの都市景観〜』（2014年3月17日发行），第46页。

[4] 彩照参见：crouchrarebooks.com/maps/view/a-chinese-plan-of-the-forbidden-city（2019年9月23日检视有效）。

[5] 索书号"狩3・9372・1"。参见日本所藏中文古籍数据库：kanji.zinbun.kyoto-u.ac.jp/kanseki（2018年10月29日检视有效）。

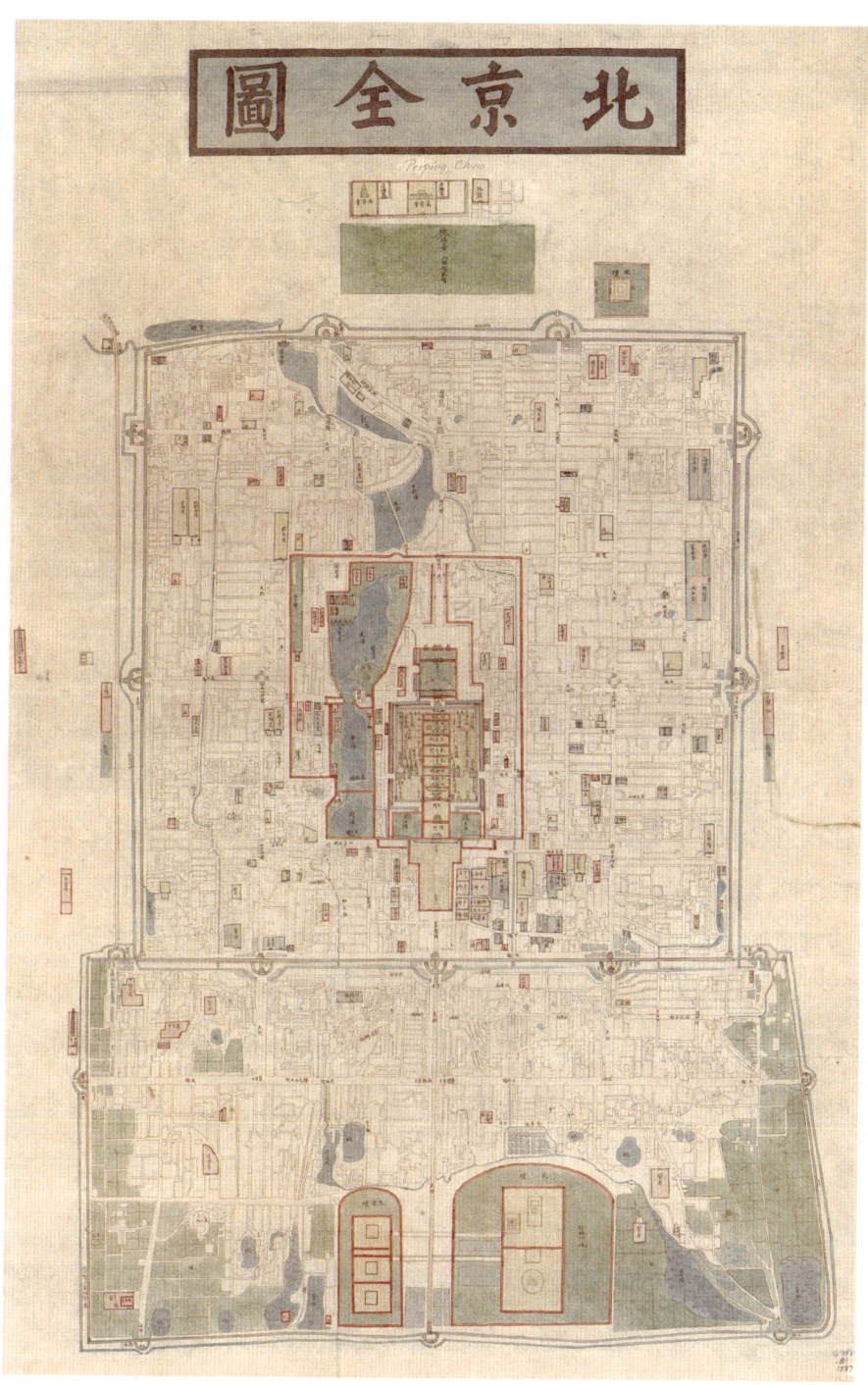

图4.41 《北京全图》（李明智画，美国国会图书馆藏品）

第三类《京师全图》4件，均无署名：

（一）中国国家图书馆藏本，石印设色，高96.5厘米，宽57厘米，有"上海汲古阁裱"印记。《北京古地图集》据图内地物推定绘制时间约在1908年。[1]

（二）英国国家图书馆藏本，墨印设色，高95厘米，宽54厘米（图4.42）。

（三）大连图书馆藏本，墨印设色，高107厘米，高59厘米。[2]

（四）近年拍卖会拍品，设色，高97厘米，宽57.5厘米。[3]

以上凡11件。日本东北大学藏《北京全图》信息较少，未见书影。其余10件，前6件为手绘，后4件系石印，均为手工上色。线图部分用墨色，又以红黄蓝绿及粉红五色，分类填充重要地物，既是地图，也是美术品。

这些作品具有一些共同特点。图面较比丘林原图稍小，并且都不是严格的精确摹本。设色区域、外城南部空地分块等特征，大体延续原图的风格。地物全用汉字标注，无数字序号，无比例尺。比丘林原图不标注街道名称。中文版图内标注之地名同样多为衙门、王府、庙宇之类，仅注明主要干道、少量胡同，实用性方面尚有较大欠缺。各图标注地名多寡颇见出入，与比丘林原图标注之百余处地物名称亦无传承关系。

比丘林图典型的"错误"特征大都为这批中文地图继承。例如外城东南角形状、南海无瀛台、西直门东直门两处瓮城一方一圆等。唯独南海南岸位置，各图均已南移改正。

---

[1] 中国国家图书馆、测绘出版社编著：《北京古地图集》，北京：测绘出版社，2010年，第228-235页。

[2] 刘镇伟主编：《中国古地图精选》，北京：中国世界语出版社，1995年，第31页、第90页。该书编者据图内地物推测，绘制时间约在1890—1902年间。

[3] 北京雍和嘉诚2011年秋季艺术品拍卖会、2018年5月嘉德四季第51期仲夏拍卖会拍品，似为同一复本。书影参见：auction.artron.net/paimai-art0007411829以及auction.artron.net/paimai-art0074303143（2018年11月7日检索有效）。

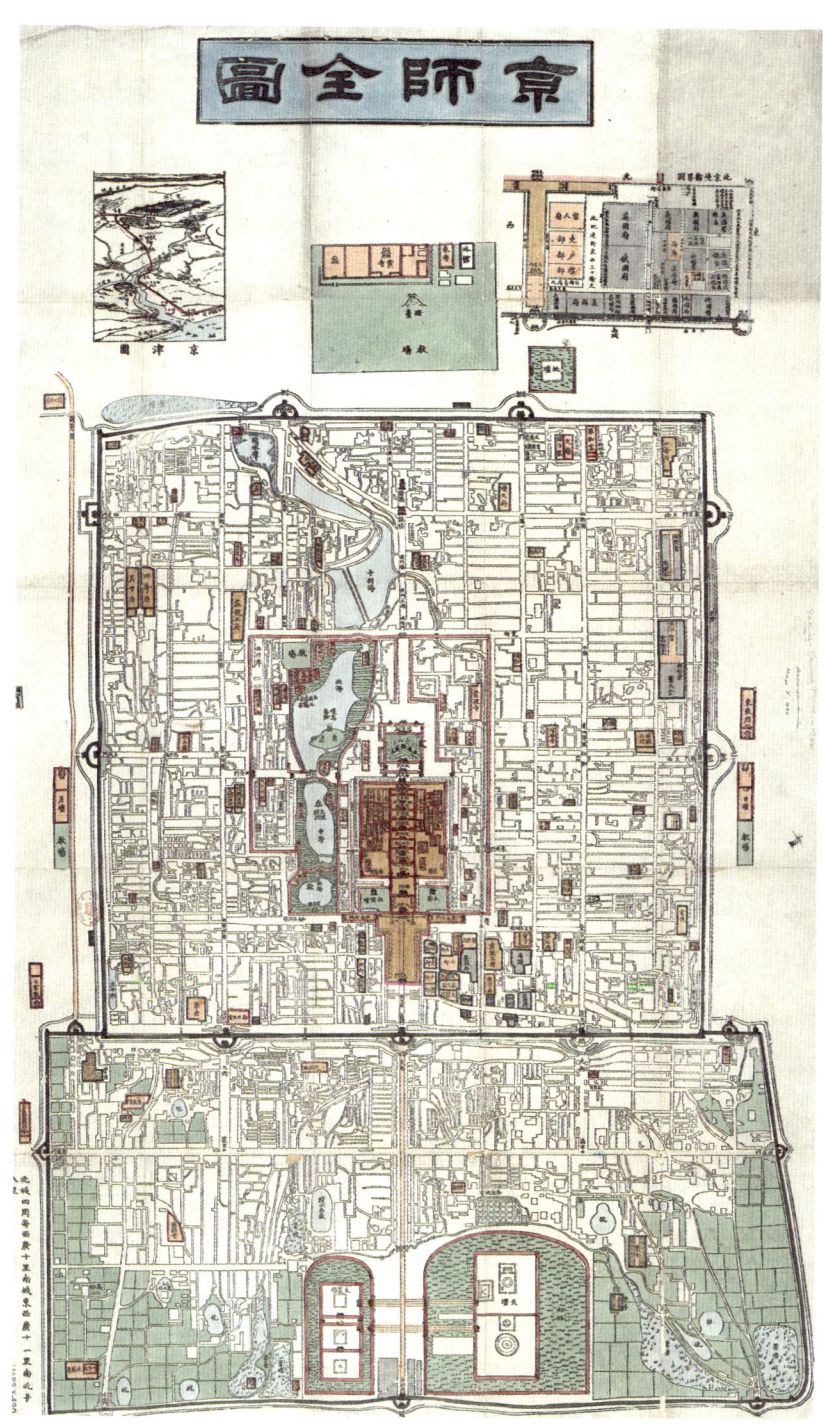

图4.42 《京师全图》（英国国家图书馆藏品）

中文版增绘了若干城外地物，不见于比丘林原图，包括日月坛及相连教场、天宁寺、白云观、南天主堂坟地（滕公栅栏）、英国坟地、倚虹堂、黄寺及周边教场、地坛、东岳庙；特别是西便门外与内城西墙平行的绵长道路，向北直达西直门外，越过高梁河，转向西北，通往海淀方向。装饰性的建筑正面形象，主要用于皇城内及各门城楼、角楼；寺庙、王府等处，仅零星绘出门楼，较比丘林图大为简化。与此同时，上述各图均未标识清末北京城内出现的铁路线。

根据图中反映出的清末驻京机构变迁，可以大致判断其制作年代。

东交民巷区域，各图皆标注多处外国使馆（"法国府"等），知为1861年之后绘成。哈佛大学图书馆藏周培春画《北京地里全图》，在东四六条胡同、东交民巷两地，各有一处日本使馆（"日本府"）。按，1872年日本驻华使馆初设于东四六条，1886年又在东交民巷建成新馆。同时图中"北天主堂"位于蚕池口（中海迤西），是为1890年迁往西什库之前的老北堂。由此推测，该图的制作时间约在1886—1890年间。

周培春是光绪年间在北京营业的通俗画家，传世画作颇多。他的部分作品钤有"北京周培春画 顺治门外达智桥内西口迤南"朱文印记（图4.40-B），可知画室位于宣武门（俗称顺治门）南，教场五条胡同。[1]圣彼得堡大学东方系图书馆藏有彩绘《北京风俗图》，凡一百五十余幅（内有店铺招幌三十二幅），署款"周培春"，部分页面钤有"北京周培春画"戳记。[2]20世纪初哈尔滨出版的《中国工商同业工会》附有北京画师周培春所绘近百种工商业招幌图式。[3]丹麦国家图书馆藏店铺招幌图册、大都会艺术博物馆藏清代文武官员品级图册、美国费城艺术博物馆藏藏民间神像图册，维多利亚阿尔伯特博物馆藏中国

---

[1] 骆献跃、王平主编：《彩绘当代：中国水彩画艺术文献集》，南宁：广西美术出版社，2010年，第64页。
[2] 冯骥才：《俄罗斯双城记》，北京：文化艺术出版社，2015年，第22—25页。
[3] 郭秋惠、王丽丹：《中国文化·工艺》，北京：五洲传播出版社，2014年，第216页。

人物风俗图册，皆钤有"北京周培春画"朱文印记。这些表现民俗风情的美术作品，属于清代中期以降流行的外销画。[1]《北京地里全图》应是同样性质的商业作品。

美国国会图书馆藏李明智画《北京全图》与前述《北京地里全图》画面如出一辙。两图同样有多处府邸框内仅标"府"字，其上留空。《北京全图》中的"北天主堂"仍在蚕池口；日本使馆则仅见于西交民巷，东四位置已无"日本府"，与《北京地里全图》小异，或反映其制作时间稍迟。以上两种"全图"应是使用相同的线图底本，誊写复制，随时改写注记。

美国国会图书馆藏《北京全图》左下角墨书"北京学生李明智画"。图内地名偶有错字，或用本地口语谐音。李孝聪推测，图上注记外国机构或教会建筑较多，李明智也许是教会学校学生。[2]不过从《北京地里全图》与《北京全图》的密切联系看来，李明智更可能是画店学徒，甚至就是周培春店中的学徒。

渡边纮良（2015）认为，日本东洋文库、美国国会图书馆所藏两幅《北京全图》笔迹相同，署名金台李睿智、北京李明智仅一字之差，当出自一人之手。[3]按，笔迹、姓名类似，未必即同一人。金台盖北京别称。李睿智、李明智或为兄弟画工，亦未可知。东洋文库藏本署光绪丙申，即光绪二十二年（1896），可知此类写本至少流行了十年之久（1886—1896）。

石印本《京师全图》中的"新天主北堂"位于西什库，蚕池口原址标注"北天主堂旧地"，反映了1890年后的变迁；主图内的使馆区域尚

---

[1] 魏尔森：《如摄影一样真实：外销西方的中国画》，曾波强主编《文物艺术品鉴赏与行情论丛》，广州：岭南美术出版社，2005年，第149-153页。该文特别讨论了维多利亚阿尔伯特博物馆收藏的周培春画坊作品。
[2] 李孝聪：《美国国会图书馆藏中文古地图叙录》，北京：文物出版社，2004年，第102-103页。
[3] 渡边纮良：『東洋文庫所蔵「北京全図」について』。

为1900年之前布局。现存四件《京师全图》中，中国国家图书馆、英国国家图书馆、拍卖会拍品三件略同，中国大连图书馆藏本则有明显差异。前三件图端标题与城墙之空隙，黄寺教场左右各置一分图。左侧"京津图"为鸟瞰图，北有长城，南至白河口，表现京津间主要通道与城市轮廓外貌，出现"山海关铁道"。右侧"北京使馆界图"颇为详细，显然已是1901年辛丑条约之后的使馆区风貌。其中出现的"高丽国府"乃是1903—1905年间短暂启用的大韩帝国驻清公使馆。[1]大连图书馆藏品则缺少以上两处分图，或许反映其印刷时间较另三件为早，约在1890—1900年之间。

石印设色本《京师全图》的线条、色彩与前述彩绘《北京地里全图》《北京全图》风格一致。出版机构、年月不明。街区内部曲折细碎之处，石印本更接近比丘林原图。绘本对此类细节处理相对粗率，且不乏省略之处。由此可见，《京师全图》（不计分图）并非根据上述《北京地里全图》《北京全图》传本翻印。然而《京师全图》的出现时间又晚于周培春《北京地里全图》（约1886），与李睿智《北京全图》（1896）约略同时。彩绘本与石印本似乎是平行关系，共同的母本应是已改正南海形状，同时增加城外地物的修订版比丘林地图。至于这一母本究竟是外国成品，还是本土改编，尚未解明，有待继续探索。

最早摹绘比丘林北京城图的中国画家，恐怕未必知晓他所面对的母本可以追溯到嘉庆年间客居北京的俄国神父。19世纪末游览燕京的外国旅行者，或许也会将市面出售的《北京地里全图》《北京全图》《京师全图》看作纯粹的中国作品，收入行囊之中。

---

[1] 孙成旭：《清末大韩帝国驻清公使馆考论》，《北京社会科学》2015年第4期，第89–96页。

四、《京城详细地图》及其余绪

1905年,《京城详细地图》石印出版,与上述三类"全图"一脉相承,又存在显著变化。第一版原件尚未发现。上海图书馆藏盛宣怀档案内有光绪三十三年(1907)六月上海商务印书馆再版本。[1]大连图书馆藏有宣统三年(1911)五月上海商务印书馆第五版(图4.43),图高78.5厘米,宽59厘米,无比例尺。发行者、印刷者、总发行所俱为上海商务印书馆。图框内左下角印有冯恕告白:

> 帝京舆图,旧尠善本。志乘所载,限于尺幅。坊间刻本,又谬劣不堪入目。辛丑秋,余与友人议办电灯,丈量实测,草成此幅。复资友朋之力,订讹辨误。盖先后凡四年,乃臻完整,付之石印,以供异邦人士游京师者之一助。虽限以一隅,或亦讲舆地学者所不废也。乙巳长至,大兴冯恕公度父记。任校雠役者,内城为宗室将军毓朗月华、汪部郎忠杰星甫,外城则王给谏金镕铸言也。[2]

按,冯恕(1867—1948)字公度,号华农,历任海军部参事、军枢司司长等职,京师华商电灯股份有限公司(1905年正式成立)的发起人与主要领导者。毓朗(1864—1922),字月华,清末宗室,袭爵贝勒。汪忠杰,字星甫,时任刑部主事。王金镕(1843—1924),字铸言,时

---

[1] 《京城详细地图》,上海商务印书馆,光绪三十三年六月一日再版,上海图书馆藏石印本一件,索取号108466。另有光绪三十三年版一件为私人收藏。参见刘鹏:《京城地图标识有误》,《中国收藏》2010年第1期,第75页。"光绪三十二年三月初一日出版"者,曾在孔夫子旧书网出售。此外日本的佛教大学附属图书馆藏光绪三十三年再版本,京都大学文学研究科图书馆藏宣统三年第五版。
[2] 刘镇伟主编:《中国古地图精选》,第33页、第90页。郑锡煌主编:《中国古代地图集——城市地图》,西安:西安地图出版社,2005年,第15页、第174页,图17。

|时代变革下的空间嬗变|

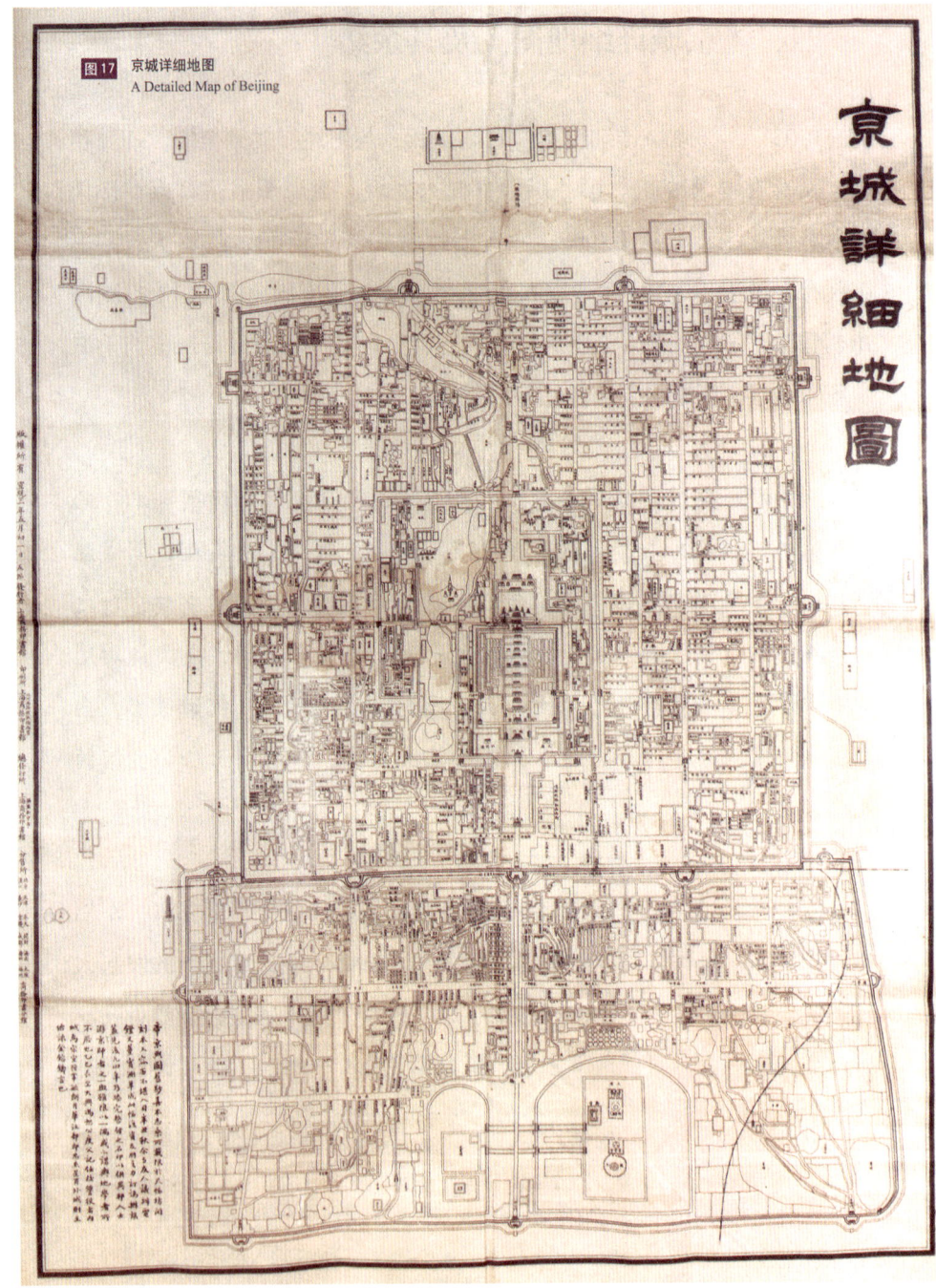

图4.43 1911年第五版《京城详细地图》

(资料来源 大连图书馆藏品。参见郑锡煌主编:《中国古代地图集——城市地图》,图17。)

任御史，光绪三十年督理修复城南街道。按冯恕之说，1901年秋，为创办电灯公司，开始丈量实测城区街道，先成草图，再经友人襄助校雠，1905年夏至，最终完成内外城地图。

《京城详细地图》（以下简称《详图》）同样属于比丘林图系统，绝非冯氏原创。冯恕所谓丈量实测、订讹辨误，仅为少量局部调整。另一方面，这也可以反映比丘林图的精确程度，尚且大体满足冯恕的需要。《详图》标注大小街道、胡同地名较为完备详细，实用性大为提升。

《详图》一如《京师全图》，简单勾勒日月坛、地坛、黄寺、教场（"八旗总操场"）、西便门外大道等多处显著地物；不过未如《京师全图》标注城墙长度。《详图》外城东南角内倾，继承了比丘林图的标志性特征。《详图》增绘者，包括通向正阳门车站的京奉、京汉铁路线，南海中画出瀛台，东直门瓮城改正为方形，皆为前述彩绘本地图及石印本《京师全图》所无；同时更新了清末新政时期出现的机构名称。《详图》瀛台形状较为特别，与1900年法国陆军地理服务局印制的《北京平面图》（*Plan de Pékin*）[1]相似。颇疑《京城详细地图》所据底图亦为外国产品，未必仅利用前述《北京地里全图》《京师全图》之类。

1908年，日本商号大阪十字屋出版之《改正北京市街地图》[2]，与《京城详细地图》极为相似，或是据后者翻印。1911年，美国人威廉·盖洛（William E. Geil）《中国的十八省府》出版，缩印收录《京城详细地图》。[3]

---

[1] 哈佛大学Pusey Library藏本，高清图参见：ids.lib.harvard.edu/ids/view/7932000?buttons=y（2018年3月22日检查有效）。

[2] 书影参见日本国会图书馆藏本：dl.ndl.go.jp/info：ndljp/pid/1081747（2018年11月6日检索有效）上海嘉泰2005年春季艺术品拍卖会曾出现一件，高108厘米，宽75厘米，朱墨双色印刷。彩图见auction.artron.net/paimai-art32180222（2018年11月7日检索有效）。

[3] W. E. Geil, *Eighteen Capitals of China* (London: Constable & Co., Ltd., 1911), between pp. 404-405.

| 时代变革下的空间嬗变 |

　　1910年前后出版之《订正改版北京详细地图》（图4.44），或许是比丘林北京城图中文修订版本的最终形态。中国国家图书馆藏本，墨色石印，高61.5厘米，宽47厘米，框外下端中心偏左印有"北京□□□

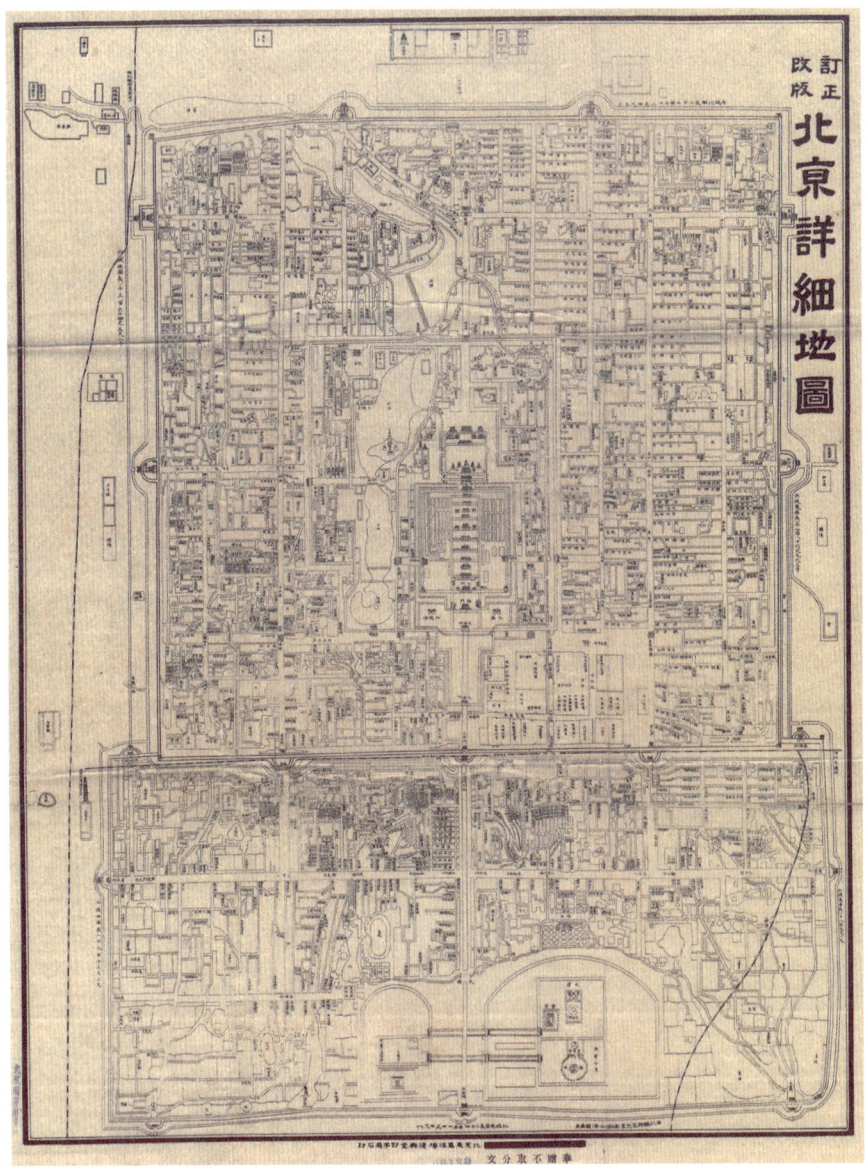

图4.44　约1910年《订正改版北京详细地图》

德兴堂印字局石印";偏右为一道粗墨线(似涂去原字句),下印"奉赠不取分文"。[1]无刊印年月及冯恕告白。相比1911年第五版《京城详细地图》,《订正改版北京详细地图》明显将外城东南角内缩,接近正确形状。除了正阳门前东西向铁路线,西城城墙外增加了1909年建成的京张铁路线。

清末流行的新派小学堂教材《澄衷蒙学堂字课图说》卷一《京都图》(图4.45),也采用了简化的比丘林系统地图。[2]城中仅保留主要大街、湖泊;外城东南角突出,南海南岸位置改正;城外绘出地坛、日坛、月坛及城北教场。按《图说》凡例,是书插图"或摹我国旧图,或据译本西图,求是而已"。《京都图》直接底本,当即《北京地里全图》《京师全图》之类。《图说》1901年6月上海顺成书局第一次石印,1904年夏第十一次石印,至1918年仍有翻印版本。

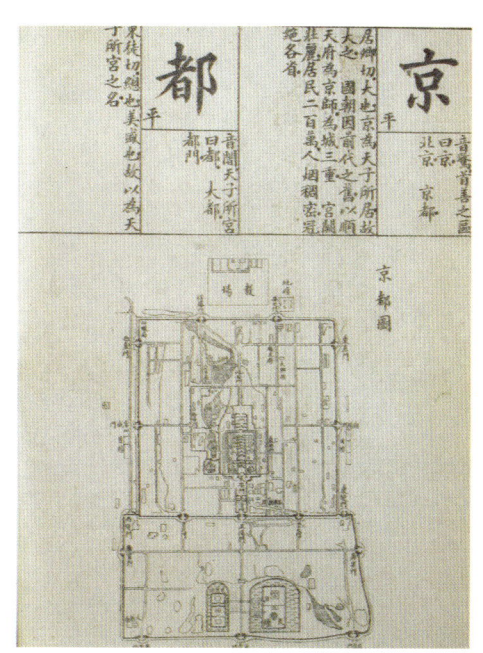

图4.45　1904年《澄衷蒙学堂字课图说·京都图》
(日本早稻田大学图书馆藏品)

清末民初属于比丘林北京城图谱系的中文版地图,当不止上述品种,今后应该会有新发现。

---

[1] 中国国家图书馆、测绘出版社编著:《北京古地图集》,北京:测绘出版社,2010年,第202-203页。
[2] 刘树屏编:《澄衷蒙学堂字课图说》卷一,18b,早稻田大学图书馆藏光绪三十年澄衷蒙学堂第十一次石印本。

五、余论

1890年前后,北京城中经营外销画的周培春画店采用比丘林图的修订版本为底本,临摹出售添注中文地名的彩绘本《北京地里全图》。署名李明智、李睿智的两件彩绘本《北京全图》与之甚为相似,或系画

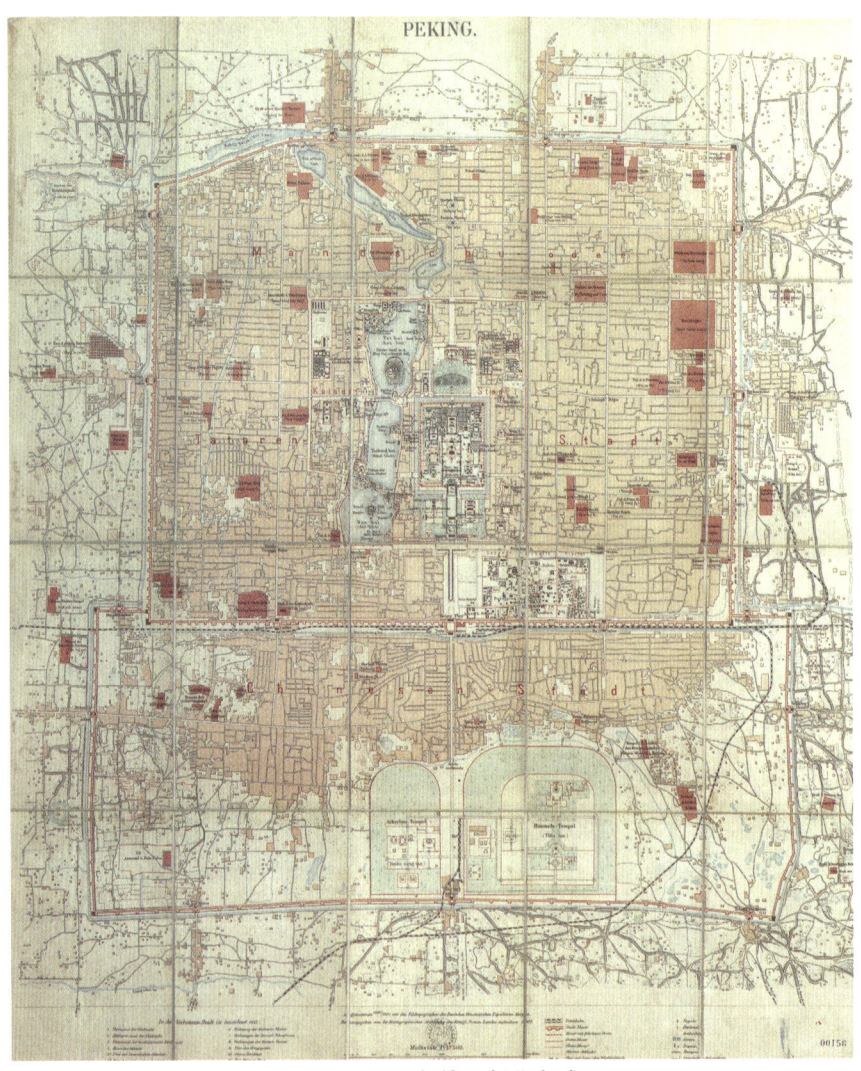

图4.46　1903年德文版北京城图

(资料来源　中国国家图书馆藏品。参见中国国家图书馆、测绘出版社编著:《北京古地图集》,北京:测绘出版社,2010年,第208-209页。)

店学徒作品。1900年前后，诸多绘本之一经石印复制，手工上色，题作《京师全图》发行。此类作品标注街道名称寡少，实用性尚显不足。20世纪初，上海商务印书馆多次再版之冯恕《京城详细地图》，亦属比丘林图修订本，详注街道地名，基本具备现代中文地图面貌。随着新式北京城市地图的流行，简化版《京都图》见载小学课本《澄衷蒙学堂字课图说》（1901），融入大众常识领域。城墙轮廓明显有误的比丘林系统地图，也成为19世纪末20世纪初读者视作当然的北京城市形象。

1900—1901年，庚子辛丑之际，八国联军占领北京，德国东亚远征军得以实地测绘北京城。1903年，普鲁士国土测绘局彩印出版德文版北京城图（图4.46），高69厘米，宽59厘米，比例尺1∶17500。图面涵盖内外城区域，以及城墙外约一公里内地物。第一幅基于近代测绘技术完成的北京城详细地图由此问世。1907年，德国总参谋部测量处出版《北京及城郊图》（*Peking und Umgebung*），在前图基础上，展现了更多郊区测绘成果。常琦测绘《最新北京精细全图》（1908）墨色印本似即参考了上述德文地图。

民国初年，中国官方机构也开始测绘、出版北京城市地图。例如内务部职方司测绘处制《实测北京内外城地图》（1913）、《京都市内外城地图》（1916）彩色套印本。纸面上的古城面貌越发真实，最终完全更新了大众对北京平面景观的印象。20世纪20年代，比丘林系统地图已成为历史文献，基本不再作为实用地图重印流通。

19世纪至20世纪初，公开发行的中文版北京城市地图经历了传统画法、摹绘外文地图—局部修订、近代技术全面测绘三个阶段。比丘林图的中国衍生品，正是第二阶段过渡时代的产物。清末新式北京城图的出现与演变，不失为大变革的时代中，知识传播与本土化的有趣案例。

（郑诚　中国科学院自然科学史研究所副研究员）

图书在版编目（CIP）数据

时代变革下的空间嬗变：清末民初北京历史地理专题 / 赵寰熹编著 . -- 北京：学苑出版社，2021.4
（北京近代历史地理研究系列 / 唐晓峰主编）
ISBN 978-7-5077-6163-4

Ⅰ.①时… Ⅱ.①赵… Ⅲ.①历史地理—研究—北京—近代 Ⅳ.① K921

中国版本图书馆 CIP 数据核字（2021）第 073414 号

责任编辑：杨　雷
出版发行：学苑出版社
社　　址：北京市丰台区南方庄 2 号院 1 号楼
邮政编码：100079
网　　址：www.book001.com
电子信箱：xueyuanpress@163.com
联系电话：010-67601101（销售部）、010-67603091（总编室）
印　刷　厂：河北赛文印刷厂
开本尺寸：787×1092　1/16
印　　张：23
字　　数：313 千字
版　　次：2021 年 5 月第 1 版
印　　次：2021 年 5 月第 1 次印刷
定　　价：98.00 元